高等职业教育土建类专业新形态教材
国家职业教育专业教学资源库配套教材

建筑工程测量

（第四版）

主　编　于银霞　姜献东
副主编　王智超　程　浩
　　　　陶玉鹏　纪荣健
主　审　张苏俊

南京大学出版社

图书在版编目(CIP)数据

建筑工程测量 / 于银霞，姜献东主编. — 4 版.
南京：南京大学出版社，2025.1. — ISBN 978 - 7 - 305
- 28747 - 3

Ⅰ. TU198

中国国家版本馆 CIP 数据核字第 2024WP2862 号

出版发行　南京大学出版社
社　　址　南京市汉口路 22 号　　　　邮　　编　210093

书　　名　**建筑工程测量**
　　　　　JIANZHU GONGCHENG CELIANG
主　　编　于银霞　姜献东
责任编辑　朱彦霖　　　　　　　　编辑热线　025 - 83592655

照　　排　南京开卷文化传媒有限公司
印　　刷　盐城市华光印刷厂
开　　本　787 mm×1092 mm　1/16　印张 16.5　字数 423 千
版　　次　2014 年 8 月第 1 版　　2016 年 7 月第 2 版
　　　　　2021 年 11 月第 3 版　　2025 年 1 月第 4 版　　2025 年 1 月第 1 次印刷
ISBN　978 - 7 - 305 - 28747 - 3
定　　价　49.80 元

网　　址：http://www.njupco.com
官方微博：http://weibo.com/njupco
微信服务号：NJUyuexue
销售咨询热线：(025)83594756

* 版权所有，侵权必究
* 凡购买南大版图书，如有印装质量问题，请与所购
　图书销售部门联系调换

第四版前言

为贯彻落实《国家职业教育改革实施方案》中关于"落实好立德树人根本任务,健全德技并修、工学结合的育人机制,完善评价机制,规范人才培养全过程"的要求,本教材在建设过程中,将课程数字化资源整合其中,并将课程思政元素与教材内容有机融合,为满足高职学生德技并修提供有力支持。

经过教材编写团队的充分调研,本教材将测量理论和测量应用相互穿插,以施工过程中不同的施工测量任务为载体构建水准测量、角度测量、距离测量、控制测量、地形测量、建筑工程施工测量、变形观测、道路桥梁测量等教学单元,将工程建设所涉及的测量原理与方法,按建设过程组织到教材中,打破传统教材的知识体系,按项目化组织教材内容。

本书为国家职业教育专业教学资源库配套教材,由扬州工业职业技术学院于银霞、姜献东任主编,王智超、程浩、陶玉鹏、纪荣健任副主编,张苏俊教授主审。编者在编写过程中参考了大量文献资料,在此谨向这些文献的作者表示衷心感谢。

本书采用基于二维码的互动式学习平台,读者可通过微信扫描二维码获取本教材相关的电子资源,体现了数字出版和教材立体化建设的理念。

由于编者的水平所限,在编写过程中错漏难免,恭请读者批评指正。

编 者

2024 年 12 月

目录

绪论　测量基础知识

项目目标

1. 掌握地面点位的表示方法；
2. 掌握测量工作的组织原则、方法和工作内容；
3. 了解测量误差的基本概念和分类。

素质目标

1. 通过对测量学的介绍，科普国家水准测量原点，培养学生民族自豪感；
2. 中国领土"寸土不让"，通过学习测量明白每一寸落实在地面上的意义；
3. 科普测绘发展、"北斗"卫星定位系统的建设，培养学生与时俱进、追求卓越、爱岗敬业的工匠精神，提升学生"懂技术、会创新"的专业劳动素养。

0.1　建筑工程测量的任务

测量学定义

0.1.1　测量学定义

测量学是研究如何量测地球和地球局部区域的形状、大小和地表面各种物体的几何形状及其空间位置，并把量测的结果用数据和图形表示出来的一门学科。

它的内容包括测定和测设两部分。测定是指通过各种测量工作，把地球表面的形状和大小按一定比例缩小绘制成地形图，或是得到相应的数字信息，并在国民经济建设的规划、设计、管理和科学研究中使用。测设则是指把图纸上设计完成的建（构）筑物的位置在实地上标定出来，以便进行施工。

测量学有许多分支学科，它们是：大地测量学、地形测量学、摄影测量学（航空摄影测量学、地面摄影测量学、水下摄影测量学和航天摄影测量学等）、海洋测量学、工程测量学、矿山测量学、制图学等。随着遥感（RS）、全球卫星定位系统（GPS）和地理信息系统（GIS）等新技术的不断迅速发展，新的测量分支学科也将不断涌现。

0.1.2　建筑工程测量的任务

建筑工程测量是测量学的一个组成部分，它是研究建筑工程在勘测设计、施工和运营管理阶段所进行的各种测量工作的理论、技术和方法的学科。它的主要任务是：

1. 测绘大比例尺地形图

把将要进行工程建设的地区的各种地物(如房屋、道路、铁路、森林植被与河流等)和地貌(地面的高低起伏,如山头、丘陵与平原等)通过外业实际观测和内业数据计算整理,按一定的比例尺绘制成各种地形图、断面图,或用数字模型表示出来,从而为工程建设的各个阶段提供必要的图纸和数据资料。

2. 建筑物的施工测量

将图纸上设计好的建(构)筑物,按照设计与施工的具体要求在实地标定出来,作为施工的依据。另外,在建筑物施工和设备的安装过程中,也要进行各种测量工作,以配合和指导施工,确保施工和安装的质量。

3. 绘制竣工总平面图

在工程竣工后,必须对建(构)筑物、各种生产生活管道等设施,特别是对隐蔽工程的平面位置和高程位置进行竣工测量,绘制竣工总平面图,为建(构)筑物交付使用前的验收及以后的改建、扩建和使用中的检修提供必要资料。

4. 建筑物的变形观测

在建筑物施工和使用阶段,为了监测其基础和结构的安全稳定状况,了解设计施工是否合理,必须定期对其位移、沉降、倾斜及摆动进行观测,为工程质量的鉴定、工程结构和地基基础的研究及建筑物的安全保护等提供资料。

测量工作贯穿于工程建设的整个过程,测量工作的质量直接关系到工程建设的速度和质量。所以,每一位从事工程建设的人员,都必须掌握必要的测量知识和技能。

▶ 0.2 地面点位的确定 ◀

地球的形状和大小

▐▐▶ 0.2.1 地球的形状和大小

测量工作是在地球表面上进行的,其基本任务是地面点位置的确定。点是地球表面上形成地物和地貌最基本的单元,合理地选择一些地面点,对其进行测量,就能把地物和地貌准确地表达出来,因此测量工作中最基本的工作就是地面点位的确定。

为了确定地面点位,就需要相应的基准面和基准线作为依据。测量工作是在地球表面进行的,那么测量工作的基准面和基准线就和地球的形状、大小有关。

地球的自然表面是很不规则的,其上有高山、深谷、丘陵、平原、江湖、海洋等,最高的珠穆朗玛峰高出海平面 8 848.86 m,最深的太平洋马里亚纳海沟低于海平面约 11 000 m,其相对高差不足 20 km,与地球的平均半径 6 371 km 相比,是微不足道的,就整个地球表面而言,陆地面积仅占 29%,而海洋面积则占 71%。因此人们把海水包围的地球形体看作地球的形状。

由于地球的自转运动,除两极以外,地球上其他地点的物体受到的引力可分解成绕地轴做近似匀速圆周运动的向心力和重力两个分力。重力的方向线称为铅垂线。铅垂线是测量工作的基准线。静止的水面称为水准面,水准面是受地球重力影响形成的,是一个处处与重力方向垂直的连续曲面,并且是重力场的等位面。与水准面相切的平面称为水平面,水平面可高可低,因此符合上述特点的水准面有无数多个,其中与平均海水面吻合并向大陆、岛屿内延伸而形成的闭合曲面,称为大地水准面。大地水准面是测量工作的基准面,由大地水准面所包围的地球形体,称为大地体。通常用大地体来代表地球的真实形状和大小,研究地球形状和大小,就是研究大地水准面的形状和大地体的大小。

地球内部质量分布不均匀,致使大地水准面成为一个有微小起伏的复杂曲面,如图 0-2-1(a) 所示。选用地球椭球体来代替地球总的形状。地球椭球体是由椭圆 NWSE 绕其短轴 NS 旋转而成的,又称旋转椭球体,如图 0-2-1(b) 所示。

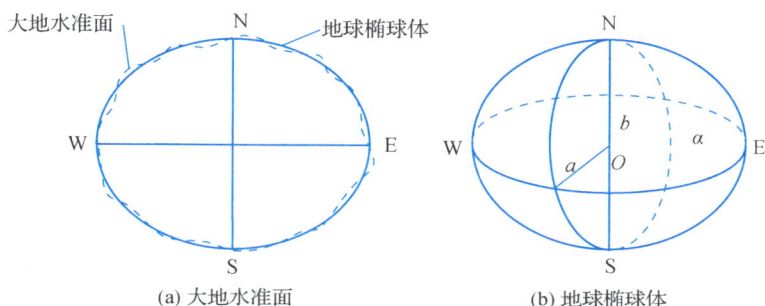

(a) 大地水准面   (b) 地球椭球体

图 0-2-1 大地水准面与地球椭球体

旋转椭球体的形状和大小由椭球基本元素确定,即

长半轴:$a = 6\ 378.140$ km;

短半轴:$b = 6\ 356.755$ km;

扁率:$\alpha = \dfrac{a-b}{a}$。

基准线与基准面

我国 1954 年北京坐标系采用的是克拉索夫斯基椭球,1980 年国家大地坐标系采用的是 1975 国际椭球,而全球定位系统(GPS)采用的是 WGS-84 椭球。

水准面的特性是处处与铅垂线垂直。大地水准面和铅垂线就是实际测量工作所依据的面和线。

由于参考椭球的扁率很小,在小区域的普通测量中可将地(椭)球看作圆球,其半径 $R = 6\ 371$ km。当测区范围更小时还可以把地球表面看作平面,使计算工作更为简单。

▶ 0.2.2 地面点位的确定

一个点的位置需用三个独立的量来确定。在测量工作中,这三个量通常用该点在大地水准面上的铅垂投影位置和该点沿投影方向到大地水准面的距离来表示。投影位置是在投影面内建立相应的坐标系,由两个坐标值来实现;点沿投影方向到大地水准面的距离通过高程来实现。

1. 地面点在大地水准面上的投影位置

地面点在大地水准面上的投影位置,可用地理坐标和平面直角坐标表示。

（1）**地理坐标**是用经度 λ 和纬度 φ 表示地面点在大地水准面上的投影位置，由于地理坐标是球面坐标，不便于直接进行各种计算。

（2）**高斯平面直角坐标**

利用高斯投影法建立的平面直角坐标系，称为高斯平面直角坐标系。在广大区域内确定点的平面位置，一般采用高斯平面直角坐标。

目前我国采用的高斯投影是由德国数学家、测量学家高斯提出的一种横轴等角切椭圆柱投影。高斯投影法是将地球划分成若干带，然后将每带投影到平面上。

如图 0－2－2 所示，投影带是从本初子午线起，每隔经度 6°划分一带，称为 6°带，将整个地球划分成 60 个带。带号从本初子午线起自西向东编，0～6°为第 1 号带，6～12°为第 2 号带等。位于各带中央的子午线，称为中央子午线，第 1 号带中央子午线的经度为 3°，任意号带中央子午线的经度 λ_0，可按式（0－1）计算：

$$\lambda_0 = (6N - 3)° \tag{0-1}$$

式中：N——6°带的带号。

从几何意义上看，就是假设一个椭圆柱横套在地球椭球体外并与椭球面上的某一条子午线相切，这条相切的子午线称为中央子午线。假想在椭球体中心放置一个光源，通过光线将椭球面上 6°带上的物像映射到椭圆柱的内表面上，然后将椭圆柱面沿母线剪开并展成平面，即获得投影后的平面图形，这个平面称为高斯投影平面。中央子午线和赤道的投影是两条互相垂直的直线。如图 0－2－3 所示。

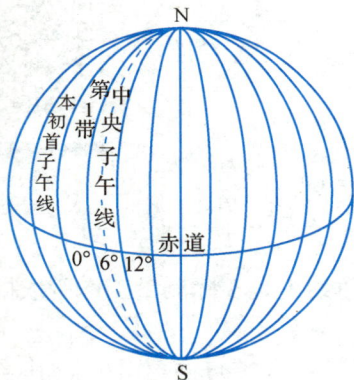

图 0－2－2 高斯平面直角坐标的分带

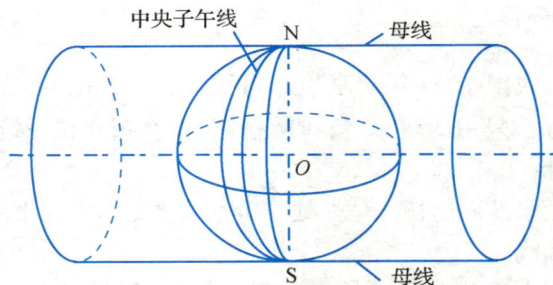

图 0－2－3 高斯平面直角坐标的投影

当要求投影变形更小时，可采用 3°带投影。如图 0－2－4 所示，3°带是从东经 1°30′开始，每隔经度 3°划分一带，将整个地球划分成 120 个带。

规定：中央子午线的投影为高斯平面直角坐标系的纵轴 x，向北为正；赤道的投影为高斯平面直角坐标系的横轴 y，向东为正；两坐标轴的交点为坐标原点 O。由此建立高斯平面直角坐标系，如图 0－2－5 所示。

地面点的平面位置，可用高斯平面直角坐标 x，y 来表示。由于我国位于北半球，x 坐标均为正值，y 坐标则有正有负，如图 0－2－5（a）所示，A，B 两点的自然坐标为 $y_A=+124\,350\,\mathrm{m}$，$y_B=-223\,650\,\mathrm{m}$。为了避免 y 坐标出现负值，将每带的坐标原点向西移

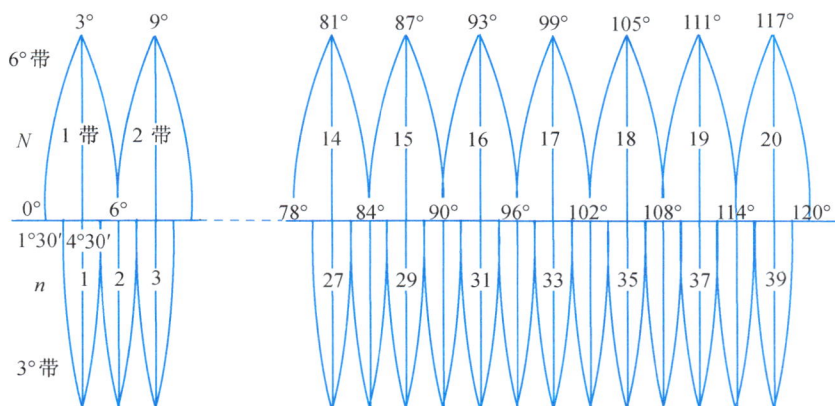

图0-2-4　高斯平面直角坐标系6°带投影与3°带投影的关系

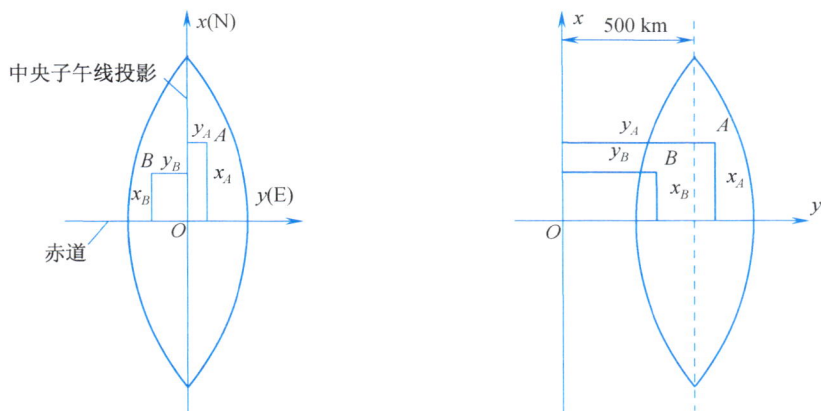

(a) 坐标原点西移前的高斯平面直角坐标　　　(b) 坐标原点西移后的高斯平面直角坐标

图0-2-5　高斯平面直角坐标

500 km,如图0-2-5(b)所示,纵轴西移后,$y_A = 624\,350$ m,$y_B = 276\,350$ m。

为了便于区分某点处投影带的位置,规定在横坐标值前冠以投影带带号。如A,B两点均位于第17号带,则$y_A = 17\,624\,350$ m,$y_B = 17\,276\,350$ m。

(3) 独立平面直角坐标

当测区范围较小时,可以用测区中心点A的水平面来代替大地水准面,如图0-2-6所示。在这个平面上建立的测区平面直角坐标系,称为独立平面直角坐标系。在局部区域内确定点的平面位置,可以采用独立平面直角坐标。

如图0-2-6所示,在独立平面直角坐标系中,规定南北方向为纵坐标轴,记做x轴,x轴向北为正,向南为负;以东西方向为横坐标轴,记做y轴,y轴向东为正,向西为负;坐标原点O一般选在测区的西南角,使测区内各点的x,y坐标均为正值;坐标象限按顺时针方向编号,如图0-2-7所示,其目的是便于将数学中的公式直接应用到测量计算中,而不需作任何变更。

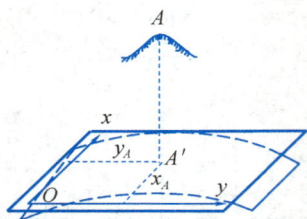

图 0 - 2 - 6　独立平面直角坐标系

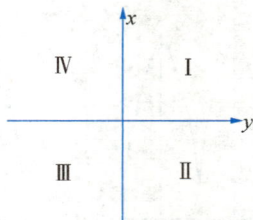

图 0 - 2 - 7　坐标象限

（4）建筑坐标系

在建筑工程中，为了便于对建（构）筑物平面位置的施工放样，将原点设在建（构）筑物两条主轴线（或其平行线）的交点上，以其中一条主轴线作为纵轴，可以用 A 来表示，顺时针旋转 $90°$方向作为横轴，一般用 B 表示，这样建立的一个平面直角坐标系，称为建筑坐标系。

建筑坐标系和高斯坐标系的互换：这两种坐标系的一个相同点是直角坐标系，不同的是它们的原点不同，以及坐标轴之间存在一个夹角，但是不同处之间是有关系的，我们就根据这些关系，进行两种坐标之间的互换。

2. 地面点高程

（1）绝对高程

地面点到大地水准面的铅垂距离，称为该点的绝对高程，简称高程，用 H 表示。如图 0 - 2 - 8 所示，地面点 A,B 的高程分别为 H_A,H_B。我国规定以 1950～1956 年间青岛验潮站多年记录的黄海平均海水面作为我国的大地水准面，由此建立的高程系统称为"1956 年黄海高程系统"。新的国家高程基准面是根据青岛验潮站 1952～1979 年间的验潮资料计算确定的，依此基准面建立的高程系统称为"1985 国家高程基准"。目前，我国采用的是"1985 国家高程基准"，在青岛建立了国家水准原点，其高程为 72.260 m。

点的高程及高程系统

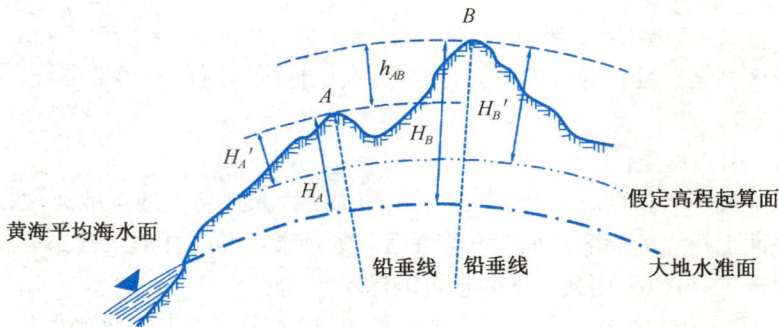

图 0 - 2 - 8　高程和高差

（2）相对高程

地面点到假定高程起算面铅垂距离，称为该点的相对高程或假定高程。如图 0 - 2 - 8

中，A，B 两点的相对高程为 H'_A，H'_B。

(3) 高差

地面两点间的高程之差，称为高差，用 h 表示。高差有方向和正负。A，B 两点的高差为

$$h_{AB} = H_B - H_A = H'_B - H'_A \tag{0-2}$$

当 h_{AB} 为正时，B 点高于 A 点；当 h_{AB} 为负时，B 点低于 A 点。B，A 两点的高差为

$$h_{BA} = H_A - H_B = H'_A - H'_B \tag{0-3}$$

A，B 两点的高差与 B，A 两点的高差，绝对值相等，符号相反。高差有正有负，并用下标注明其方向。两点间的高差与高程起算面无关。在土木建筑工程中，又将绝对高程和相对高程统称为标高。

0.2.3　用水平面代替水准面的限度

前面我们讲到，当测区范围较小时，可以将大地水准面近似地用水平面来代替，以便简化测量技术工作。这里我们就要讨论一下这个"较小"要小到什么样的程度时，才可以用平面来代替曲面，当然这种用平面代替曲面产生的误差必须在允许范围内。

1. 平面代替曲面产生的距离误差

研究计算表明，当距离 D 为 10 km 时，产生的相对误差为 1∶1 220 000，小于目前最精密的距离测量误差 1∶1 000 000。由此，对距离测量来说，我们就把 10 km 半径的范围作为水平面代替曲面的限度。

2. 平面代替曲面产生的高程误差

通过测算发现，用水平面代替曲面，对高程的影响是很大的，当距离为 200 m 时，就有 3 mm 的误差，所以，高程的起算不能用切平面来代替，应使用大地水准面。如果我们的测区里面没有国家高程控制点，可采用通过测区内某点的水准面作为起算面，也就是说可采用相对高程来对测区进行测量。

0.3　测量工作概述

0.3.1　测量的基本工作

测量的基本工作是：高差测量、水平角测量、水平距离测量。

1. 平面直角坐标的测定

如图 0-3-1 所示，设 A，B 为已知坐标点，P 为待定点。首先测出了水平角 β 和水平距离 D_{AP}，再根据 A，B 的坐标，即可推算出 P 点的坐标。

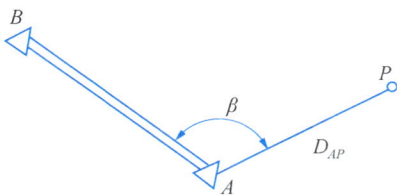

图 0-3-1　平面直角坐标的测定

测定地面点平面直角坐标的主要测量工作是测量水平角和水平距离。

2. 高程的测定

测定地面点高程的主要测量工作是测量高差。

如图 0-3-2 所示,设 A 为已知高程点,P 为待定点。根据式(0-2)得

$$H_P = H_A + h_{AP} \qquad (0-4)$$

只要测出 A,P 之间的高差 h_{AP},利用式(0-4),即可算出 P 点的高程。

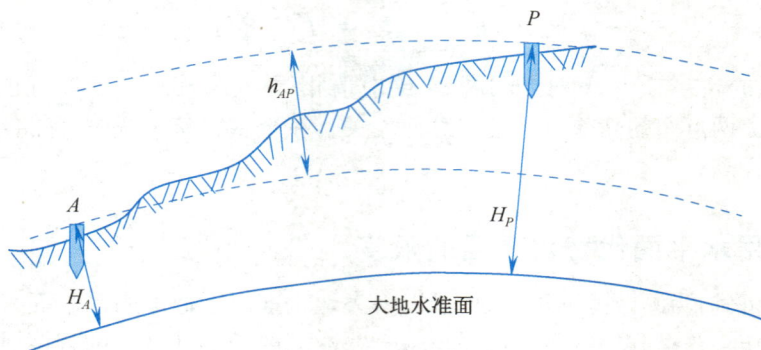

图 0-3-2　高程的测定

0.3.2　测量工作的基本原则

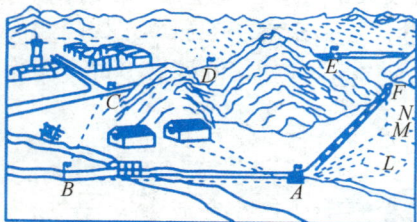

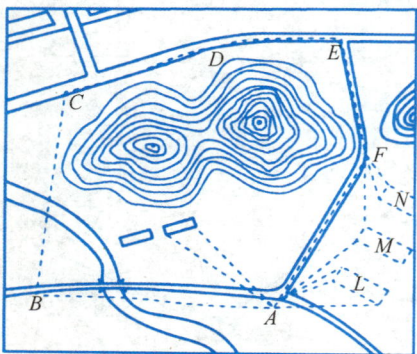

测量工作的
基本原则

　　测量工作的目的之一是测绘地形图,地形图是通过测量一系列碎部点(地物点和地貌点)的平面位置和高程,然后按一定的比例,应用地形图符号和注记缩绘而成。测量工作不能一开始就测量碎部点,而是先在测区内统一选择一些起控制作用的点,将它们的平面位置和高程精确地测量计算出来,这些点称为控制点,由控制点构成的几何图形称为控制网,然后再根据这些控制点分别测量各自周围的碎部点,进而绘制成图,如图 0-3-3 所示的多边形 $ABCDEF$ 就是该测区的控制网。利用该控制网便可以进行该小块区域的测图工作,例如利用 A 点可以将 BC 连线右侧的两房屋测绘到图纸上。

　　综上所述,在实际测量工作中应当遵循以下基本原则:

　　(1)在测量布局上,应遵循"由整体到局部"的原则;在测量精度上,应遵循"由高级到低级"的原则;在测量次序上,应遵循"先控制后碎部"的原则。

　　(2)在测量过程中,应遵循"前一步测量工作未做校核,不进行下一步测量工作"的原则。

　　测量工作中,有些是在野外使用测量仪器获取数

图 0-3-3　地形和地形图示意图

据,称为外业;有些是在室内进行数据处理或绘图,称为内业。无论是内业还是外业,为防止错误的发生,工作中必须遵循测量的基本原则。

▶ 0.3.3　测量工作的基本要求

"质量第一"的观点,严肃认真的工作态度,保持测量成果的真实性、客观性和原始性,要爱护测量仪器与工具。

▶ 0.4　测量误差的基本知识 ◀

▶ 0.4.1　测量误差及其表示方法

1. 误差

测量误差的概念

在测量工作中,对某量的观测值与该量的真值间存在着必然的差异,这个差异称为误差。但有时人为的疏忽或措施不当也会造成观测值与真值之间的较大差异,这不属于误差而是粗差。误差与粗差的根本区别在于前者是不可避免的,而后者是有可能避免的。

2. 误差的表示方法

(1) 绝对误差

不考虑被观测量自身的大小,只描述该量的观测值与其真值之差大小的误差称为绝对误差(亦称为真误差)。绝对误差的计算式为

$$\Delta = l - X \tag{0-5}$$

衡量精度的标准

式中:Δ——绝对误差;

　　l——观测值;

　　X——被观测量的真值。

(2) 相对误差

对某量观测的绝对误差与该量的真值(或近似值)之比称为相对误差。相对误差能够确切描述观测量的精确度。相对误差的计算式为

$$K = \frac{|\Delta|}{X} \tag{0-6}$$

式中:K——相对误差。

相对误差一般化成分子为1的分数表示。

(3) 中误差

若对某量等精度地进行了 n 次观测,按式(0-5)可计算出 n 个真误差 $\Delta_1, \Delta_2, \cdots, \Delta_n$,将各真误差的平方和的均值再开方即为中误差,即

$$m = \pm\sqrt{\frac{\Delta_1^2 + \Delta_2^2 + \cdots + \Delta_n^2}{n}} = \pm\sqrt{\frac{[\Delta\Delta]}{n}} \tag{0-7}$$

式中：m——观测值的中误差；

$[\Delta\Delta]$——$\Delta_1^2 + \Delta_2^2 + \cdots + \Delta_n^2$；

n——观测次数。

（4）容许误差

容许误差亦称限差。在实际工作中，测量规范要求在观测值中不容许存在较大的误差，故常以 2 倍或 3 倍的中误差作为最大容许值。在测量中以容许误差检查观测质量，并根据观测误差是否超出容许误差而决定观测成果的取舍。容许误差的计算式为

$$|\Delta_容| = 2|m| \quad 或 \quad |\Delta_容| = 3|m| \tag{0-8}$$

如果某个观测值的误差超过了容许误差，就可以认为该观测值含有粗差，应舍去不用或返工重测。

0.4.2　测量误差产生的原因

1. 测量仪器和工具

仪器和工具加工制造不完善或校正之后残余误差存在引起的误差。

2. 观测者

观测者感觉器官鉴别能力的局限性引起的误差。

3. 外界条件的影响

外界条件的变化引起的误差。

人、仪器和外界条件是引起测量误差的主要因素，通常称为观测条件。

观测条件相同的各次观测，称为等精度观测；观测条件不相同的各次观测，称为非等精度观测。

0.4.3　测量误差的分类

误差按其特性可分为系统误差和偶然误差两大类。

测量误差的分类

1. 系统误差

在相同观测条件下，对某量进行一系列的观测，如果误差出现的符号和大小均相同或按一定的规律变化，这种误差称为系统误差。

（1）系统误差的大小（绝对值）为一常数或按一定规律变化；

（2）系统误差的符号（正、负）保持不变；

（3）系统误差具有累积性，即误差大小以一定的函数关系累积。

系统误差在测量成果中具有累积性，对测量成果影响较大，但它具有一定的规律性，一般可采用以下两种方法消除或减弱其影响。

（1）进行计算改正；

（2）选择适当的观测方法。

减弱或消除系统误差的措施

2. 偶然误差

在相同的观测条件下，对某量进行一系列的观测，其观测误差的大小和符

号,从表面上看没有一定的规律性,但大量的观测结果,表现出符合统计规律。这种误差称为偶然误差。

偶然误差有下列特点:

(1) 在一定的观测条件下,偶然误差的绝对值不会超过一定的界限;

(2) 绝对值大的误差比绝对值小的误差出现的可能性要小;

(3) 绝对值相等的正误差和负误差出现的可能性相等;

(4) 偶然误差的算术平均值,随着观测次数的无限增加而趋向于零。

偶然误差的特性

实践证明,偶然误差不能用计算改正或用一定的观测方法简单地加以消除,只能根据偶然误差的特性来改进观测方法并合理地处理数据,以减少偶然误差对测量成果的影响。

3. 粗差

测量过程中,有时由于人为的疏忽或措施不当可能出现粗差。例如,读数错误,记录时误听、误记,计算时弄错符号、点错小数点等。

在一定的观测条件下,误差是不可避免的。而产生粗差的主要原因是工作中的粗心大意。显然,观测结果中不容许存在粗差,并且粗差是可以避免的。

如何及时发现粗差,并把它从观测结果中清除掉,除了测量人员加强工作责任感,认真细致地工作外,通常还要采取各种校核措施,防止产生观测粗差或在最终结果中发现并剔除。

▶ 0.4.4　误差传播定律

在测量工作中,有些未知量不可能直接测量,或者是不便于直接测定,而是利用直接测定的观测值按一定的公式计算出来。如高差 $h = a - b$,就是直接观测值 a,b 的函数。若已知直接观测值 a,b 的中误差 m_a,m_b 后,求出函数 h 的中误差 m_h,即观测值函数的中误差。由于独立观测值存在误差,导致其函数也必然存在误差,这种关系称为误差传播。阐述观测值中误差与观测值函数中误差之间关系的定律称为误差传播定律。

1. 线性函数

$$F = K_1 x_1 \pm K_2 x_2 \pm \cdots \pm K_n x_n \qquad (0-9)$$

式中:F——线性函数;

　　　K_1——常数;

　　　x_1——观测值。

设 x_1 的中误差为 m_1,函数 F 的中误差为 m_F,经推导得

$$m_F^2 = (K_1 m_1)^2 + (K_2 m_2)^2 + \cdots (K_n m_n)^2 \qquad (0-10)$$

即观测值函数中误差的平方,等于常数与相应观测值中误差乘积的平方和。

2. 非线性函数

$$Z = F(x_1, x_2, \cdots, x_n)$$

其微分为

$$dZ = \frac{\partial F}{\partial x_1}dx_1 + \frac{\partial F}{\partial x_2}dx_2 + \cdots + \frac{\partial F}{\partial x_n}dx_n$$

$$\Delta Z = \frac{\partial F}{\partial x_1}\Delta x_1 + \frac{\partial F}{\partial x_2}\Delta x_2 + \cdots + \frac{\partial F}{\partial x_n}\Delta x_n$$

可写成
$$\Delta Z = f_1\Delta x_1 + f_2\Delta x_2 + \cdots + f_n\Delta x_n$$

其相应的函数中误差式为

$$m_Z^2 = f_1^2 m_1^2 + f_2^2 m_2^2 + \cdots + f_n^2 m_n^2$$

即
$$m_Z = \pm\sqrt{\left(\frac{\partial F}{\partial x_1}\right)^2 m_1^2 + \left(\frac{\partial F}{\partial x_2}\right)^2 m_2^2 + \cdots + \left(\frac{\partial F}{\partial x_n}\right)^2 m_n^2}$$

例 0-1　在 1:500 比例尺地形图上，量得 A, B 两点间的距离 $S = 163.6$ mm，其中误差 $m_S = \pm 0.2$ mm。求 A, B 两点实地距离 D 及其中误差 m_D。

解： $D = MS = 500 \times 163.6$ mm $= 81.8$ m（M 为比例尺分母）。

$m_D = Mm_S = 500 \times 0.2$ mm $= \pm 0.1$ m。

所以 $D = 81.8 \pm 0.1$ m。

例 0-2　在三角形 ABC 中，$\angle A$ 和 $\angle B$ 的观测中误差 m_A 和 m_B 分别为 $\pm 3''$ 和 $\pm 4''$。试推算 $\angle C$ 的中误差 m_C。

解： $\angle C = 180° - (\angle A + \angle B)$。

因为 180° 是已知数，没有误差，则

$$m_C^2 = m_A^2 + m_B^2$$

所以
$$m_C = \pm 5''$$

例 0-3　某水准路线各测段高差的观测值中误差分别为 $h_1 = 15.316$ m ± 5 mm，$h_2 = 8.171$ m ± 4 mm，$h_3 = -6.625$ m ± 3 mm。试求总的高差及其中误差。

解： $h = h_1 + h_2 + h_3 = 15.316 + 8.171 - 6.625$ m $= 16.862$ m。

$m_h^2 = m_1^2 + m_2^2 + m_3^2 = 5^2 + 4^2 + 3^2$ mm^2。

$m_h = \pm 7.1$ mm。

所以 $h = 16.862$ m ± 7.1 mm。

例 0-4　设对某一未知量 P，在相同观测条件下进行多次观测，观测值分别为 L_1, L_2, $\cdots$, L_n，其中误差均为 m。求算术平均值 x 的中误差 M。

解：

$$x = \frac{\sum_{i=1}^{n}L}{n} = L_1 + L_2 + \cdots + L_n$$

式中的 $\frac{1}{n}$ 为常数，根据式 (0-10)，算术平均值的中误差为

$$M^2 = \left(\frac{1}{n}m_1\right)^2 + \left(\frac{1}{n}m_2\right)^2 + \cdots + \left(\frac{1}{n}m_n\right)^2$$

因为 $m_1 = m_2 = \cdots = m_n = m$，则

$$M = \pm \frac{m}{\sqrt{n}} \qquad (0-11)$$

从式(0-11)可知，算术平均值中误差是观测值中误差的 $\frac{1}{\sqrt{n}}$ 倍，观测次数愈多，算术平均值的误差愈小，精度愈高。但精度的提高仅与观测次数的平方根成正比，当观测次数增加到一定次数后，精度就提高得很少，所以增加观测次数只能适可而止。

例 0-5　三角形的三个内角之和，在理论上等于180°，而实际上由于观测时的误差影响，三内角之和与理论值会有一个差值，这个差值称为三角形闭合差。

设等精度观测 n 个三角形的三内角分别为 a_i，b_i 和 c_i，其测角中误差均为 $m_\beta = m_a = m_b = m_c$，各三角形内角和的观测值与真值180°之差为三角形闭合差 $f_{\beta 1}$，$f_{\beta 2}$，$\cdots$，$f_{\beta n}$，即真误差，其计算关系式为

$$f_{\beta i} = a_i + b_i + c_i - 180°$$

根据式(0-10)得中误差关系式为

$$m_{f\beta}^2 = m_a^2 + m_b^2 + m_c^2 = 3 m_\beta^2$$
$$m_{f\beta} = \pm\sqrt{3}\, m_\beta$$

由此得测角中误差为

$$m_\beta = \pm m_{f\beta} / \sqrt{3}$$

按中误差定义，三角形闭合差的中误差为

$$m_{f\beta} = \pm \sqrt{\sum_{i=1}^{n} f_\beta^2 \Big/ n}$$

将此式代入上式得

$$m_\beta = \pm \sqrt{\sum_{i=1}^{n} f_\beta^2 \Big/ (3n)} \qquad (0-12)$$

式(0-12)称为菲列罗公式，是小三角测量评定测角精度的基本公式。

思 考 题

0-1　进行测量工作应遵循什么原则？为什么？

0-2　地面点的位置用哪几个元素来确定？

0-3　简述建筑工程测量的任务。

0-4　简述什么是粗差，什么是系统误差，什么是偶然误差。

0-5　偶然误差有哪些特性？

项目目标

1. 掌握水准测量原理、水准仪、水准尺及尺垫的使用、水准测量的成果计算；
2. 了解水准测量的误差及注意事项；
3. 了解水准仪的检验和校正。

素质目标

1. 小组协作完成闭合水准测量，数据记录计算的过程中，培养学生诚信的工作作风和团队协作、吃苦耐劳、精益求精的精神；
2. 水准测量是工程中高程控制的重要方法，高程测量在房屋建筑高程定位、珠穆朗玛峰海拔的测量中得以应用，通过对测绘精度的讲解，介入测绘专业伦理教育，培养学生职业伦理操守和职业道德。

▶ 1.1 水准测量原理 ◀

水准测量基本原理

▶ 1.1.1 水准测量原理

水准测量是利用水准仪提供的水平视线，借助于带有分划的水准尺，直接测定地面上两点间的高差，然后根据已知点高程和测得的高差，推算出未知点高程。

如图 1-1-1 所示，A，B 两点间高差 h_{AB} 为

$$h_{AB} = a - b \tag{1-1}$$

设水准测量是由 A 向 B 进行的，则 A 点为后视点，A 点尺上的读数 a 称为后视读数；B 点为前视点，B 点尺上的读数 b 称为前视读数。因此，高差等于后视读数减去前视读数。

▶ 1.1.2 计算未知点高程

1. 高差法

测得 A，B 两点间高差 h_{AB} 后，如果已知 A 点的高程 H_A，则 B 点的高程 H_B 为

$$H_B = H_A + h_{AB} \tag{1-2}$$

这种直接利用高差计算未知点 B 高程的方法，称为高差法。

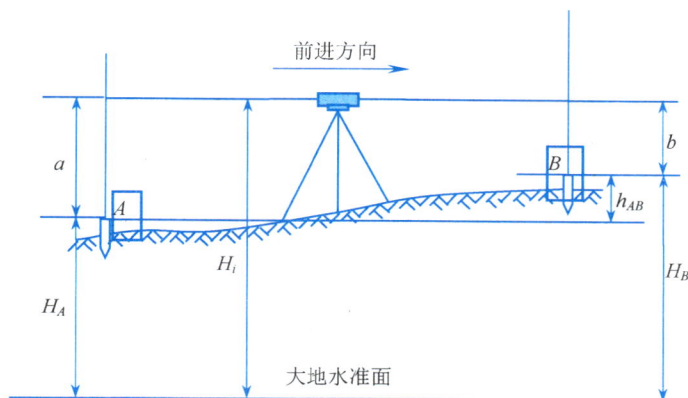

图 1-1-1　水准测量原理

2. 视线高法

如图 1-1-1 所示，B 点高程也可以通过水准仪的视线高程 H_i 来计算，即

$$H_B = H_i - b \tag{1-3}$$

这种利用仪器视线高程 H_i 计算未知点 B 点高程的方法，称为视线高法。在施工测量中，有时安置一次仪器，需测定多个地面点的高程，采用视线高法就比较方便。

在实际工作中，常常是 A，B 两点相距较远，或者高差较大，安置一次仪器不能直接测出两点间的高差，必须在两点间加设若干个临时的立尺点，并安置若干次仪器。这些临时的立尺点只起到传递高程的作用，不需要测出高程，称为转点；安置仪器的地方称为测站。如图 1-1-2 所示，通过各测站连续测定相邻标尺点间的高差，最后取其代数和即可求得 A，B 两点间高差。

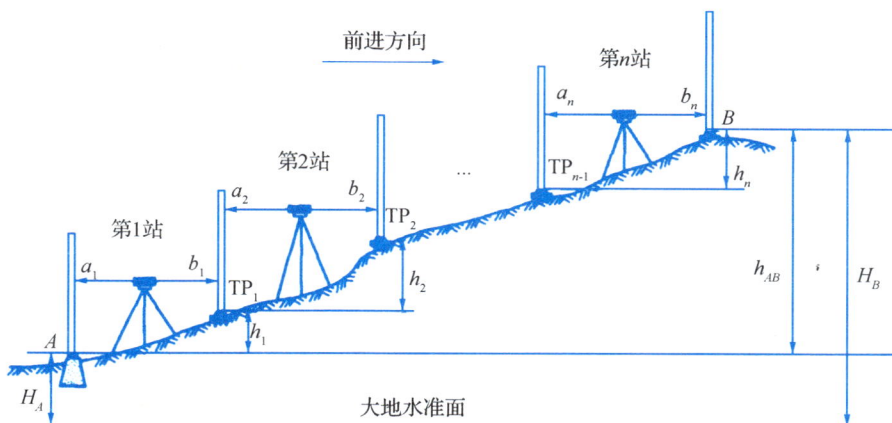

图 1-1-2　水准仪连续测量

视线高法测高程

$$h_1 = a_1 - b_1 \tag{1-4}$$

$$h_2 = a_2 - b_2 \tag{1-5}$$

......

$$h_{AB} = h_1 + h_2 + h_3 + \cdots + h_n = \sum h = \sum a - \sum b \qquad (1-6)$$

由此可知,起点至终点的高差等于各测站高差的代数和,即各测站后视读数的代数和减去各测站前视读数的代数和。此规律在实际操作中,可以用来作为计算检核。

▶ 1.2　水准测量的仪器与工具 ◀

水准测量所使用的仪器为水准仪,工具有水准尺和尺垫。

国产水准仪按其精度分,有 DS_{05},DS_1,DS_3 及 DS_{10} 等几种型号。DS 是指大地测量水准仪,05,1,3 和 10 是指仪器能达到的每公里往返测高差的中误差分别为 0.5 mm,1 mm,3 mm,10 mm。水准仪各技术参数见表 $1-2-1$。

表 $1-2-1$　水准仪各技术参数

水准仪系列型号		DS_{05}	DS_1	DS_3	DS_{10}
每千米往返测高差中误差不大于/mm		± 0.5	± 1	± 3	± 10
望远镜	物镜有效孔径不小于/mm	55	47	38	28
	放大倍数	42	38	28	20
水准管分划值/[(″)/2 mm]		10	10	20	20
主要用途		国家一等水准测量及大地测量监测	国家二等水准测量及其他精密水准测量	国家三、四等水准测量及一般工程水准测量	一般工程水准测量

▶ 1.2.1　DS_3 型微倾式水准仪的构造

DS_3 主要由望远镜、水准器及基座三部分组成。如图 $1-2-1$ 所示。

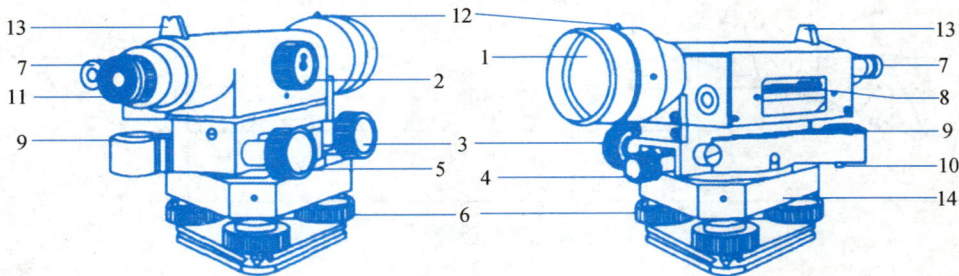

微倾水准仪介绍

1—物镜;2—物镜调焦螺旋;3—微动螺旋;4—制动螺旋;5—微倾螺旋;6—脚螺旋;7—管水准器气泡观察窗;8—管水准器;9—圆水准器;10—圆水准器校正螺钉;11—目镜;12—准星;13—照门;14—基座

图 $1-2-1$　DS_3 型微倾水准仪

1. 望远镜

望远镜是用来精确瞄准远处目标并对水准尺进行读数的。它主要由物镜、目镜、对光透镜和十字丝分划板组成。

(1) 十字丝分划板

十字丝分划板是为了瞄准目标和读数用的。与中丝相对称的上丝和下丝也被称为视距丝。如图 1-2-2 所示。

(2) 物镜和目镜

物镜：用来对准目标；

物镜对光螺旋：调节目标影像清晰；

目镜：眼睛通过目镜端观看十字丝与目标影像；

目镜对光螺旋：调节十字丝清晰。

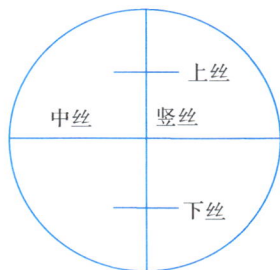

图 1-2-2　十字丝分划板

(3) 视准轴

十字丝交点与物镜光心的连线,称为视准轴 CC。视准轴的延长线即为视线,水准测量就是在视准轴水平时,用十字丝的中丝在水准尺上截取读数的。

2. 水准器

(1) 管水准器

管水准器(亦称水准管)用于精确整平仪器。如图 1-2-3 所示,它是一个玻璃管,其纵剖面方向的内壁研磨成一定半径的圆弧形,水准管上一般刻有间隔为 2 mm 的分划线,分划线的中点 O 称为水准管零点,通过零点与圆弧相切的纵向切线 LL 称为水准管轴。水准管轴平行于视准轴。

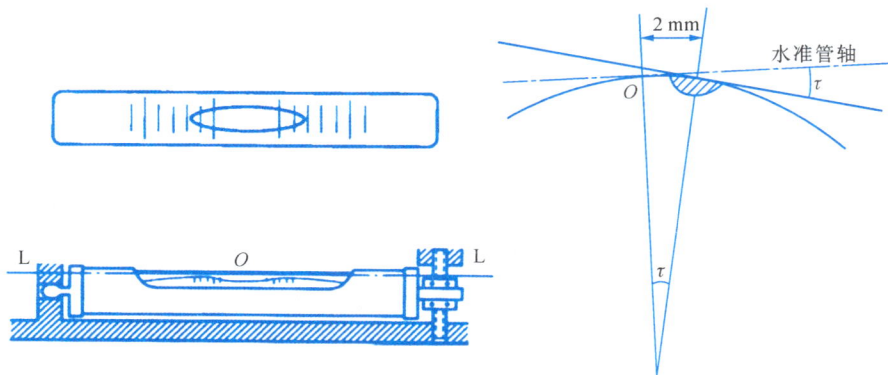

图 1-2-3　管水准器及水准管分化值

水准管上 2 mm 圆弧所对的圆心角 τ,称为水准管的分划值,水准管分划愈小,水准管灵敏度愈高,用其整平仪器的精度也愈高。DS$_3$ 型水准仪的水准管分划值为 $20''$,记做 $20''/2$ mm。

管水准器用来指示水准仪(视准轴)是否精确水平,当管水准器气泡居中时水准仪精平。

(2) 圆水准器

圆水准器装在水准仪基座上,用于粗略整平。圆水准器顶面的玻璃内表面研磨成球面,

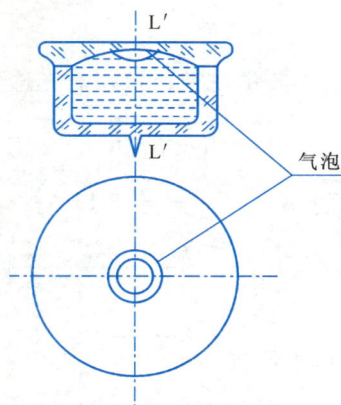

图 1-2-4　圆水准器

球面的正中刻有圆圈,其圆心称为圆水准器的零点。过零点的球面法线 L'L' 称为圆水准器轴。圆水准器轴 L'L' 平行于仪器竖轴 VV。如图 1-2-4 所示。

气泡中心偏离零点 2 mm 时竖轴倾斜的角值,称为圆水准器的分划值,一般为 8~10′,精度较低。

圆水准器用来指示水准仪(视准轴)是否粗略水平,当圆水准器气泡居中时水准仪粗平。

3. 基座

基座的作用是支承仪器的上部,并通过连接螺旋与三脚架连接。它主要由轴座、脚螺旋、底板和三脚压板构成。转动脚螺旋,可使圆水准气泡居中。

1.2.2　水准尺和尺垫

1. 水准尺

水准尺是进行水准测量时与水准仪配合使用的标尺。常用的水准尺有塔尺和双面水准尺两种。

(1) 塔尺

一种逐节缩小的组合尺,其长度为 2~5 m,由两节或三节连接在一起,尺的底部为零点,尺面上黑白格相间,每格宽度为 1 cm,有的为 0.5 cm,在米和分米处有数字注记。如图 1-2-5(a)所示。

(2) 双面水准尺

尺长为 2 m 或 3 m,两根尺为一对。尺的双面均有刻度,一面为黑白相间,称为黑面尺(也称主尺);另一面为红白相间,称为红面尺(也称辅尺)。如图 1-2-5(b)所示。两面的刻度均为 1 cm,在分米处注有数字。两根尺的黑面尺尺底均从零开始,而红面尺尺底,一根从 4.687 m 开始,另一根从 4.787 m 开始。在视线高度不变的情况下,同一根水准尺的红面和黑面读数之差应等于常数 4.687 m 或 4.787 m,这个常数称为尺常数,用 K 表示,以此可以检核读数是否正确。

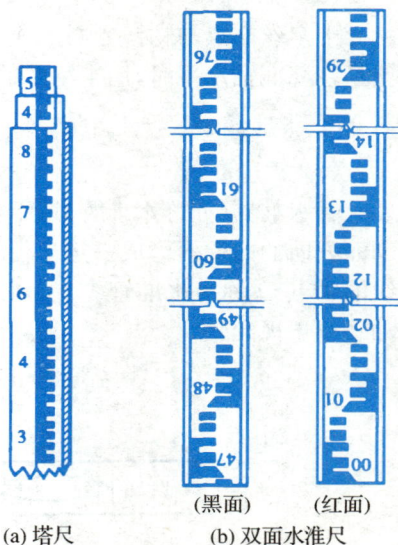

(a) 塔尺　　(b) 双面水准尺

图 1-2-5

2. 尺垫

尺垫是由生铁铸成的。一般为三角形板座,其下方有三个脚,可以踏入土中。尺垫上方有一突起的半球体,水准尺立于半球顶面。尺垫用于转点处。如图 1-2-6 所示。

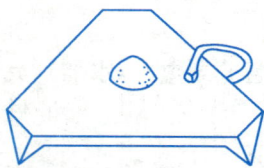

图 1-2-6　尺垫

1.3　水准仪的使用

微倾式水准仪的基本操作程序为：安置仪器、粗略整平、瞄准水准尺、精确整平和读数。

1.3.1　安置仪器

（1）在测站上松开三脚架架腿的固定螺旋，按需要的高度调整架腿长度，再拧紧固定螺旋，张开三脚架将架腿踩实，并使三脚架架头大致水平。

（2）从仪器箱中取出水准仪，用连接螺旋将水准仪固定在三脚架架头上。

粗略整平

1.3.2　粗略整平

通过调节脚螺旋使圆水准器气泡居中。具体操作步骤如下。

（1）如图 1-3-1(a)所示，用两手按箭头所指的相对方向转动脚螺旋①和②，使气泡沿着①，②连线方向由 a 移至 b。

（2）如图 1-3-1(b)所示，用左手按箭头所指方向转动脚螺旋③，使气泡由 b 移至中心。

整平时，气泡移动的方向与左手大拇指旋转脚螺旋时的移动方向一致，与右手大拇指旋转脚螺旋时的移动方向相反。

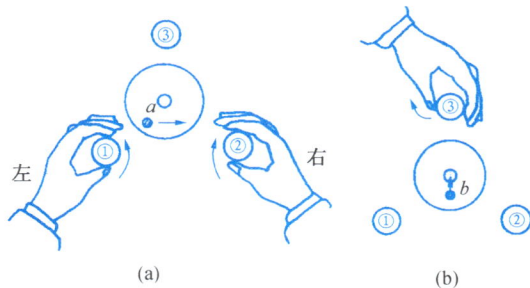

图 1-3-1　水准仪粗平

1.3.3　瞄准水准尺

1. 目镜调焦

松开制动螺旋，将望远镜转向明亮的背景，转动目镜对光螺旋，使十字丝成像清晰。

2. 初步瞄准

通过望远镜筒上方的照门和准星瞄准水准尺，旋紧制动螺旋。

3. 物镜调焦

转动物镜对光螺旋，使水准尺的成像清晰。

4. 精确瞄准

转动微动螺旋，使十字丝的竖丝瞄准水准尺边缘或中央。

5. 消除视差

眼睛在目镜端上下移动，有时可看见十字丝的中丝与水准尺影像之间相对移动，这种现象叫视差。产生视差的原因是水准尺的尺像与十字丝平面不重合。视差的存在将影响读数的正确性，应予消除。消除视差的方法是仔细转动物镜对光螺旋，直至尺像与十字丝平面重合。

精平

1.3.4　精确整平

精确整平简称精平。眼睛观察水准气泡观察窗内的气泡影像,用右手缓慢地转动微倾螺旋,使气泡两端的影像严密吻合,此时视线即水平视线。微倾螺旋的转动方向与左侧半边气泡影像移动方向一致,如图1-3-2(a)所示;使水准管气泡两端的影像重合,如图1-3-2(b)所示。此时,水准仪精平,即望远镜视准轴精确水平。

1.3.5　读数

管水准器气泡居中后,应立即用十字丝中丝在水准尺上读数。读数时应从小数向大数读,如果从望远镜中看到的水准尺影像是倒像,在尺上应从上到下读取。直接读取米、分米和厘米,并估读出毫米,共四位数。如图1-3-3所示。读数后再检查管水准器气泡是否居中,若不居中,应再次精平,重新读数。

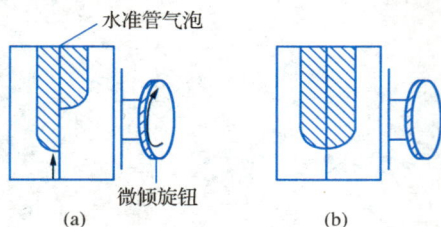

(a) 　　　　　　　(b) 　　　　(a) 黑面读数1608　　(b) 黑面读数6295

图1-3-2　管水准器精平　　　　图1-3-3　双面水准尺读数

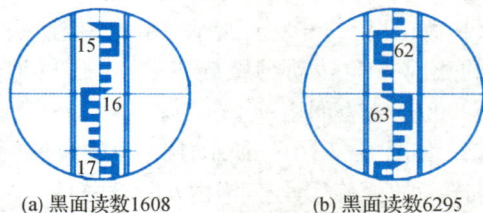

▶ 1.4　水准测量的方法 ◀

1.4.1　水准点

用水准测量的方法测定的高程控制点,称为水准点,记为BM(Bench Mark)。水准点有永久性水准点和临时性水准点两种。

1. 永久性水准点

国家等级永久性水准点,如图1-4-1所示。有些永久性水准点的金属标志也可镶嵌在稳定的墙角上,称为墙上水准点,如图1-4-2所示。建筑工地上的永久性水准点,其形式如图1-4-3(a)所示。

图1-4-1　国家等级水准点

2. 临时性水准点

临时性水准点可用地面上突出的坚硬岩石或用大木桩打入地下,桩顶钉以半球状铁钉,作为水准点的标志,如图1-4-3(b)所示。

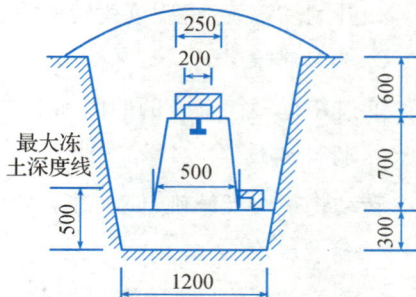

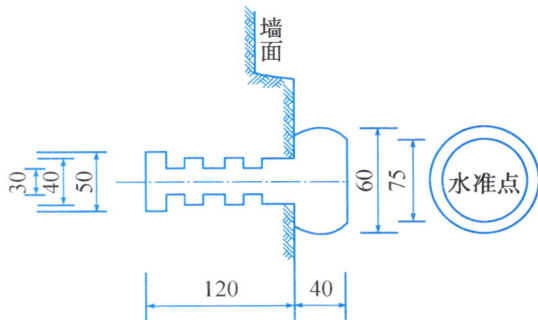

图 1-4-2   墙上水准点

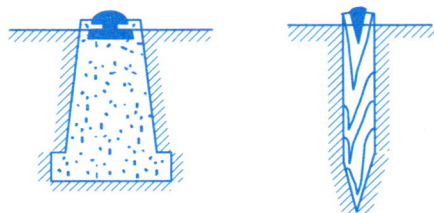

(a) 永久性水准点   (b) 临时性水准点

图 1-4-3   建筑工程水准点

1.4.2   水准路线及成果检校

在水准点间进行水准测量所经过的路线,称为水准路线。相邻两水准点间的路线称为测段。

在一般的工程测量中,水准路线布设形式主要有以下三种形式。

1. 附合水准路线

(1) 附合水准路线的布设方法

如图 1-4-4 所示,从已知高程的水准点 BMA 出发,沿待定高程的水准点 1,2,3,…进行水准测量,最后附合到另一已知高程的水准点 BMB 所构成的水准路线,称为附合水准路线。

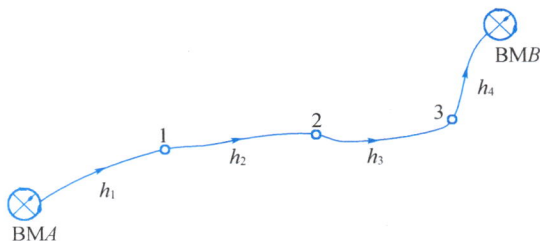

图 1-4-4   附合水准路线

(2) 成果检核

从理论上讲,附合水准路线各测段测量高差代数和应等于两个已知高程的水准点之间的高差,即

$$\sum h_{理} = H_{终} - H_{起} \tag{1-6}$$

各测段高差代数和 $\sum h_{测}$ 与其理论值 $\sum h_{理}$ 的差值,称为高差闭合差 f_h,即

$$f_h = \sum h_{测} - \sum h_{理} \tag{1-7}$$

2. 闭合水准路线

(1) 闭合水准路线的布设方法

如图 $1-4-5$ 所示,从已知高程的水准点 BMA 出发,沿各待定高程的水准点 $1,2,3,4,\cdots$ 进行水准测量,最后又回到原出发点 BMA 的环形路线,称为闭合水准路线。

(2) 成果检核

从理论上讲,闭合水准路线各测段高差代数和应等于零,即

$$\sum h_{理} = 0$$

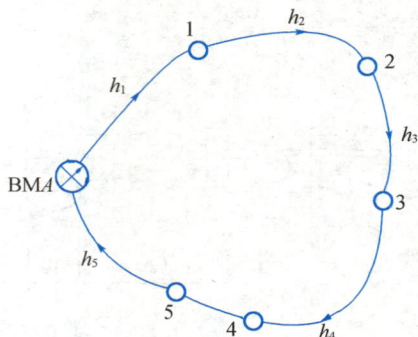

图 $1-4-5$　闭合水准路线

如果不等于零,则高差闭合差为

$$f_h = \sum h_{测} - \sum h_{理} = \sum h_{测} \tag{1-8}$$

3. 支水准路线

(1) 支水准路线的布设方法

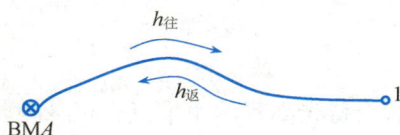

图 $1-4-6$　支水准路线

如图 $1-4-6$ 所示,从已知高程的水准点 BMA 出发,沿待定高程的水准点 1 进行水准测量,这种既不闭合又不附合的水准路线,称为支水准路线。支水准路线要进行往返测量,以资检核。

(2) 成果检核

从理论上讲,支水准路线往测高差与返测高差的代数和应等于零。如果不等于零,则高差闭合差为

$$f_h = \sum h_{往} + \sum h_{返} \tag{1-9}$$

各种路线形式的水准测量,其高差闭合差均不应超过容许值,否则即认为观测结果不符合要求。

▮▶ 1.4.3　水准测量的施测方法

当已知高程点与未知高程点之间的距离比较远或者高差比较大时,需要测量多个测站的高差。如图 $1-4-7$ 所示,水准点 A 的高程为 19.153 m,需要通过测量得到 B 点的高程。按照前文介绍的连续水准测量方法,其观测步骤如下。

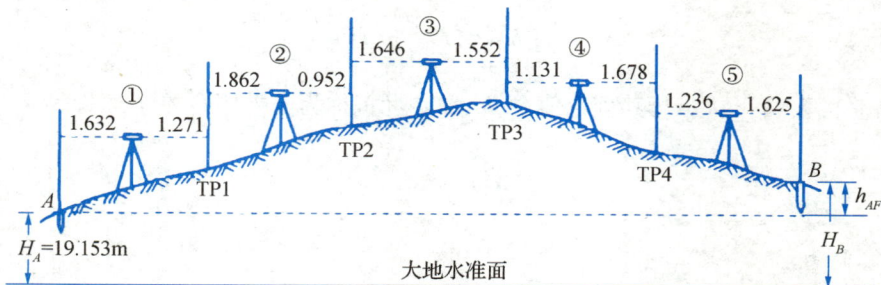

图 $1-4-7$　水准测量施测

（1）在距 A 点适当位置处定下转点 TP1，在 A，TP1 两点上分别竖立水准尺。

（2）在距离 A 点和 TP1 点大致距离相等的地方安置水准仪，粗平水准仪。

（3）瞄准 A 点后视水准尺，旋转微倾螺旋，使其管水准器气泡吻合，读取 A 点水准尺上的后视读数为 1.632 m，记入"表 1−4−1 水准测量手簿"第 3 栏内。

（4）旋转望远镜，瞄准 TP1 点水准尺上前视水准尺，旋转微倾螺旋，使管水准器气泡吻合，读取 TP1 点水准尺上的前视读数为 1.271 m，记入"水准测量手簿"第 4 栏内。后视读数减去前视读数得高差为 +0.361 m，记入高差栏内。

（5）完成上述一个测站工作以后，TP1 点上的水准尺不动，把 A 点水准尺移到转点 TP2 上，仪器安置在 TP1 点和 TP2 点之间，按照上述方法观测和计算，逐站施测直到 B 点。

1. 观测与记录

表 1−4−1　水准测量手簿

测站	测点	水准尺读数/m		高差/m		高程/m	备注
		后视读数	前视读数	＋	－		
1	2	3	4	5		6	7
1	BMA	1.632		0.361		19.153	
	TP1		1.271				
2	TP1	1.862		0.910			
	TP2		0.952				
3	TP2	1.646		0.094			
	TP3		1.552				
4	TP3	1.131			0.547		
	TP4		1.678				
5	TP4	1.236			0.389		
	B		1.625			19.582	
计算检核	$\sum$	7.507	7.078	1.365	0.936		
	$\sum a - \sum b = +0.429$			$\sum h = +0.429$		$h_{AB} = H_B - H_A = +0.429$	

2. 计算与计算检核

（1）计算

每一测站都可测得前、后视两点的高差，即

$$h_1 = a_1 - b_1$$

$$h_2 = a_2 - b_2$$

$$\cdots$$

$$h_5 = a_5 - b_5$$

将上述各式相加，得

$$h_{AB} = h_1 + h_2 + h_3 + \cdots + h_n = \sum h = \sum a - \sum b$$

则 B 点高程为

$$H_B = H_A + h_{AB}$$

(2) 计算检核

为了保证记录表中数据的正确,应对后视读数总和减前视读数总和、高差总和、B 点高程与 A 点高程之差进行检核,这三个数字应相等。如表中:

$$\sum a - \sum b = +0.429 \text{ m}$$

$$\sum h = +0.429 \text{ m}$$

$$h_{AB} = H_B - H_A = +0.429 \text{ m}$$

3. 水准测量的测站检核

水准测量的连续性很强,未知点高程是通过转点将已知水准点高程传递过来的,若其中任一测站的观测有错误,整个水准路线的测量成果都有影响。为了保证每一个测站观测的正确性,可采用改变仪器高法或双面尺法进行测站检核。

(1) 变动仪器高法

变动仪器高法是在同一个测站上用两次不同的仪器高度,测得两次高差进行检核。要求:改变仪器高度应大于 10 cm,两次所测高差之差不超过容许值(例如等外水准测量容许值为 ±6 mm),取其平均值作为该测站最后结果,否则需要重测。

(2) 双面尺法

分别对双面水准尺的黑面和红面进行观测。利用前、后视的黑面和红面读数,分别算出两个高差。如果两个高差之差不超过规定的限差(例如四等水准测量容许值为 ±5 mm),取其平均值作为该测站最后结果,否则需要重测。

▮▶ 1.4.4 水准测量的等级及主要技术要求

水准测量测站限差

在工程上常用的水准测量有:三、四等水准测量和等外水准测量。

1. 三、四等水准测量

三、四等水准测量,常作为小地区测绘大比例尺地形图和施工测量的高程基本控制。三、四等水准测量的主要技术要求见表 1-4-2。

表 1-4-2 三、四等水准测量的主要技术要求

等级	路线长度 /km	水准仪	水准尺	观测次数		往返较差、附合或环线闭合差	
				与已知点联测	附合或环线	平地/mm	山地/mm
三	≤50	DS₁	因瓦	往返各一次	往一次	$\pm12\sqrt{L}$	$\pm4\sqrt{n}$
		DS₃	双面		往返各一次		
四	≤16	DS₃	双面	往返各一次	往一次	$\pm20\sqrt{L}$	$\pm6\sqrt{n}$

注:L 为水准路线长度(km);n 为测站数。

2. 等外水准测量

等外水准测量又称图根水准测量或普通水准测量,主要用于测定图根点的高程及工程水准测量。等外水准测量的主要技术要求见表 1-4-3。

表 1-4-3　等外水准测量的主要技术要求

等级	路线长度 /km	水准仪	水准尺	视线长度 /m	观测次数		往返较差、附合或环线闭合差	
					与已知点联测	附合或环线	平地/mm	山地/mm
等外	≤5	DS_3	单面	100	往返各一次	往一次	$\pm40\sqrt{L}$	$\pm12\sqrt{n}$

注:L 为水准路线长度(km);n 为测站数。

1.4.5　三、四等水准测量

1. 三、四等水准测量观测的技术要求

三、四等水准测量观测的技术要求见表 1-4-4。

表 1-4-4　三、四等水准测量观测的技术要求

等级	水准仪	视线长度 /m	前后视距差 /m	前后视距累积差/m	视线高度	黑面、红面读数之差/mm	黑面、红面所测高差之差/mm
三	DS_1	100	3	6	三丝能读数	1.0	1.5
	DS_3	75				2.0	3.0
四	DS_3	100	5	10	三丝能读数	3.0	5.0

2. 一个测站上的观测程序和记录

一个测站上的这种观测程序简称“后—前—前—后”或“黑—黑—红—红”。四等水准测量也可采用“后—后—前—前”或“黑—红—黑—红”的观测程序。

表 1-4-5　三、四等水准测量手簿(双面尺法)

测站编号	点号	后尺 上丝 下丝	前尺 上丝 下丝	方向及尺号	水准尺读数		K+黑 —红	平均高差 /m	备注
		后视距	前视距		黑面	红面			
		视距差	Id						
		(1) (2) (9) (11)	(4) (5) (10) (12)	后 前 后一前	(3) (6) (15)	(8) (7) (16)	(14) (13) (17)	(18)	K 为水准尺尺常数,表中:$K12=4.787$,$K13=4.687$
1	BM1—TP1	1 571 1 197 37.4 −0.2	0739 0363 37.6 −0.2	后 12 前 13 后一前	1384 0551 +0.833	6171 5239 +0.932	0 −1 +1	+0.832 5	

（续表）

测站编号	点　号	后尺 上丝/下丝	前尺 上丝/下丝	方向及尺号	水准尺读数 黑面	水准尺读数 红面	K+黑—红	平均高差/m	备　注
		后视距	前视距						
		视距差	视距差						
2	TP1—TP2	2 121 / 1 747 / 37.4 / −0.1	2196 / 1821 / 37.5 / −0.3	后 13 / 前 12 / 后—前	1934 / 2008 / −0.074	6621 / 6796 / −0.175	0 / −1 / +1	−0.074 5	K 为水准尺尺常数，表中：$K12=4.787$，$K13=4.687$
3	TP2—TP3	1 914 / 1 539 / 37.5 / −0.2	2 055 / 1 678 / 37.7 / −0.5	后 12 / 前 13 / 后—前	1726 / 1866 / −0.140	6513 / 6554 / −0.041	0 / −1 / +1	−0.140 5	
4	TP3—A	1 965 / 1 700 / 26.5 / −0.2	2 141 / 1 874 / 26.7 / −0.7	后 13 / 前 12 / 后—前	1832 / 2007 / −0.175	6519 / 6793 / −0.274	0 / +1 / −1	−0.1745	
每页检核	$\sum(9)=138.8$　$-\sum(10)=139.5$　$=-0.7=4$ 站(12)　$\sum(18)=+0.443$		$\sum[(3)+(8)]=32.700$　$-\sum[(6)+(7)]=31.814$　$=+0.886$　$2\sum(18)=+0.886$			$\sum[(15)+(16)]=+0.886$　总视距 $\sum(9)+\sum(10)=287.3$			

3. 测站计算与检核

（1）视距部分

视距等于下丝读数与上丝读数的差乘以100。

后视距离：$(9)=[(1)-(2)]\times100$；

前视距离：$(10)=[(4)-(5)]\times100$；

计算前、后视距差：$(11)=(9)-(10)$；

计算前、后视距累积差：$(12)=$上站$(12)+$本站(11)。

四等水准
记录和计算

（2）水准尺读数检核

同一水准尺的红、黑面中丝读数之差，应等于该尺红、黑面的尺常数 K（4.687 m 或 4.787 m）。红、黑面中丝读数差(13)，(14)按下式计算：

$$(13)=(6)+K\text{前}-(7)$$
$$(14)=(3)+K\text{后}-(8)$$

红、黑面中丝读数差(13)，(14)的值，三等不得超过 2 mm，四等不得超过 3 mm。

（3）高差计算与校核

根据黑面、红面读数计算黑面、红面高差(15)，(16)，计算平均高差(18)。

黑面高差：$(15)=(3)-(6)$

$$红面高差：(16)=(8)-(7)$$
$$黑、红面高差之差：(17)=(15)-[(16)\pm0.100]=(14)-(13)(校核用)$$

式中：0.100——两根水准尺的尺常数之差(m)。

黑、红面高差之差(17)的值，三等不得超过 3 mm，四等不得超过 5 mm。

$$平均高差：(18)=\frac{1}{2}\{(15)+[(16)\pm0.100]\}$$

当 K 后 $=4.687$ m 时，式中取 $+0.100$ m；当 K 后 $=4.787$ m 时，式中取 -0.100 m。

4. 每页计算的校核

(1) 视距部分

后视距离总和减前视距离总和应等于末站视距累积差。即

$$\sum(9)-\sum(10)=末站(12)$$
$$总视距=\sum(9)+\sum(10)$$

(2) 高差部分

红、黑面后视读数总和减红、黑面前视读数总和应等于黑、红面高差总和，还应等于平均高差总和的两倍。即

测站数为偶数时

$$\sum[(3)+(8)]-\sum[(6)+(7)]=\sum[(15)+(16)]=2\sum(18)$$

测站数为奇数时

$$\sum[(3)+(8)]-\sum[(6)+(7)]=\sum[(15)+(16)]=2\sum(18)\pm0.100$$

用双面水准尺进行三、四等水准测量的记录、计算与校核，见表 1-4-5。

▶ 1.5　水准测量的成果计算 ◀

附合水准路线
成果处理

▌▶ 1.5.1　附合水准路线的计算

例 1-1　图 1-5-1 是一附合水准路线等外水准测量示意图，A，B 为已知高程的水准点，1，2，3 为待定高程的水准点，h_1，h_2，h_3 和 h_4 为各测段观测高差，n_1，n_2，n_3 和 n_4 为各测段测站数，L_1，L_2，L_3 和 L_4 为各测段长度。现已知 $H_A=65.376$ m，$H_B=68.623$ m，各测段站数、长度及高差均注于图 1-5-1 中。

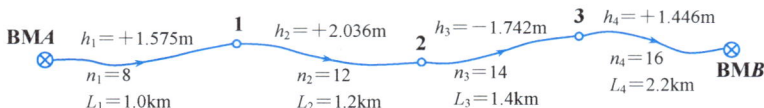

图 1-5-1　附合水准路线示意图

1. 填写观测数据和已知数据

将点号、测段长度、测站数、实测高差及已知水准点 A, B 的高程填入附合水准路线成果计算表 1-5-1 中有关各栏内。

表 1-5-1　水准测量成果计算表

点号	距离/km	测站数	实测高差/m	改正数/mm	改正后高差/m	高程/m	点号	备注
1	2	3	4	5	6	7	8	9
BMA						65.376	BMA	
	1.0	8	+1.575	−12	+1.563			
1						66.939	1	
	1.2	12	+2.036	−14	+2.022			
2						68.961	2	
	1.4	14	−1.742	−16	−1.758			
3						67.203	3	
	2.2	16	+1.446	−26	+1.420			
BMB						68.623	BMB	
$\sum$	5.8	50	+3.315	−68	+3.247			
辅助计算	$f_h = \sum h_测 - (H_B - H_A) = +68\ \text{mm}$ $f_{h容} = \pm 40\sqrt{L} = \pm 96\ \text{mm}, \|f_h\| < \|f_{h容}\|$							

2. 计算高差闭合差

$$f_h = \sum h_测 - (H_B - H_A) = +68\ \text{mm}$$

根据附合水准路线的测站数及路线长度计算每公里测站数：

$$\frac{\sum n}{\sum L} = \frac{50}{5.8}\ \text{站/km} = 8.6\ \text{站/km} < 16\ \text{站/km}$$

故高差闭合差容许值采用平地公式计算。等外水准测量平地高差闭合差容许值的计算公式为

$$f_{h容} = \pm 40\sqrt{L} = \pm 96\ \text{mm}$$

如果 $\|f_h\| < \|f_{h容}\|$，说明观测成果精度符合要求，可对高差闭合差进行调整。如果 $\|f_h\| > \|f_{h容}\|$，说明观测成果不符合要求，必须重新测量。

3. 调整高差闭合差

高差闭合差调整的原则和方法，是按与测站数或测段长度成正比的原则，将高差闭合差反号分配到各相应测段的高差上，得改正后高差，即

$$v_i = \frac{-f_h}{\sum L} L_i$$

$$v_i = \frac{-f_h}{\sum n} n_i \tag{1-10}$$

式中：v_i——第 i 测段的高差改正数（mm）；

　　$\sum n$，$\sum L$——水准路线总测站数与总长度；

　　n_i，L_i——第 i 测段的测站数与测段长度。

本例中，各测段改正数为

$$v_1 = \frac{-f_h}{\sum L} L_1 = \frac{-68 \text{ mm}}{5.8 \text{ km}} \times 1.0 \text{ km} = -12 \text{ mm}$$

$$v_2 = \frac{-f_h}{\sum L} L_2 = \frac{-68 \text{ mm}}{5.8 \text{ km}} \times 1.2 \text{ km} = -14 \text{ mm}$$

$$v_3 = \frac{-f_h}{\sum L} L_3 = \frac{-68 \text{ mm}}{5.8 \text{ km}} \times 1.4 \text{ km} = -16 \text{ mm}$$

$$v_4 = \frac{-f_h}{\sum L} L_4 = \frac{-68 \text{ mm}}{5.8 \text{ km}} \times 2.2 \text{ km} = -26 \text{ mm}$$

计算检核：$\sum v = -f_h$。将各测段高差改正数填入表 1-5-1 中第 5 栏内。

4. 计算各测段改正后高差

各测段改正后高差等于各测段观测高差加上相应的改正数，即

$$h_{i改} = h_i + v_i \tag{1-11}$$

式中：$h_{i改}$——第 i 段的改正后高差（m）。

本例中，各测段改正后高差为

$$h_{1改} = h_1 + v_1 = +1.575 \text{ m} + (-0.012)\text{m} = +1.563 \text{ m}$$
$$h_{2改} = h_2 + v_2 = +2.036 \text{ m} + (-0.014)\text{m} = +2.022 \text{ m}$$
$$h_{3改} = h_3 + v_3 = -1.742 \text{ m} + (-0.016)\text{m} = -1.758 \text{ m}$$
$$h_{4改} = h_4 + v_4 = +1.446 \text{ m} + (-0.026)\text{m} = +1.420 \text{ m}$$

计算检核：$\sum h_{改} = H_B - H_A$。将各测段改正后高差填入表 1-5-1 中第 6 栏内。

5. 计算待定点高程

根据已知水准点 A 的高程和各测段改正后高差，即可依次推算出各待定点的高程，即

$$H_1 = H_A + h_{1改} = 65.376 \text{ m} + 1.563 \text{ m} = 66.939 \text{ m}$$
$$H_2 = H_1 + h_{2改} = 66.939 \text{ m} + 2.022 \text{ m} = 68.961 \text{ m}$$
$$H_3 = H_2 + h_{3改} = 68.961 \text{ m} + (-1.758 \text{ m}) = 67.203 \text{ m}$$

计算检核：$H'_B = H_3 + h_{4改} = 67.203 \text{ m} + 1.420 \text{ m} = 68.623 \text{ m} = H_B$

最后推算出的 B 点高程应与已知的 B 点高程相等，以此作为计算检核。将推算出的各

待定点的高程填入表 1-5-1 中第 7 栏内。

1.5.2 闭合水准路线成果计算

闭合水准路线各测段高差的代数和应等于零。如果不等于零,其代数和即为闭合水准路线的闭合差 f_h,即 $f_h = \sum h_{测}$。$f_h < f_{h容}$ 时,可进行闭合水准路线的计算调整,其步骤与附合水准路线相同。

1.5.3 支线水准路线的计算

例 1-2 图 1-5-2 是一支线水准路线等外水准测量示意图,已知 A 点高程为 186.785 m,往返测测站数共 16 站。求 1 点高程。

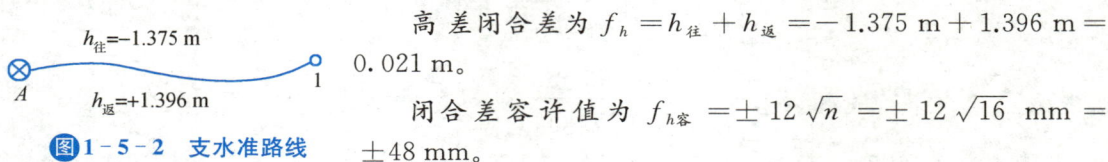

$h_{往} = -1.375$ m

$h_{返} = +1.396$ m

图 1-5-2 支水准路线

高差闭合差为 $f_h = h_{往} + h_{返} = -1.375 \text{ m} + 1.396 \text{ m} = 0.021 \text{ m}$。

闭合差容许值为 $f_{h容} = \pm 12\sqrt{n} = \pm 12\sqrt{16} \text{ mm} = \pm 48 \text{ mm}$。

$|f_h| < |f_{h容}|$,说明符合等外水准测量的要求。检核符合精度要求后,可取往测和返测高差的绝对值的平均值作为 A 和 1 两点间的高差,其符号取为与往测高差符号相同,即

$$h_{A1} = (-1.375 \text{ m} - 1.396 \text{ m})/2 = -1.386 \text{ m}$$

待测点 1 点的高程为 $H_1 = 186.785 \text{ m} - 1.386 \text{ m} = 185.399 \text{ m}$。

1.6 微倾式水准仪的检验与校正

1.6.1 水准仪应满足的几何条件

微倾水准仪有四条轴线,即视准轴(CC)、水准管轴(LL)、圆水准器轴(L'L')、仪器竖轴(VV),如图 1-6-1 所示。水准测量基本原理要求水准仪能够提供一条水平视线。为此,各个轴线之间需要满足以下条件:

(1) 圆水准器轴平行于仪器的竖轴,即 L'L' // VV。

(2) 十字丝横丝垂直于 VV。

(3) 水准管轴平行于视准轴,即 LL // CC(主要条件)。

在水准测量之前,无论是新购的,还是经长期使用的水准仪,都必须进行校验校正,使仪器各轴线满足上述关系,确保测量成果达到精度要求。

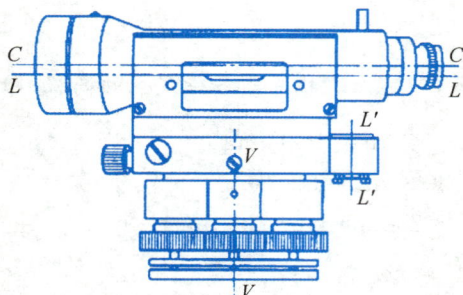

图 1-6-1 微倾水准仪

1.6.2　水准仪的检验与校正

1. 圆水准器轴 $L'L'$ 平行于仪器竖轴 VV 的检验与校正

（1）检验方法

旋转脚螺旋使圆水准器气泡居中,然后将仪器绕竖轴旋转 $180°$,如果气泡仍居中,则表示该几何条件满足;如果气泡偏出分划圈外,则需要校正。

（2）校正方法

校正时,先调整脚螺旋,使气泡向零点方向移动偏离值的一半,此时竖轴处于铅垂位置。然后,稍旋松圆水准器底部的固定螺钉,用校正针拨动三个校正螺钉,使气泡居中,这时圆水准器轴平行于仪器竖轴且处于铅垂位置。

圆水准器校正螺钉的结构如图 $1-6-2$ 所示。此项校正需反复进行,直至仪器旋转到任何位置时,圆水准器气泡均居中为止。最后旋紧固定螺钉。

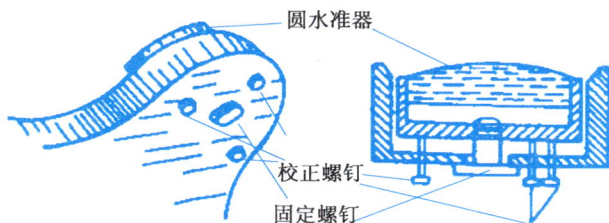

图 $1-6-2$　圆水准器的校正

2. 十字丝中丝垂直于仪器竖轴 VV 的检验与校正

（1）检验方法

安置水准仪,使圆水准器的气泡严格居中后,先用十字丝交点瞄准某一明显的点状目标 M,如图 $1-6-3(a)$ 所示,然后旋紧制动螺旋,转动微动螺旋,如果目标点 M 不离开中丝,如图 $1-6-3(b)$ 所示,则表示中丝垂直于仪器的竖轴;如果目标点 M 离开中丝,如图 $1-6-3(c)$ 所示,则需要校正。

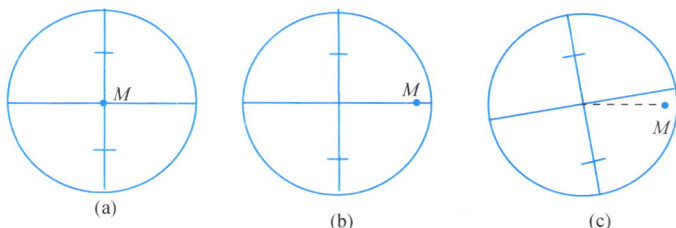

(a)　　　　　　(b)　　　　　　(c)

图 $1-6-3$　十字丝的检验

（2）校正方法

松开十字丝分划板座的固定螺钉,转动十字丝分划板座,如图 $1-6-4$ 所示。使中丝一端对准目标点 M,再将固定螺钉拧紧。此项校正也需反复进行。

3. 水准管轴 LL 平行于视准轴 CC 的检验与校正

（1）检验方法

如图 $1-6-5$ 所示,在较平坦的地面上选择相距约 $80\,m$ 的 A,B 两点,打下木桩或放置尺垫。用皮尺丈量,定出 AB 的中间点 C。

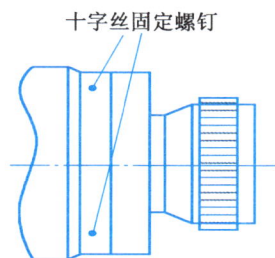

图 $1-6-4$　十字丝的校正

① 在 C 点处安置水准仪,用变动仪器高法,连续两次测出 A,B 两点的高差,若两次测定的高差之差不超过 3 mm,则取两次高差的平均值 h_{AB} 作为最后结果。由于距离相等,视准轴与水准管轴不平行所产生的前、后视读数误差 x_1 相等,故高差 h_{AB} 不受视准轴误差的影响。

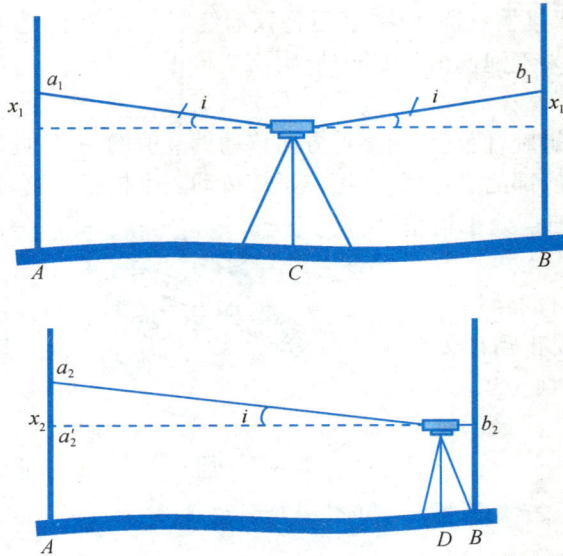

图 1-6-5 水准管轴平行于视准轴的检验

② 在离 B 点大约 3 m 左右的 D 点处安置水准仪,精平后读得 B 点尺上的读数为 b_2,因水准仪离 B 点很近,两轴不平行引起的读数误差 x_2 可忽略不计。根据 b_2 和高差 h_{AB} 算出 A 点尺上视线水平时的应读读数为

$$a_2' = b_2 + h_{AB}$$

然后,瞄准 A 点水准尺,读出中丝的读数 a_2,如果 a_2' 与 a_2 相等,表示两轴平行。否则存在 i 角,其角值为

$$i = \frac{a_2' - a_2}{D_{AB}} \rho \qquad (1-12)$$

式中:D_{AB}——A,B 两点间的水平距离(m);

    i——视准轴与水准管轴的夹角(″);

    ρ——一弧度的秒值,$\rho = 206\,265''$。

对于 DS$_3$ 型水准仪来说,i 角值不得大于 20″,如果超限,则需要校正。

(2) 校正方法

转动微倾螺旋,使十字丝的中丝对准 A 点尺上应读读数 a_2',用校正针先拨松水准管一端左、右校正螺钉,如图 1-6-6 所示,再拨动上、下两个校正螺钉,使偏离的气泡重新居中,最后要将校正螺钉旋紧。此项校正工作需反复进行,直至达到要求为止。

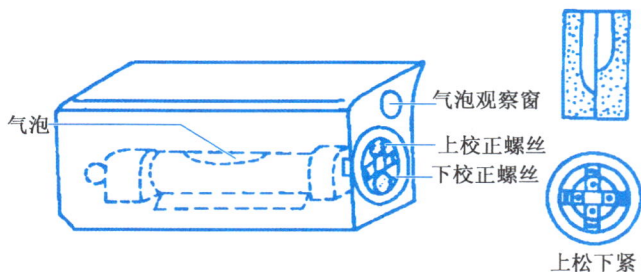

图 1-6-6　水准管的校正

▶ 1.7　水准测量误差与注意事项 ◀

1. 仪器自身不完善产生的误差

例如：视准轴不能绝对水平产生的误差，这种误差可通过仪器安置时尽量使前、后视距相等来消除或减小。又如：水准尺刻度不准确、尺身变形产生的误差，使用前注意检验水准尺是否合格。

2. 观测过程中产生的误差

例如：水准管气泡居中误差可在观测时准确调节气泡居中。又如：水准尺倾斜误差，可在观测中用水准仪竖丝来衡量水准尺是否左右倾斜；用前后摆尺法控制水准尺是否前后倾斜以减小误差。再如：视差的影响和读数的误差，这类误差可利用认真调十字丝和使用清晰水准尺，并仔细认真读数来减小误差。

3. 外界条件产生的误差

例如：仪器下沉、尺垫下沉产生的误差，可通过将仪器的架腿及尺垫踩实来减小误差，也可利用"后视—前视—前视—后视"的观测顺序减少仪器下沉误差。又如：地球曲率和大气折光误差，可利用前、后视距相等来减小。再如：温度的影响，会使水准器气泡移向温度偏高的一侧而影响仪器水平以致产生误差，可利用撑伞遮阳，或清晨、傍晚时段观测以避开高温的中午时段来减小误差。

▶ 1.8　精密水准仪、自动安平水准仪与电子水准仪 ◀

▶ 1.8.1　精密水准仪

1. 精密水准仪

精密水准仪与一般水准仪比较，其特点是能够精密地整平视线和精确地读取读数。为此，在结构上应满足：

（1）水准器具有较高的灵敏度。如 DS$_1$ 水准仪的管水准器 τ 值为 $10''/(2\ \text{mm})$。

（2）望远镜具有良好的光学性能。如 DS$_1$ 水准仪望远镜的放大倍数为 38 倍，望远镜的有效孔径 47 mm，视场亮度较高。十字丝的中丝刻成楔形，能较精确地瞄准水准尺的分划。

（3）具有光学测微器装置。可直接读取水准尺一个分格（1 cm 或 0.5 cm）的 1/100 单位（0.1 mm 或 0.05 mm），提高读数精度。

（4）视准轴与水准轴之间的联系相对稳定。精密水准仪均采用钢构件，并且密封起来，受温度变化影响小。

2. 精密水准尺

精密水准仪必须配有精密水准尺。这种尺一般是在木质尺身的槽内，安有一根因瓦合金带。带上标有刻度，数字注在木尺上。精密水准尺须与精密水准仪配套使用。

精密水准尺上的分划注记形式一般有两种：

一种是尺身上刻有左右两排分划，右边为基本分划，左边为辅助分划。基本分划的注记从零开始，辅助分划的注记从某一常数 K 开始，K 称为基辅差。

另一种是尺身上两排均为基本划分，其最小分划为 10 mm，但彼此错开 5 mm。尺身一侧注记米数，另一侧注记分米数。尺身标有大、小三角形，小三角形表示半分米处，大三角形表示分米的起始线。这种水准尺上的注记数字比实际长度增大了一倍，即 5 cm 注记为 1 dm。因此使用这种水准尺进行测量时，要将观测高差除以 2 才是实际高差。

3. 精密水准仪的操作方法

精密水准仪的操作方法与一般水准仪基本相同，只是读数方法有些差异。在水准仪精平后，十字丝中丝往往不恰好对准水准尺上某一整分划线，这时就要转动测微轮使视线上、下平行移动，十字丝的楔形丝正好夹住一个整分划线，被夹住的分划线读数为 m、dm、cm。此时视线上下平移的距离则由测微器读数窗中读出 mm。实际读数为全部读数的一半。

▶ 1.8.2　自动安平水准仪

自动安平水准仪与微倾式水准仪的区别在于：自动安平水准仪没有水准管和微倾螺旋，而是在望远镜的光学系统中装置了补偿器。

1. 视线自动安平的原理

当圆水准器气泡居中后，视准轴仍存在一个微小倾角 α，在望远镜的光路上安置一补偿器，使通过物镜光心的水平光线经过补偿器后偏转一个 β 角，仍能通过十字丝交点，这样十字丝交点上读出的水准尺读数，即为视线水平时应该读出的水准尺读数。

由于无需精平，这样不仅可以缩短水准测量的观测时间，而且对于施工场地地面的微小震动、松软土地的仪器下沉以及大风吹刮等原因引起的视线微小倾斜，能迅速自动安平仪器，从而提高了水准测量的观测精度。

2. 自动安平水准仪的使用

使用自动安平水准仪时，首先将圆水准器气泡居中，然后瞄准水准尺，等待 2～4 s 后，即可进行读数。有的自动安平水准仪配有一个补偿器检查按钮，每次读数前按一下该按钮，确认补偿器能正常作用再读数。

▣▶ 1.8.3　电子水准仪

电子水准仪简介

1. 电子水准仪的观测精度

电子水准仪的观测精度高,如瑞士徕卡公司开发的 NA2000 型电子水准仪的分辨率为 0.1 mm,每千米往返测得高差中数的偶然中误差为 2.0 mm;NA3003 型电子水准仪的分辨率为 0.01 mm,每千米往返测得高差中数的偶然中误差为 0.4 mm。

2. 电子水准仪测量原理简述

与电子水准仪配套使用的水准尺为条形编码尺,通常由玻璃纤维或铟钢制成。在电子水准仪中装有行阵传感器,它可识别水准标尺上的条形编码。电子水准仪摄入条形编码后,经处理器转变为相应的数字,再通过信号转换和数据化,在显示屏上直接显示中丝读数和视距。

3. 电子水准仪的使用

NA2000 电子水准仪用 15 个键的键盘和安装在侧面的测量键来操作。有两行 LCD 显示器显示给使用者,并显示测量结果和系统的状态。

观测时,电子水准仪在人工完成安置与粗平、瞄准目标(条形编码水准尺)后,按下测量键后约 3～4 s 即显示出测量结果。其测量结果可贮存在电子水准仪内或通过电缆连接存入机内记录器中。

另外,观测中如果水准标尺条形编码被局部遮挡＜30％,仍可进行观测。

电子水准仪的主要优点是:

(1)操作简捷,自动观测和记录,并立即用数字显示测量结果。

(2)整个观测过程在几秒钟内即可完成,从而大大减少观测错误和误差。

(3)仪器还附有数据处理器及与之配套的软件,从而可将观测结果输入计算机进入后处理,实现测量工作自动化和流水线作业,大大提高功效。

思　考　题

1-1　水准测量的原理是什么? 计算高程的方法有哪几种?

1-2　水准仪由哪几部分组成? 各部分的作用是什么?

1-3　什么是视差? 产生视差的原因是什么? 怎样消除视差?

1-4　长水准管轴和圆水准器轴是怎样定义的? 何谓水准管分划值?

1-5　根据表 1-1 中所列观测数据,计算高差、转点和 BM4 的高程并进行校核计算。

表 1－1　水准测量记录格式表

测　点	后视/m	前视/m	高　差		高程/m	备注
			+	－		
BM2	1.464				515.234	
TP1	0.746	1.124				
TP2	0.524	1.524				
TP3	1.654	1.343				
BM4		2.012				
校核计算	$\sum a=$　　　　$\sum b=$　　　　$\sum(+h)=$　　　　$\sum(-h)=$ $\sum a-\sum b=$　　　$\sum h=$　　　$H_{BM4}-H_{BM2}=$					

1－6　　根据附合水准路线的观测成果计算下列表中的改正数、改正后高差及各点的高程。

$$\underset{46.215}{BM6}\otimes\overset{I}{\underset{+0.748}{10\,\text{站}}}\bigcirc\overset{II}{\underset{-0.432}{5\,\text{站}}}\bigcirc\overset{III}{\underset{+0.543}{7\,\text{站}}}\bigcirc\overset{IV}{\underset{-0.245}{4\,\text{站}}}\bigcirc\underset{-1.477}{9\,\text{站}}\otimes\underset{45.330}{BM10}$$

表 1－2　附合水准路线计算表

点号	测站数	测得高差/m	改正数/m	改正后高差/m	高程/m	备注
BM6	10	+0.748			46.215	
I	5	-0.432				
II	7	+0.543				
III	4	-0.245				
IV	9	-1.477				
BM10					45.330	
$\sum$		$H_{BM10}-H_{BM6}=$				

1－7　　试述水准测量计算校核的作用。

1－8　　简述水准测量中测站检核的方法。

1－9　　水准测量的内业工作有哪些？

1－10　微倾水准仪有哪几条轴线？它们之间应满足什么条件？

1－11　水准仪的检验与校正有哪些内容？

1－12　为什么要把水准仪安置在前后视距大致相等的地点进行观测？

1－13　水准测量中产生误差的原因有哪些？

项目2 角度测量

项目目标

1. 理解水平角测角原理和光学经纬仪的构造;
2. 掌握经纬仪的使用和水平角测量、竖直角测量的方法;
3. 了解测量的误差及注意事项;
4. 了解经纬仪的检验与校正。

素质目标

1. 小组协作完成多边形内水平角测量并满足限差,培养学生团队协作、勤奋刻苦、严谨细致、精益求精的精神;
2. 经纬仪的使用及水平角测量误差的控制是工程测量实践内容之一,为学生后期能高效地完成综合实训打下基础。任务完成质量是对小组协作能力的一次重要考核,操作中引导学生学会思考、分析与总结。

▶ 2.1 角度测量原理 ◀

角度测量是测量的三项基本工作之一,其目的是确定地面点的位置,它包括水平角测量和竖直角测量。水平角测量用于确定地面点的平面位置,竖直角测量用于间接测定地面点的高程。既能测量水平角又能测量竖直角的仪器就是经纬仪。

2.1.1 水平角测量原理

1. 水平角的概念

相交于一点的两方向线在水平面上的垂直投影所形成的夹角,称为水平角。水平角一般用 β 表示,角值范围为 0~360°。

2. 水平角测量原理

如图 2-1-1 所示,为了测定水平角 β,可以设想在过角顶 B 点上方安置一个水平的带有顺时针刻划、注记的圆盘,即水平度盘,并使其圆心 O 在过 B 点的铅垂线上,直线 BC,BA 在水平度盘上的投影分别为 Om,On。这时,若能读出 Om,On 在水平度盘上的读数 m 和 n,水平角 β 就等于 m 减 n,用公式表示为:β = 右目标读数 m — 左目标读数 n。

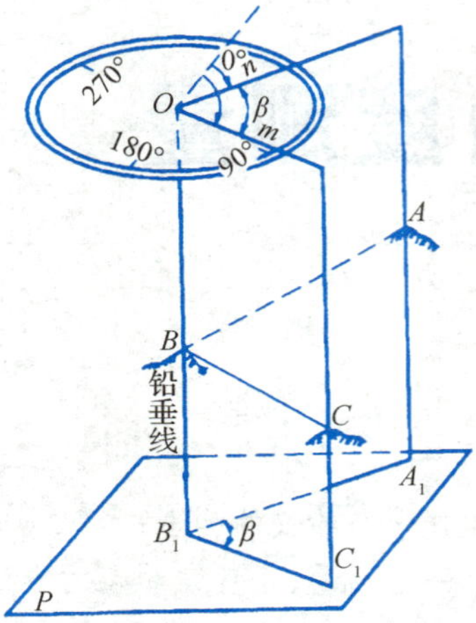

图 2-1-1　水平角测量原理

　　由此可知,用于测量水平角的仪器,必须有一个能安置水平,且能使其中心处于过测站点铅垂线上的水平度盘;必须有一套能精确读取度盘读数的读数装置;还必须有一套不仅能上下转动成竖直面,还能绕铅垂线水平转动的照准设备——望远镜,以便精确照准方向、高度、远近不同的目标。

▶ 2.1.2　垂直角测量原理

1. 垂直角的概念

　　在同一铅垂面内,观测视线与水平线之间的夹角,称为垂直角,又称竖直角,用 α 表示。其角值范围为 $0\sim\pm90°$。如图 2-1-2 所示,视线在水平线的上方,垂直角为仰角,符号为正($+\alpha$);视线在水平线的下方,垂直角为俯角,符号为负($-\alpha$)。

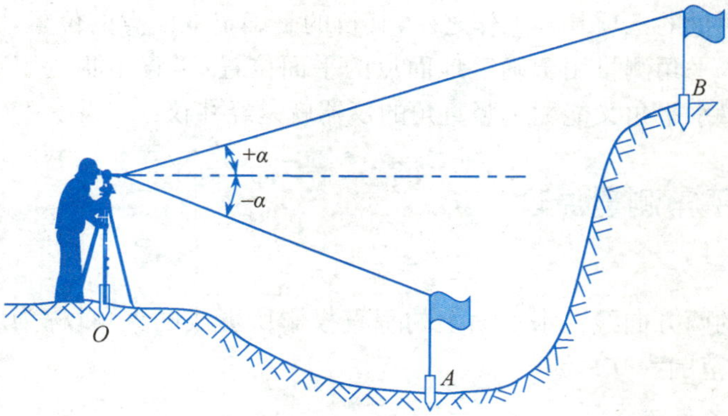

图 2-1-2　垂直角测量原理

2. 垂直角测量原理

　　同水平角一样,垂直角的角值也是度盘上两个方向的读数之差。如图 2-1-2 所示,望远镜瞄准目标的视线与水平线分别在竖直度盘上有对应读数,两读数之差即为垂直角的角值。不同的是,垂直角的两方向中的一个方向是水平方向。无论对哪一种经纬仪来说,视线水平时的竖盘读数都应为 90°的倍数。所以,测量垂直角时,只要瞄准目标读出竖盘读数,即可计算出垂直角。

2.2　光学经纬仪和角度测量工具

光学经纬仪按测角精度,分为 DJ_{07},DJ_1,DJ_2,DJ_6 和 DJ_{15} 等不同级别。其中"D""J"分别为"大地测量"和"经纬仪"的汉字拼音第一个字母,下标数字 07,1,2,6,15 表示仪器的精度等级,即"一测回水平方向观测中误差的秒数"。光学经纬仪系列技术参数见表 2-2-1。

表 2-2-1　光学经纬仪系列技术参数

光学经纬仪系列型号		DJ_{07}	DJ_1	DJ_2	DJ_6
一测回水平方向中误差不大于/(″)		±0.7	±1	±2	±6
望远镜	物镜有效孔径不小于/mm	65	60	40	40
	放大倍数	45	30	28	20
水准管分划值	照准部水准管[(″)/2 mm]	4	6	20	30
	圆水准器/(′)	8	8	8	8
主要用途		国家一等平面控制测量	国家二等平面控制测量、精密工程测量	三、四等平面控制测量、一般工程测量	图根控制测量、一般工程测量

▐▶ 2.2.1　DJ_6 型光学经纬仪

1. DJ_6 型光学经纬仪的构造

DJ_6 型光学经纬仪主要由照准部、水平度盘和基座三部分组成。如图 2-2-1 所示。具体各部位详细构造如图 2-2-2 所示。

（1）照准部

照准部是指经纬仪水平度盘之上,能绕其旋转轴旋转的部分的总称。照准部主要由竖轴、望远镜、竖直度盘、读数设备、照准部水准管和光学对中器等组成。

① 竖轴

照准部的旋转轴称为仪器的竖轴。通过调节照准部制动螺旋和微动螺旋,可以控制照准部在水平方向上的转动。

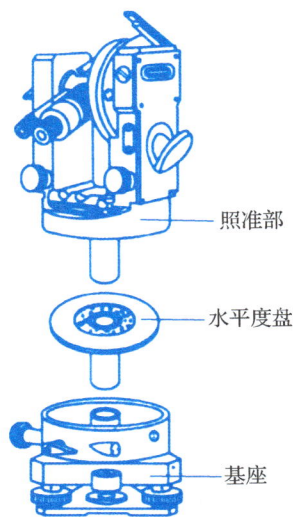

图 2-2-1　DJ_6 光学经纬仪结构图

照准部

水平度盘

基座

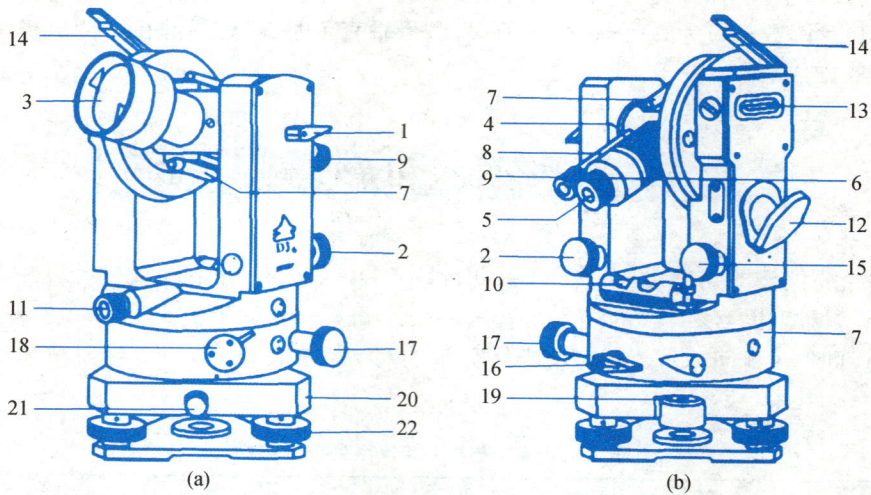

1—望远镜制动螺旋；2—望远镜微动螺旋；3—物镜；4—物镜调焦螺旋；5—目镜；6—目镜调焦螺旋；7—粗瞄准器；8—度盘读数显微镜；9—度盘读数显微镜调焦螺旋；10—照准部管水准器；11—光学对中器；12—度盘照明反光镜；13—竖盘指标管水准器；14—竖盘指标管水准器观察反射镜；15—竖盘指标管水准器微动螺旋；16—水平方向制动螺旋；17—水平方向微动螺旋；18—水平度盘变换手轮与保护盖；19—圆水准器；20—基座；21—轴座固定螺旋；22—脚螺旋

图 2-2-2　DJ₆ 型光学经纬仪

② 望远镜

望远镜用于瞄准目标。另外为了便于精确瞄准目标，经纬仪的十字丝分划板与水准仪的稍有不同，如图 2-2-3 所示。

望远镜的旋转轴称为横轴。通过调节望远镜制动螺旋和微动螺旋，可以控制望远镜的上下转动。

望远镜的视准轴垂直于横轴，横轴垂直于仪器竖轴。因此，在仪器竖轴铅直时，望远镜绕横轴转动扫出一个铅垂面。

③ 竖直度盘

竖直度盘用于测量垂直角，竖直度盘固定在横轴的一端，随望远镜一起转动。

④ 读数设备

读数设备用于读取水平度盘和竖直度盘的读数。

⑤ 照准部水准管

照准部水准管用于精确整平仪器。

水准管轴垂直于仪器竖轴，当照准部水准管气泡居中时，经纬仪的竖轴铅直，水平度盘处于水平位置。

⑥ 光学对中器

光学对中器用于使水平度盘中心位于测站点的铅垂线上。

（2）水平度盘

水平度盘是用于测量水平角的。它是用光学玻璃制成的圆环，环上刻有 0～360° 的分划线，在整度分划线上标有注记，并按顺时针方向注记，其度盘分划值为 1° 或 30′。

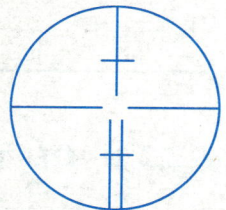

图 2-2-3　经纬仪的十字丝分划板

水平度盘与照准部是分离的,当照准部转动时,水平度盘并不随之转动。如果需要改变水平度盘的位置,可通过照准部上的水平度盘变换手轮,将度盘变换到所需的位置。

（3）基座

基座用于支承整个仪器,并通过中心连接螺旋将经纬仪固定在三脚架上。基座上有三个脚螺旋,用于整平仪器。在基座上还有一个轴座固定螺旋,用于控制照准部和基座之间的衔接。

2. 读数设备及读数方法

度盘上小于度盘分划值的读数要利用测微器读出,DJ₆型光学经纬仪一般采用分微尺测微器。如图 2-2-4 所示,在读数显微镜内可以看到两个读数窗:注有"水平"或"H"的是水平度盘读数窗;注有"竖直"或"V"的是竖直度盘读数窗。每个读数窗上有一分微尺。

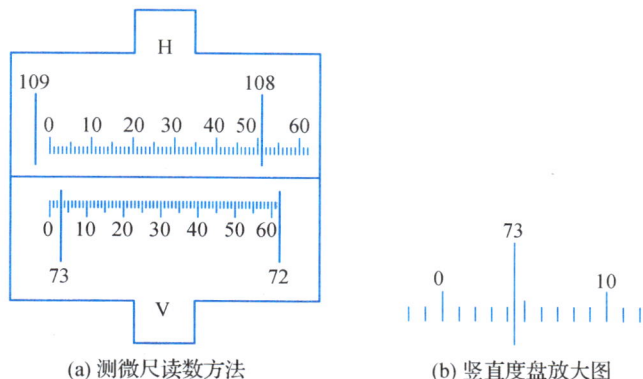

DJ6 型经纬仪读数

(a) 测微尺读数方法　　　　(b) 竖直度盘放大图

图 2-2-4　DJ₆ 型光学经纬仪读数方法

分微尺的长度等于度盘上 1°影像的宽度,即分微尺全长代表 1°。将分微尺分成 60 小格,每 1 小格代表 1′,可估读到 0.1′,即 6″。每 10 小格注有数字,表示 10′的倍数。

读数时,先调节读数显微镜目镜对光螺旋,使读数窗内度盘影像清晰,然后读出位于分微尺中的度盘分划线上的注记度数,最后以度盘分划线为指标,在分微尺上读取不足 1°的分数,并估读秒数。如图 2-2-5 所示,上部水平度盘 H 的读数为 108°51′,下部竖直度盘 V 的读数为 73°04.4′(即 73°04′24″)。

▶ 2.2.2　DJ₂ 型光学经纬仪

1. DJ₂ 型光学经纬仪的特点

DJ₂型光学经纬仪详细构造如图 2-2-5 所示。它与 DJ₆型光学经纬仪相比主要有以下特点:

（1）轴系间结构稳定,望远镜的放大倍数较大,照准部水准管的灵敏度较高。

（2）在 DJ₂型光学经纬仪读数显微镜中,只能看到水平度盘或竖直度盘中的一种影像,读数时,通过转动换像手轮,使读数显微镜中出现需要读数的度盘影像。

（3）DJ₂型光学经纬仪采用对径符合读数装置,取度盘对径相差 180°处的两个读数的平均值,可以消除偏心误差的影响,提高读数精度。

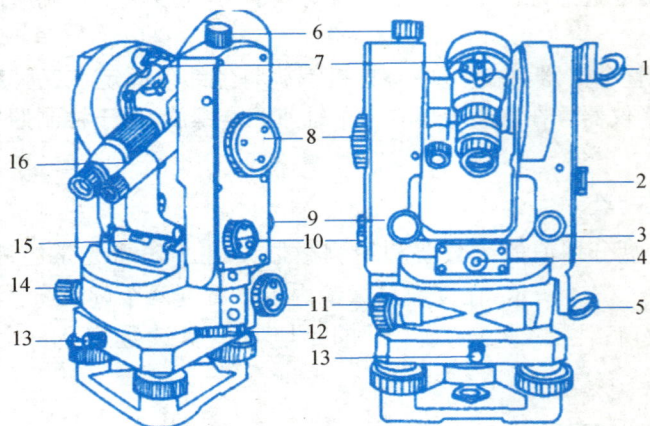

1—竖盘照明镜;2—竖盘指标水准管观察窗;3—竖盘指标水准管微动螺旋;4—光学对中器;
5—水平度盘照明镜;6—望远镜制动螺旋;7—粗瞄器;8—测微手轮;9—望远镜微动螺旋;
10—换像手轮;11—照准部微动螺旋;12—水平度盘变换手轮;13—轴座固定螺旋;
14—照准部制动螺旋;15—照准部水准管;16—读数显微镜

图 2 - 2 - 5　DJ₂ 型光学经纬仪

2. DJ₂ 型光学经纬仪的读数方法

对径符合读数装置是通过一系列棱镜和透镜的作用,将度盘相对 180°分划线,同时反映到读数显微镜中,并分别位于一条横线的上、下方,如图 2 - 2 - 6 所示,右下方为分划线重合窗,右上方读数窗中上面的数字为整度值,中间凸出的小方框中的数字为 10′的整倍数,左下方为测微尺读数窗。

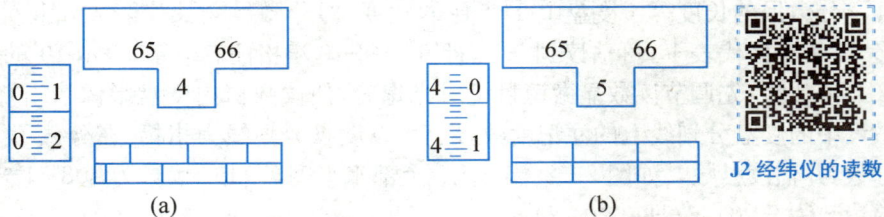

(a)　　　　　　　　　　　　　(b)

J2 经纬仪的读数

图 2 - 2 - 6　DJ₂ 型光学经纬仪读数

测微尺刻度有 600 小格,最小分划为 1″,可估读到 0.1″,全程测微范围为 10′。测微尺的读数窗中左边注记数字为分,右边注记数字为整 10′数。读数方法如下:

(1)转动测微轮,使分划线重合窗中上、下分划线精确重合,如图 2 - 2 - 6(b)所示。

(2)在读数窗中读出度数。

(3)在中间凸出的小方框中读出整 10′数。

(4)在测微尺读数窗中,根据单指标线的位置,直接读出不足 10′的分数和秒数,并估读到 0.1″。

(5)将度数、整 10′数及测微尺上读数相加,即为度盘读数。

图 2-2-6(b)中所示读数为：$65°+5×10'+4'02.2''=65°54'02.2''$。

2.3　经纬仪的使用

对中整平(1)
经纬仪对中整平

2.3.1　安置仪器

安置仪器是将经纬仪安置在测站点上，包括对中和整平两项内容。对中的目的是使仪器中心与测站点标志中心位于同一铅垂线上；整平的目的是使仪器竖轴处于铅垂位置，水平度盘处于水平位置。

1. 初步对中整平

（1）用垂球对中，其操作方法如下：

① 将三脚架调整到合适高度，张开三脚架安置在测站点上方，在脚架的连接螺旋上挂上垂球，如果垂球尖离标志中心太远，可固定一脚移动另外两脚，或将三脚架整体平移，使垂球尖大致对准测站点标志中心，并注意使架头大致水平，然后将三脚架的脚尖踩入土中。

② 将经纬仪从箱中取出，用连接螺旋将经纬仪安装在三脚架上。调整脚螺旋，使圆水准器气泡居中。

③ 此时，如果垂球尖偏离测站点标志中心，可旋松连接螺旋，在架头上移动经纬仪，使垂球尖精确对中测站点标志中心，然后旋紧连接螺旋。

（2）用光学对中器对中时，其操作方法如下：

① 使架头大致对中和水平，连接经纬仪；调节光学对中器的目镜和物镜对光螺旋，使光学对中器的分划板小圆圈和测站点标志的影像清晰。

② 转动脚螺旋，使光学对中器对准测站标志中心，此时圆水准器气泡偏离，伸缩三脚架架腿，使圆水准器气泡居中，注意脚架尖位置不得移动。

2. 精确对中和整平

（1）整平

先转动照准部，使水准管平行于任意一对脚螺旋的连线，如图 2-3-1(a)所示，两手同时向内或向外转动这两个脚螺旋，使气泡居中，注意气泡移动方向始终与左手大拇指移动方向一致；然后将照准部转动 90°，如图 2-3-1(b)所示，转动第三个脚螺旋，使水准管气泡居中。再将照准部转回原位置，检查气泡是否居中，若不居中，按上述步骤反复进行，直到水准管在任何位置，气泡偏离零点不超过一格为止。

图 2-3-1 经纬仪的整平

（2）对中

先旋松连接螺旋，在架头上轻轻移动经纬仪，使垂球尖精确对中测站点标志中心，或使对中器分划板的刻划中心与测站点标志影像重合；然后旋紧连接螺旋。垂球对中误差一般可控制在 3 mm 以内，光学对中器对中误差一般可控制在 1 mm 以内。

对中和整平，一般都需要经过几次"整平—对中—整平"的循环过程，直至整平和对中均符合要求。

▶ 2.3.2 瞄准目标

（1）松开望远镜制动螺旋和照准部制动螺旋，将望远镜朝向明亮背景，调节目镜对光螺旋，使十字丝清晰。

瞄准目标

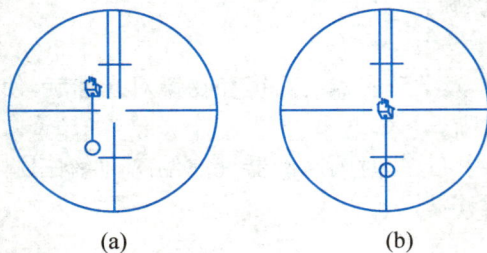

图 2-3-2 瞄准目标

（2）利用望远镜上的照门和准星粗略对准目标，拧紧照准部及望远镜制动螺旋；调节物镜对光螺旋，使目标影像清晰，并注意消除视差。

（3）转动照准部和望远镜微动螺旋，精确瞄准目标。测量水平角时，应用十字丝交点附近的竖丝瞄准目标底部，如图 2-3-2 所示。

（4）常见测角照准标志如图 2-3-3 所示。

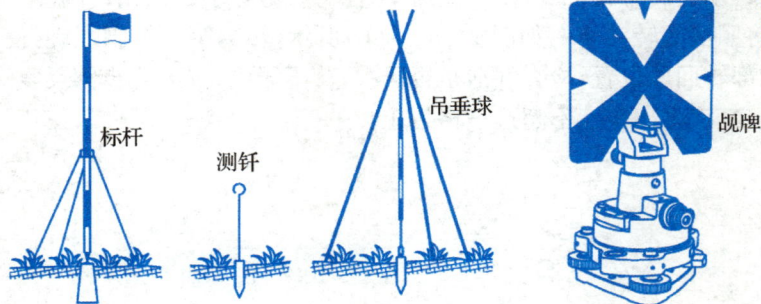

读数练习

标杆　　测钎　　吊垂球　　觇牌

图 2-3-3 照准标志

2.3.3　读数

（1）打开反光镜，调节反光镜镜面位置，使读数窗亮度适中。

（2）转动读数显微镜目镜对光螺旋，使度盘、测微尺及指标线的影像清晰。

（3）根据仪器的读数设备，按前述经纬仪读数方法进行读数。

2.4　水平角测量

测回法水平角测量

2.4.1　测回法

1. 测回法的观测方法（测回法适用于观测两个方向之间的单角）

如图 2-4-1 所示，设 O 为测站点，A，B 为观测目标，用测回法观测 OA 与 OB 两方向之间的水平角 β，具体施测步骤如下：

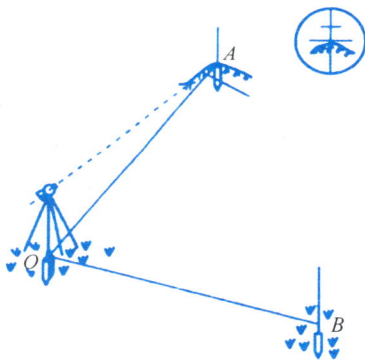

图 2-4-1　测回法测量水平角

（1）在测站点 O 安置经纬仪，在 A，B 两点竖立测杆或测钎等，作为目标标志。

（2）将仪器置于盘左位置，转动照准部，先瞄准左目标 A，读取水平度盘读数 a_L，设读数为 $0°00'30''$，记入水平角观测手簿表 2-4-1 相应栏内。松开照准部制动螺旋，顺时针转动照准部，瞄准右目标 B，读取水平度盘读数 b_L，设读数为 $95°20'36''$，记入表 2-2-2 相应栏内。

以上称为上半测回，盘左位置的水平角角值（也称上半测回角值）β_L 为

$$\beta_L = b_L - a_L = 95°20'36'' - 0°00'30'' = 95°20'06''$$

（3）松开照准部制动螺旋，倒转望远镜成盘右位置，先瞄准右目标 B，读取水平度盘读数 b_R，设读数为 $275°20'48''$，记入表 2-4-1 相应栏内。松开照准部制动螺旋，逆时针转动照准部，瞄准左目标 A，读取水平度盘读数 a_R，设读数为 $180°00'36''$，记入表 2-4-1 相应栏内。

测回法水平角
手簿记录与计算

以上称为下半测回，盘右位置的水平角角值（也称下半测回角值）β_R 为

$$\beta_R = b_R - a_R = 275°20'48'' - 180°00'36'' = 95°20'12''$$

上半测回和下半测回构成一测回。

表 2 - 4 - 1   测回法观测手簿

测站	竖盘位置	目标	水平度盘读数 ° ′ ″	半测回角值 ° ′ ″	一测回角值 ° ′ ″	各测回平均值 ° ′ ″	备注
第一测回 O	左	A	0 00 30	95 20 06	95 20 09	95 20 10	
		B	95 20 36				
	右	A	180 00 36	95 20 12			
		B	275 20 48				
第二测回 O	左	A	90 00 06	95 20 18	95 20 12		
		B	185 20 24				
	右	A	270 00 30	95 20 06			
		B	5 20 36				

（4）对于 DJ$_6$ 型光学经纬仪，如果上、下两半测回角值之差不大于 $\pm 40''$，认为观测合格。此时，可取上、下两半测回角值的平均值作为一测回角值 β。

在本例中，上、下两半测回角值之差为

$$\Delta\beta = \beta_L - \beta_R = 95°20'12'' - 95°20'06'' = 06''$$

一测回角值为

$$\beta = \frac{95°20'06'' + 95°20'12''}{2} = 95°20'09''$$

将结果记入表 2 - 4 - 1 相应栏内。

➤ **注意**：由于水平度盘是按顺时针标刻度和注记的，所以在计算水平角时，总是用右目标的读数减去左目标的读数，如果不够减，则应在右目标的读数上加上 360°，再减去左目标的读数，绝不可以倒过来减。

当测角精度要求较高时，需对一个角度观测多个测回，应根据测回数 n，以 180°/n 的差值，配置水平度盘读数。例如，当测回数 $n=2$ 时，第一测回的起始方向读数可安置在略大于 0°处；第二测回的起始方向读数可安置在略大于 180°/2 = 90°处。各测回角值互差如果不超过 $\pm 40''$（对于 DJ$_6$ 型），取各测回角值的平均值作为最后角值，记入表 2 - 4 - 1 相应栏内。

2. 配置水平度盘读数的方法

先转动照准部瞄准起始目标；然后按下度盘变换手轮下的保险手柄，将手轮推压进去，并转动手轮，直至从读数窗看到所需读数；最后将手松开，手轮退出，把保险手柄倒回。

▎▶ **2.4.2 方向观测法**

方向观测法简称方向法，适用于在一个测站上观测两个以上的方向。

方向法测水平角

1. 方向观测法的观测方法

如图 2-4-2 所示,设 O 为测站点,A,B,C,D 为观测目标,用方向观测法观测各方向间的水平角,具体施测步骤如下:

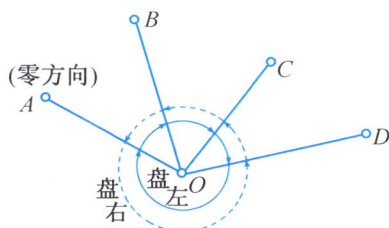

(1) 在测站点 O 安置经纬仪,在 A、B、C、D 观测目标处竖立观测标志。

(2) 盘左位置

选择一个明显目标 A 作为起始方向,瞄准零方向 A,将水平度盘读数安置在稍大于 $0°$ 处,读取水平度盘读数,记入表 2-4-2 方向观测法观测手簿第 4 栏。

松开照准部制动螺旋,顺时针方向旋转照准部,依次瞄准 B、C、D 各目标,分别读取水平度盘读数,记入表 2-4-2 第 4 栏。为了校核,再次瞄准零方向 A,称为上半测回归零,读取水平度盘读数,记入表 2-4-2 第 4 栏。

零方向 A 的两次读数之差的绝对值,称为半测回归零差,归零差不应超过表 2-4-3 中的规定,如果归零差超限,应重新观测。以上称为上半测回。

(3) 盘右位置

逆时针方向依次照准目标 A、D、C、B、A,并将水平度盘读数由下向上记入表 2-4-2 第 5 栏,此为下半测回。

上、下两个半测回合称一测回。为了提高精度,有时需要观测 n 个测回,则各测回起始方向仍按 $180°/n$ 的差值安置水平度盘读数。

图 2-4-2　水平角测量(方向观测法)

表 2-4-2　方向观测法观测手簿表

测站号	测回序数	目标	水平度盘读数 盘左 °′″	水平度盘读数 盘右 °′″	2c (″)	平均读数 °′″	归零后方向值 °′″	各测回归零后方向值 °′″	备注
1	2	3	4	5	6	7	8	9	10
O	1	A	0 02 12	180 02 00	+12	(0 02 09) 0 02 06	0 00 00	0 00 00	
		B	37 44 18	217 44 06	+12	37 44 12	37 42 03	37 42 06	
		C	110 29 06	290 28 54	+12	110 29 00	110 26 51	110 26 54	
		D	150 14 54	330 14 48	+6	150 14 51	150 12 42	150 12 34	
		A	0 02 18	180 02 06	+12	0 02 12			
	2	A	90 03 30	270 03 24	+6	(90 03 24) 90 03 27	00 00 00		
		B	127 45 36	307 45 30	+6	127 45 33	37 42 09		
		C	200 30 24	20 30 18	+6	200 30 21	110 26 57		
		D	240 15 54	60 15 48	+6	240 15 51	150 12 27		
		A	90 03 24	270 03 18	+6	90 03 21			

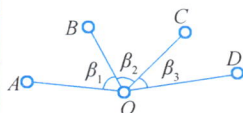

2. 方向观测法的计算方法

(1) 计算两倍视准轴误差 $2c$ 值

$$2c = 盘左读数 - (盘右读数 \pm 180°)$$

上式中,盘右读数大于 180°时取"一"号,盘右读数小于 180°时取"＋"号。计算各方向的 $2c$ 值,填入表 2－4－2 第 6 栏。一测回内各方向 $2c$ 值互差不应超过表 2－4－3 中的规定。如果超限,应在原度盘位置重测。

(2) 计算各方向的平均读数

平均读数又称为各方向的方向值。

$$各方向的平均读数 = \frac{盘左读数 + (盘右读数 \pm 180°)}{2}$$

计算时,以盘左读数为准,将盘右读数加或减 180°后,和盘左读数取平均值。计算各方向的平均读数,填入表 2－4－2 第 7 栏。起始方向有两个平均读数,故应再取其平均值,填入表 2－4－2 第 7 栏上方小括号内。

(3) 计算归零后的方向值

将各方向的平均读数减去起始方向的平均读数(括号内数值),即得各方向的"归零后方向值",填入表 2－4－2 第 8 栏。起始方向归零后的方向值为零。

(4) 计算各测回归零后方向值的平均值

多测回观测时,同一方向值各测回互差,符合表 2－4－3 中的规定,则取各测回归零后方向值的平均值,作为该方向的最后结果,填入表 2－4－2 第 9 栏。

(5) 计算各目标间水平角角值

将第 9 栏相邻两方向值相减即可求得,注于第 10 栏略图的相应位置上。

当需要观测的方向为三个时,除不做归零观测外,其他均与三个以上方向的观测方法相同。

3. 方向观测法的技术要求见表 2－4－3。

表 2－4－3　方向观测法的技术要求

经纬仪型号	半测回归零差	一测回内 $2c$ 互差	同一方向值各测回互差
DJ₂	12″	18″	12″
DJ₆	18″	36″	24″

▶ 2.5　垂直角的测量方法 ◀

2.5.1　竖直度盘构造

经纬仪用于测量竖直角的主要部件有竖直度盘、读数指标、竖盘指标水准管和竖盘指标水准管微动螺旋,如图 2－5－1 所示;竖直度盘垂直固定在横轴的一端,其刻度中心与横轴

全圆法测角记录与计算

的中心重合。望远镜在竖直面内转动时,竖直度盘也随之转动。另外,有一个固定的竖盘读数指标,竖盘读数指标与竖盘指标水准管安置在一起,不随竖直度盘一起转动,只能通过调节竖盘指标水准管微动螺旋,使竖盘读数指标与竖盘指标水准管做微小的转动。当竖盘指标水准管气泡居中时,竖盘读数指标处于正确位置。

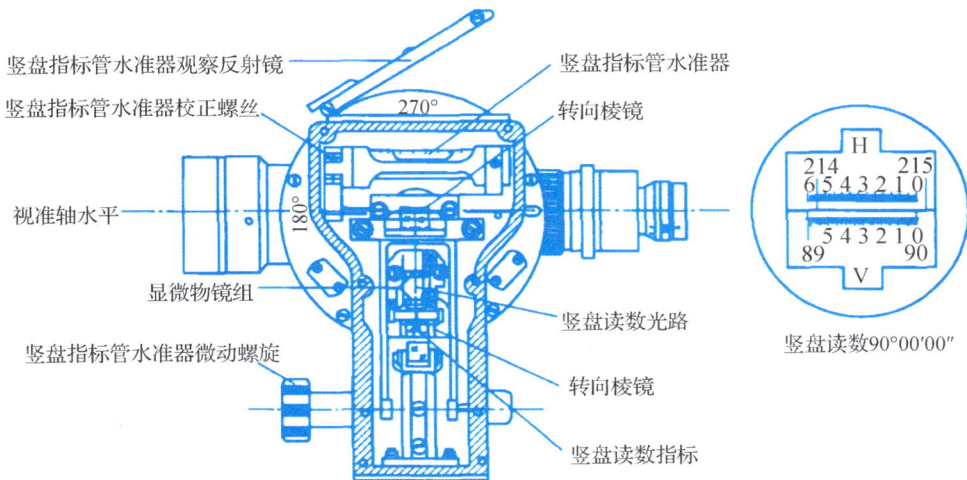

图 2-5-1　竖盘构造及度盘刻度

对于 DJ$_6$ 型光学经纬仪来说,竖直度盘、竖盘读数指标及竖盘指标水准管之间应满足:当望远镜的视线水平、竖盘指标水准管气泡居中时,竖盘读数指标在竖直度盘上位置盘左为 90°,盘右为 270°。

光学经纬仪的竖直度盘也是一个玻璃圆环,分划与水平度盘相似,度盘刻度 0～360° 的注记有顺时针方向和逆时针方向两种。如图 2-5-2(a)所示为顺时针方向注记,如图 2-5-2(b)所示为逆时针方向注记。

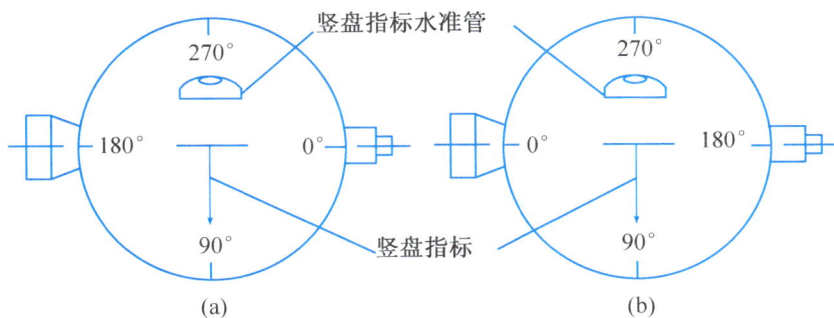

图 2-5-2　竖直度盘刻度注记(盘左位置)

▶▶ 2.5.2　垂直角计算公式

由于竖盘注记形式不同,垂直角计算的公式也不一样。现在以顺时针注记的竖盘为例,推导垂直角计算的公式。

如图 2-5-3 所示，盘左位置：视线水平时，竖盘读数为 90°。当瞄准一目标时，竖盘读数为 L，则盘左垂直角 α_L 为

$$\alpha_L = 90° - L \qquad (2-1)$$

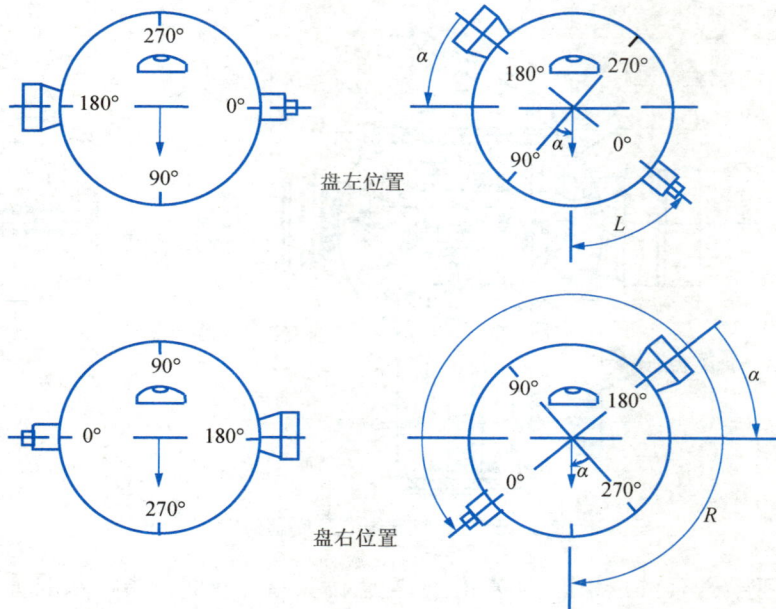

图 2-5-3 竖盘读数与垂直角计算

盘右位置：视线水平时，竖盘读数为 270°。当瞄准原目标时，竖盘读数为 R，则盘右垂直角 α_R 为

$$\alpha_R = R - 270° \qquad (2-2)$$

将盘左、盘右位置的两个垂直角取平均值，得垂直角 α 计算公式为

$$\alpha = \frac{1}{2}(\alpha_L + \alpha_R) \qquad (2-3)$$

对于逆时针注记的竖盘，用类似的方法推得垂直角的计算公式为

$$\left. \begin{array}{l} \alpha_L = L - 90° \\ \alpha_R = 270° - R \end{array} \right\} \qquad (2-4)$$

在观测垂直角之前，将望远镜大致放置水平，观察竖盘读数，首先确定视线水平时的读数；然后上仰望远镜，观测竖盘读数是增加还是减少。

若读数增加，则垂直角的计算公式为

$$\alpha = 瞄准目标时竖盘读数 - 视线水平时竖盘读数 \qquad (2-5)$$

若读数减少，则垂直角的计算公式为

$$\alpha = 视线水平时竖盘读数 - 瞄准目标时竖盘读数 \qquad (2-6)$$

以上规定，适合任何竖直度盘注记形式和盘左、盘右观测。

2.5.3　竖盘指标差

在垂直角计算公式中,一般认为当视准轴水平、竖盘指标水准管气泡居中时,竖盘读数应是 $90°$ 的整数倍。但是实际上这个条件往往不能满足,竖盘指标常常偏离正确位置,这个偏离的差值 x 角,称为竖盘指标差。竖盘指标差 x 本身有正负号,一般规定当竖盘指标偏移方向与竖盘注记方向一致时,x 取正号,反之取负号。

如图 8-1-5 所示盘左位置,由于存在指标差,其正确的垂直角计算公式为

$$\alpha = 90° - L + x = \alpha_L + x \tag{2-7}$$

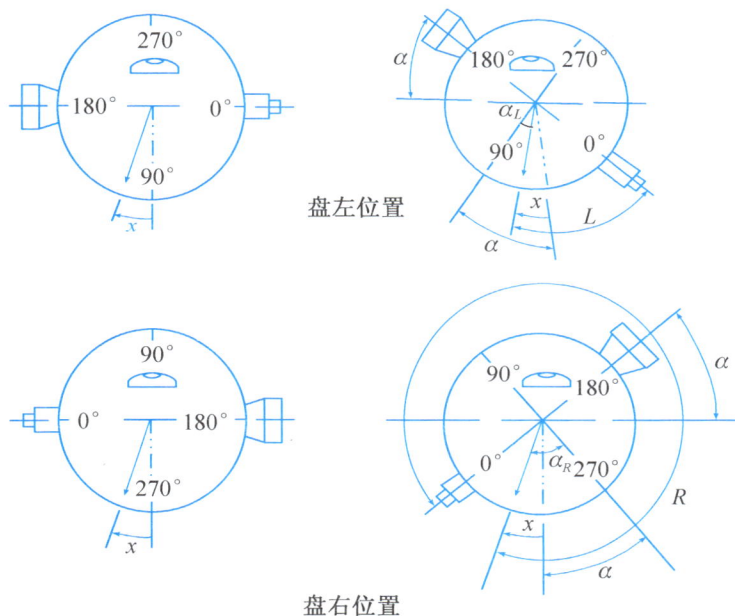

盘左位置

盘右位置

图 2-5-4　竖直度盘指标差

同样,盘右位置正确的垂直角计算公式为

$$\alpha = R - 270° - x = \alpha_R - x \tag{2-8}$$

将式(2-7)和(2-8)相加并除以 2,得

$$\alpha = \frac{1}{2}(\alpha_L + \alpha_R) = \frac{1}{2}(R - L - 180°) \tag{2-9}$$

由此可见,在垂直角测量时,用盘左、盘右观测取平均值作为垂直角的观测结果,可以消除竖盘指标差的影响。

将式(2-7)和(2-8)相减并除以 2,得

$$x = \frac{1}{2}(\alpha_R - \alpha_L) = \frac{1}{2}(R + L - 360°) \tag{2-10}$$

式(2-10)为竖盘指标差的计算公式。指标差互差(即所求指标差之间的差值)可以反

映观测成果的精度。有关规范规定：垂直角观测时，指标差互差的限差，DJ$_2$型仪器不得超过±15″；DJ$_6$型仪器不得超过±25″。

▶▶ 2.5.4 垂直角观测

垂直角的观测、记录和计算步骤如下：

（1）在测站点 O 安置经纬仪，在目标点 A 竖立观测标志，按前述方法确定垂直角计算公式，为方便应用，可将公式记录于垂直角观测手簿（表 2-5-1）备注栏中。

垂直角观测　　**垂直角观测手簿**

表 2-5-1　垂直角观测手簿

测站	目标	竖盘位置	竖盘读数 。 ′ ″	半测回垂直角 。 ′ ″	指标差 ″	一测回垂直角 。 ′ ″	备注
1	2	3	4	5	6	7	8
O	A	左	95　22　00	−5　22　00	−36	−5　22　36	
		右	264　36　48	−5　23　12			
O	B	左	81　12　36	+8　47　24	−45	+8　46　39	
		右	278　45　54	+8　45　54			

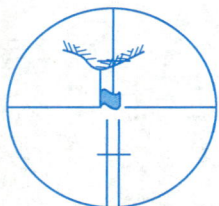

图 2-5-5　垂直角测量瞄准

（2）盘左位置：瞄准目标 A，使十字丝横丝精确地切于目标顶端，如图 2-5-5 所示。转动竖盘指标水准管微动螺旋，使水准管气泡严格居中，然后读取竖盘读数 L，设为 $95°22′00″$，记入表 2-5-1 相应栏内。

（3）盘右位置：重复步骤（2），设其读数 R 为 $264°36′48″$，记入表 2-5-1 相应栏内。

（4）根据垂直角计算公式计算，得

$$\alpha_L = 90° − L = 90° − 95°22′00″ = −5°22′00″$$

$$\alpha_R = R − 270° = 264°36′48″ − 270° = −5°23′12″$$

那么一测回垂直角为

$$\alpha = \frac{1}{2}(\alpha_L + \alpha_R) = \frac{1}{2}(−5°22′00″ − 5°23′12″) = −5°22′36″$$

竖盘指标差为

$$x = \frac{1}{2}(\alpha_R − \alpha_L) = \frac{1}{2}(−5°23′12″ + 5°22′00″) = −36″$$

将计算结果分别填入表 2-5-1 相应栏内。

在垂直角观测中应注意：每次读数前必须使竖盘指标水准管气泡居中，才能正确读数。为防止遗忘并加快施测速度，有些经纬仪采用了竖盘指标自动归零装置，其原理与自动安平水准仪补偿器基本相同。当经纬仪整平后，瞄准目标，打开自动补偿器，竖盘指标即居于正确位置，从而明显提高了垂直角观测的速度和精度。

2.6　光学经纬仪的检验和校正

2.6.1　经纬仪的轴线及各轴线间应满足的几何条件

从测角原理可知,经纬仪有四条主要轴线,即水准管轴(LL)、竖轴(VV)、视准轴(CC)和横轴(HH),如图 2-6-1 所示,它们之间应满足下列几何条件:

(1) 水准管轴 LL 应垂直于竖轴 VV;

(2) 十字丝纵丝应垂直于横轴 HH;

(3) 视准轴 CC 应垂直于横轴 HH;

(4) 横轴 HH 应垂直于竖轴 VV。

除上述条件以外,经纬仪应满足光学对中器的视准轴与仪器竖轴重合的条件。

仪器出厂时,以上各个条件均能满足,但由于仪器的长期使用和搬运过程中的震动,各部件的连接部分会发生变动,所以经纬仪在使用前或使用一段时间后,应进行检验,如发现上述几何条件不满足,则需要进行校正。

2.6.2　经纬仪的检验与校正

1. 水准管轴 LL 垂直于竖轴 VV 的检验与校正

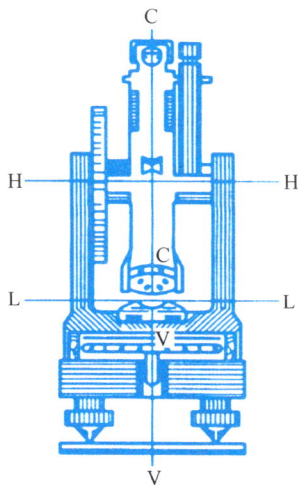

图 2-6-1　经纬仪的主要轴线

(1) 目的

使照准部水准管轴垂直于竖轴,只有这样,仪器整平后,才能保证竖轴铅直,水平度盘水平。

(2) 检验

首先利用圆水准器粗略整平仪器,然后转动照准部使水准管平行于任意两个脚螺旋的连线方向,调节这两个脚螺旋使水准管气泡居中,再将仪器旋转 180°,如水准管气泡仍居中,说明水准管轴与竖轴垂直;若气泡不再居中,则说明水准管轴与竖轴不垂直,需要校正。

(3) 校正

用校正针拨动水准管一端的上、下校正螺丝,如图 2-6-2 所示,使气泡退回偏离的一半,再转动脚螺旋,使气泡居中。此项校正需反复进行,直到满足要求为止。

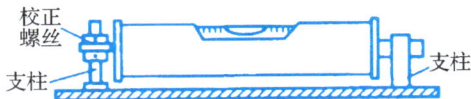

图 2-6-2　照准部水准管

校正原理

为什么只校正气泡偏离的一半呢？

如图2-6-3(a)所示，由于水准管两支柱不等长，气泡虽居中，但水准管轴L'L'不平行于水平度盘，且与其交成一个小角α；此时，经纬仪的竖轴也偏离铅垂线一个小角α。当水准管随照准部旋转180°后[图2-6-3(b)]，竖轴的位置没有变，但水准管支柱的高低端交换了位置，使水准管轴处于新的位置L"L"，水平轴线L'L'与L"L"之间的夹角为2α，这时气泡不居中，偏离中心的弧长即表示为2α的角度。而水准管轴与水平度盘的夹角为α，因此我们只需校正α角的弧长，就可使水准管轴平行于水平度盘，因水平度盘与竖轴垂直，所以此时水准管轴也就垂直于竖轴了，如图2-6-3(c)所示。然后，转动脚螺旋使气泡居中，竖轴即处于铅垂位置，如图2-6-3(d)所示。

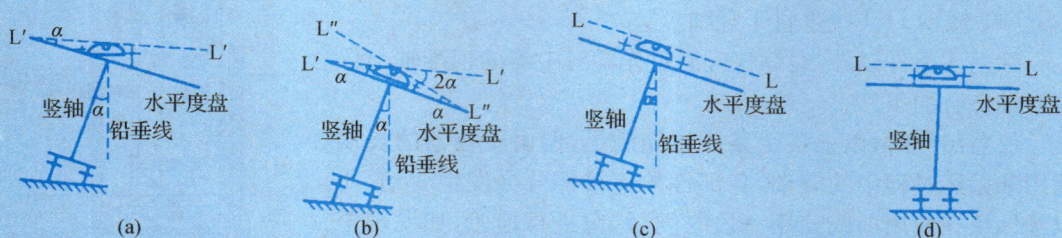

图2-6-3 照准部水准管校正原理

2. 十字丝竖丝垂直于横轴HH的检验与校正

(1) 目的

使十字丝竖丝处于铅直状态。这样，在观测水平角时，可用竖丝的任何部位照准目标；在观测竖直角时，可用横丝的任何部位照准目标。

(2) 检验

首先整平仪器，用十字丝交点精确瞄准一明显的点状目标，如图2-6-4所示，然后制动照准部和望远镜，转动望远镜微动螺旋使望远镜绕横轴作微小俯仰，如果目标点始终在竖丝上移动，说明条件满足，如图2-6-4(a)所示；否则需要校

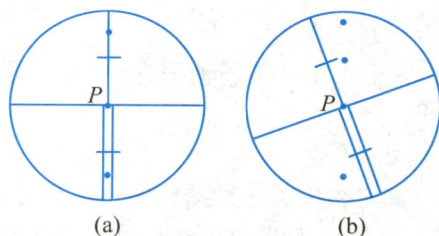

图2-6-4 十字丝竖丝的检验

正，如图2-6-4(b)所示。

(3) 校正

与水准仪中横丝应垂直于竖轴的校正方法相同，此处只是应使竖丝竖直。如图2-6-5所示，校正时，先打开望远镜目镜端护盖，松开十字丝环的四个固定螺钉，按竖丝偏离的反方向微微转动十字丝环，使目标点在望远镜上下俯仰时始终在十字丝纵丝上移动为止，最后旋紧

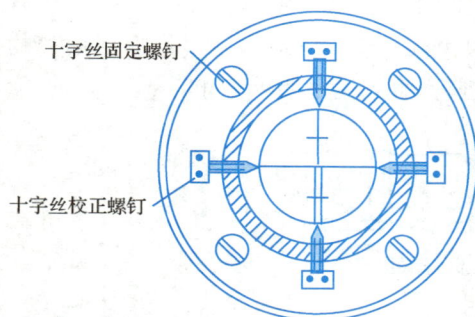

图2-6-5 十字丝竖丝的校正

固定螺钉,旋上护盖。

3. 视准轴 CC 垂直于横轴 HH 的检验与校正

(1) 目的

视准轴不垂直于水平轴所偏离的角值 c 称为视准轴误差。

使视准轴垂直于横轴。只有这样,当望远镜绕横轴旋转时,才能使其视准面为一个平面;若视准轴不垂直横轴,望远镜绕横轴旋转将扫出一个圆锥面。用该仪器测量同一竖直面内不同高度的目标时,水平度盘的读数是不一样的,将会产生测角误差。

视准轴检验

(2) 检验

视准轴误差的检验方法有盘左盘右读数法和四分之一法两种,下面具体介绍四分之一法的检验方法。

① 在平坦地面上,选择相距约 100 m 的 A,B 两点,在 AB 连线中点 O 处安置经纬仪,如图 2-6-6 所示,并在 A 点设置一瞄准标志,在 B 点横放一根刻有毫米分划的直尺,使直尺垂直于视线 OB,A 点的标志、B 点横放的直尺应与仪器大致同高。

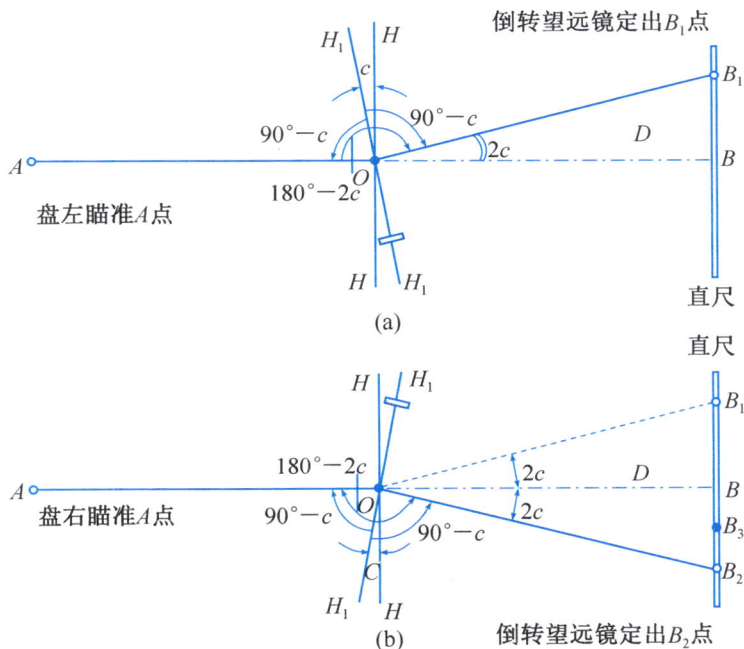

图 2-6-6　视准轴误差的检验(四分之一)

② 用盘左位置瞄准 A 点,制动照准部,然后纵转望远镜,在 B 点尺上读得 B_1,如图 2-6-6(a) 所示。

③ 用盘右位置再瞄准 A 点,制动照准部,然后纵转望远镜,再在 B 点尺上读得 B_2,如图 2-6-6(b) 所示。

如果 B_1 与 B_2 两读数相同,说明视准轴垂直于横轴。如果 B_1 与 B_2 两读数不相同,由图 2-6-6(b) 可知,$\angle B_1 OB_2 = 4c$,由此算得

$$c'' = \frac{B_1B_2}{4OB}\rho''$$

式中：B_1B_2——B_1 与 B_2 的读数差值(m)；

ρ——弧度秒值，$\rho = 206\ 265''$。

对于 DJ_6 型经纬仪，如果 $c > 60''$，则需要校正。

(3) 校正

校正时，在直尺上定出一点 B_3，使 $B_2B_3 = B_1B_2/4$，OB_3 便与横轴垂直。打开望远镜目镜端护盖，如图 2-6-7 所示，用校正针先松十字丝上、下的十字丝校正螺钉，再拨动左右两个十字丝校正螺钉，一松一紧，左右移动十字丝分划板，直至十字丝交点对准 B_3。此项检验与校正也需反复进行。

4. 横轴 HH 垂直于竖轴 VV 的检验与校正

(1) 目的

若横轴不垂直于竖轴，则仪器整平后竖轴虽已竖直，横轴并不水平，因而视准轴绕倾斜的横轴旋转所形成的轨迹是一个倾斜面。这样，当瞄准同一铅垂面内高度不同的目标点时，水平度盘的读数并不相同，从而产生测角误差，影响测角精度，因此必须进行检验与校正。

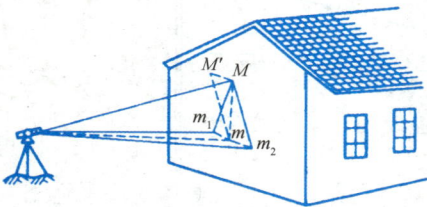

横轴垂直于竖轴的检验

(2) 检验

检验方法如下：

① 在距一垂直墙面 20~30 m 处安置经纬仪，整平仪器，如图 2-6-7 所示。

② 盘左位置，瞄准墙面上高处一明显目标 M，仰角宜在 $30°$ 左右。

③ 固定照准部，将望远镜置于水平位置，根据十字丝交点在墙上定出一点 m_1。

图 2-6-7 横轴的误差的校正

④ 倒转望远镜成盘右位置，瞄准 M 点，固定照准部，再将望远镜置于水平位置，定出点 m_2。

如果 m_1，m_2 两点重合，说明横轴是水平的，横轴垂直于竖轴；否则，需要校正。

(3) 校正

校正方法如下：

① 在墙上定出 m_1，m_2 两点连线的中点 m，仍以盘右位置转动水平微动螺旋，照准 m 点，转动望远镜，仰视 M 点，这时十字丝交点必然偏离 M 点，设为 M' 点。

② 打开仪器支架的护盖，松开望远镜横轴的校正螺钉，转动偏心轴承，升高或降低横轴的一端，使十字丝交点准确照准 M 点，最后拧紧校正螺钉。

此项检验与校正也需反复进行。

由于光学经纬仪密封性好，仪器出厂时又经过严格检验，一般情况下横轴不易变动。但测量前仍应加以检验，如有问题，最好送专业修理单位检修。现代高质量的经纬仪，设计制造时保证了横轴与竖轴垂直，故无需校正。

5. 光学对中器的检验与校正

（1）目的

使光学对中器的视准轴与仪器竖轴重合。

（2）检验

整平仪器，在仪器正下方地面上放一块白色纸板。将光学对中器的分划圈中心投绘到纸板上，设为 P_1 点，如图 2-6-8(a) 所示。然后，将照准部旋转 180°，再将分划圈中心投绘到纸板上，设为 P_2 点。若 P_1 与 P_2 重合，则条件满足，否则需校正。

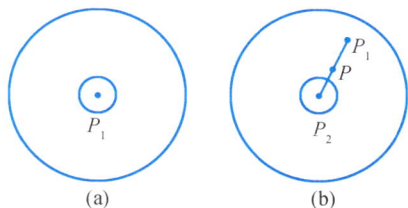

图 2-6-8　光学对中器的检校

（3）校正

在纸板上标定出 P_1 与 P_2 连线的中点 P，调节光学对中器校正螺丝，使 P_2 点移至 P 点即可，如图 2-6-8(b) 所示。

▶ 2.7　角度测量的误差及注意事项 ◀

▶▶ 2.7.1　仪器误差

仪器误差是指仪器不能满足设计理论要求而产生的误差：

（1）由于仪器制造和加工不完善而引起的误差。

（2）由于仪器检校不完善而引起的误差。

消除或减弱上述误差的具体方法如下：

（3）采用盘左、盘右观测取平均值的方法，可以消除视准轴不垂直于水平轴、水平轴不垂直于竖轴和水平度盘偏心差的影响。

（4）采用在各测回间变换度盘位置观测，取各测回平均值的方法，可以减弱由于水平度盘刻度不均匀造成的影响。

（5）仪器竖轴倾斜引起的水平角测量误差，无法采用一定的观测方法来消除。因此，在经纬仪使用之前应严格检校，确保水准管轴垂直于竖轴；同时，在观测过程中，应特别注意仪器的严格整平。

▶▶ 2.7.2　观测误差

1. 仪器对中误差

在安置仪器时，由于对中不准确，使仪器中心与测站点不在同一铅垂线上，称为对中误差。如图 2-7-1 所示，A，B 为两目标点，O 为测站点，O' 为仪器中心，OO' 的长度称为测站偏心距，用 e 表示，其方向与 OA 之间的夹角 θ 称为偏心角。β 为正确角值，β' 为观测角值，由对中误差引起的角度误差 $\Delta\beta$ 为

$$\Delta\beta = \beta - \beta' = \delta_1 - \delta_2$$

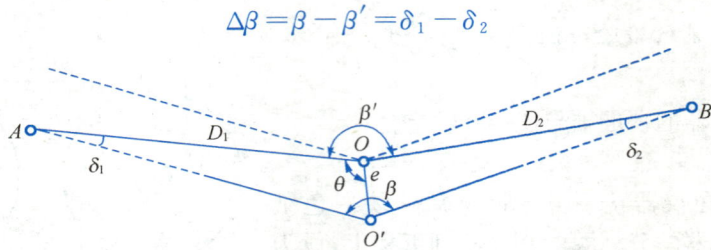

图 2 - 7 - 1   仪器对中误差

因 δ_1 和 δ_2 很小,故:

$$\delta_1 \approx \frac{e\sin\theta}{D_1}\rho$$

$$\delta_2 \approx \frac{e\sin(\beta'-\theta)}{D_2}\rho$$

$$\Delta\beta = \delta_1 + \delta_2 = e\rho\left[\frac{\sin\theta}{D_1} + \frac{\sin(\beta'-\theta)}{D_2}\right]$$

分析上式可知,对中误差对水平角的影响有以下特点:

(1) $\Delta\beta$ 与偏心距 e 成正比,e 愈大,$\Delta\beta$ 愈大;

(2) $\Delta\beta$ 与测站点到目标的距离 D 成反比,距离愈短,误差愈大;

(3) $\Delta\beta$ 与水平角 β' 和偏心角 θ 的大小有关,当 $\beta'=180°$,$\theta=90°$ 时,$\Delta\beta$ 最大。

$$\Delta\beta = e\rho\left(\frac{1}{D_1} + \frac{1}{D_2}\right)$$

对中误差引起的角度误差不能通过观测方法消除,所以观测水平角时应仔细对中,当边长较短或两目标与仪器接近在一条直线上时,要特别注意仪器的对中,避免引起较大的误差。一般规定对中误差不超过 3 mm。

2. 目标偏心误差

水平角观测时,常用测钎、测杆或觇牌等立于目标点上作为观测标志,当观测标志倾斜或没有立在目标点的中心时,将产生目标偏心误差。如图 2 - 7 - 2 所示,O 为测站,A 为地面目标点,AA' 为测杆,测杆长度为 L,倾斜角度为 α,则目标偏心距 e 为

$$e = L\sin\alpha$$

目标偏心对观测方向影响为

$$\delta = \frac{e}{D}\rho = \frac{L\sin\alpha}{D}\rho$$

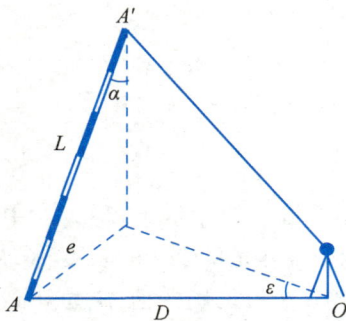

图 2 - 7 - 2   目标偏心误差

目标偏心误差对水平角观测的影响与偏心距 e 成正比,与距离成反比。为了减小目标偏心差,瞄准测杆时,测杆应立直,并尽可能瞄准测杆的底部。当目标较近,又不

能瞄准目标的底部时,可采用悬吊垂线或选用专用觇牌作为目标。

3. 整平误差

整平误差是指安置仪器时竖轴不竖直的误差。倾角越大,影响越大。一般规定在观测过程中,水准管偏离零点不得超过一格。

4. 瞄准误差

瞄准误差主要与人眼的分辨能力和望远镜的放大倍率有关,人眼分辨两点的最小视角一般为 $60''$。设经纬仪望远镜的放大倍率为 V,则用该仪器观测时,其瞄准误差为

$$m_V = \pm \frac{60''}{V}$$

一般 DJ$_6$ 型光学经纬仪望远镜的放大倍率为 $25 \sim 30$ 倍,因此瞄准误差 m_V 一般为 $2.0'' \sim 2.4''$。

另外,瞄准误差与目标的大小、形状、颜色和大气的透明度等也有关。因此,在观测中应尽量消除视差,选择适宜的照准标志,熟练操作仪器,掌握瞄准方法,并仔细瞄准以减小误差。

5. 读数误差

读数误差主要取决于仪器的读数设备,同时也与照明情况和观测者的经验有关。对于 DJ$_6$ 型光学经纬仪,用分微尺测微器读数,一般估读误差不超过分微尺最小分划的十分之一,即不超过 $\pm 6''$,对于 DJ$_2$ 型光学经纬仪一般不超过 $\pm 1''$。如果反光镜进光情况不佳,读数显微镜调焦不好,以及观测者操作不熟练,则估读的误差可能会超过上述数值。因此,读数时必须仔细调节读数显微镜,使度盘与测微尺影像清晰;也要仔细调整反光镜,使影像亮度适中,然后再仔细读数。使用测微轮时,一定要使度盘分划线位于双指标线正中央。

▶ 2.7.3　外界条件的影响

外界条件的影响很多,如大风、松软的土质会影响仪器的稳定,地面的辐射热会引起物像的跳动,观测时大气透明度和光线的不足会影响瞄准精度,温度变化影响仪器的正常状态等,这些因素都直接影响测角的精度。因此,要选择有利的观测时间和避开不利的观测条件,使这些外界条件的影响降低到较小的程度。

▶ 2.8　电子经纬仪 ◀

电子经纬仪是在光学经纬仪的基础上发展起来的新一代测角仪器,为野外数据采集自动化创造了有利条件。它的外形结构与光学经纬仪相似,与光学经纬仪的主要不同点在于测角系统。光学经纬仪采用光学度盘和目视读数,而电子经纬仪的测角系统主要有三种,即编码度盘测角系统、光栅度盘测角系统和动态测角系统。构造上不同之处有:电子经纬仪多一个机载电池盒、一个测距仪数据接口和一个电子手簿接口,增加了电子显示屏和操作键盘,去掉了读数显微镜,其外观构造和部件名称如图 2-8-1 所示。

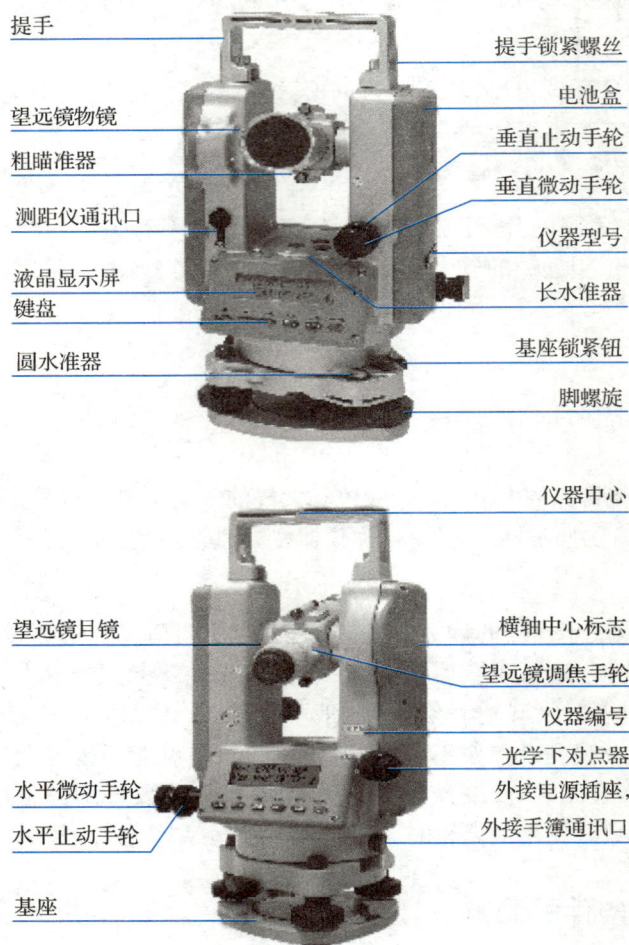

图2-8-1 电子经纬仪

▐▶ 2.8.1 电子经纬仪显示窗和操作键盘

图2-8-2所示为液晶显示窗和操作键盘,液晶显示窗可同时显示提示内容、竖直角和水平角。

液晶显示屏共显示两行文字,第一行为垂直盘角度,第二行为水平盘角度和电池容量。水平度盘显示有两种:Hr 或 Hl。以下为显示符号说明。

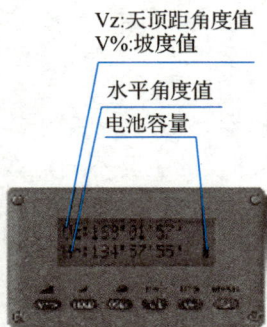

图2-8-2 液晶显示窗和操作键盘

Hr:表示水平度盘角度,且顺时针转动仪器为角度的增加方向;

Hl:表示水平度盘角度,且逆时针转动仪器为角度的增加方向;

Vz:表示天顶距;

V%:表示坡度;

🔋:表示电池容量,黑色填充越多表示容量越足。

仪器操作键见表2-8-1。

表 2-8-1　仪器操作键

键　名	功　能
⊙ MENU	开机、关机； 打开手簿通讯或测距菜单
FUNC U/□	360°/400 gon 单位转换； 照明开/关（按键时间较短）； 进入菜单后返回键
R/L REC	向右/左水平角度值增加； 记录，向手簿发送数据
0SET ◺	水平角度值设置 0°00′00″； 进行单次测距
HOLD ◺	水平角任意角度锁定； 显示高差
V/% ◺	竖盘角度显示天顶距 V/坡度值％； 显示平距

⏩ 2.8.2　水平角测量

1. 电池使用

（1）电池盒安装

将随机电池盒的底部突起卡入主机，按住电池盒顶部的弹块并向仪器方向推，直至电池盒卡入位置为止，然后放开弹块。

（2）电池盒拆卸

向下按住弹块卸下电池盒。

（3）电池容量的确定

液晶屏的右下角显示一节电池，中间的黑色填充越多，则表示电池容量越足；如果黑色填充很少，已接近底部，则表示电池需要充电。

2. 仪器的使用

电子经纬仪的使用与光学经纬仪一样，也要经过对中、整平、瞄准、读数四个步骤，其中对中、整平和瞄准的方法与光学经纬仪相同，这里不再赘述。

3. 水平角测量步骤

（1）开机，转动仪器望远镜，仪器初始化（⊙）；

（2）确定电池容量是否足够；

（3）确定是否打开照明（FUNC）；

（4）选择水平角度增加方向（Hr 或 Hl）（R/L）；

（5）选择测量角度单位（360°或 400 gon）（ FUNC ）；

（6）水平角度置零或锁定任意水平角度值（ 0SET 或 HOLD ）；

（7）瞄准目标；

（8）读数；

（9）进行下一步测量项目；

（10）测量结束，关机（ ○ ）。

▶ 2.9 全站仪角度测量 ◀

全站仪全称为全站型电子速测仪，它将光学经纬仪、电子经纬仪和微处理器合为一体，具有对测量数据自动进行采集、计算、处理、存储、显示和传输的功能，不仅可全部完成测站上所有的角度、高程和距离的测量及三维坐标测量、点位测设、施工放样和变形监测，还可用于控制网的加密、数字化测图等。

2.9.1 全站仪的组成

全站仪由四大光学测量系统组成，即水平角系统、竖直角系统、测距系统和补偿系统。前三种用于角度、距离和高差测量，第四种用于对仪器的横轴、竖轴和视准轴的倾斜误差进行补偿。仪器的核心部分是微处理器和电子手簿。根据键盘获得的操作指令，微处理器调用内部命令，指示仪器进行相关的测量工作和通过电子手簿进行数据的记录、检核、处理、存储和传输。

2.9.2 全站仪显示屏和功能键

1. 部件名称如图 2-9-1 所示

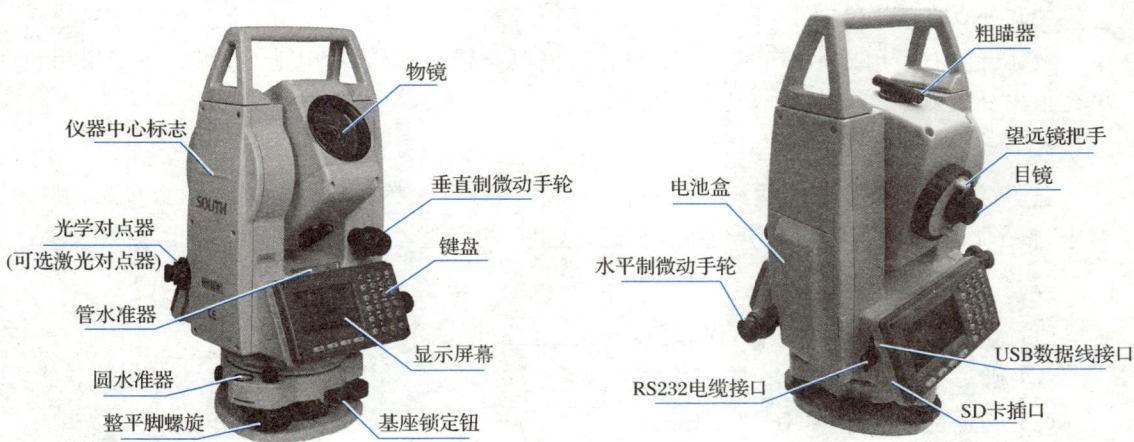

图 2-9-1 全站仪各部件名称

2. 键盘功能与信息显示

（1）操作键

如图 2 - 9 - 2 所示。各操作键功能见表 2 - 9 - 1。显示符号见表 2 - 9 - 2。

图 2 - 9 - 2　键盘和显示屏

表 2 - 9 - 1　操作键

按　键	名　称	功　能
ANG	角度测量键	进入角度测量模式
◰	距离测量键	进入距离测量模式
◲	坐标测量键	进入坐标测量模式（▲上移键）
S.O	坐标放样键	进入坐标放样模式（▼下移键）
K1	快捷键 1	用户自定义快捷键 1（◀左移键）
K2	快捷键 2	用户自定义快捷键 2（▶右移键）
ESC	退出键	返回上一级状态或返回测量模式
ENT	回车键	对所做操作进行确认
M	菜单键	进入菜单模式
T	转换键	测距模式转换
★	星键	进入星键模式或直接开启背景光
⏻	电源开关键	电源开关
F1－F4	软键（功能键）	对应于显示的软键信息
0－9	数字字母键盘	输入数字和字母
－	负号键	输入负号，开启电子气泡功能（仅适用 P 系列）
.	点号键	开启或关闭激光指向功能、输入小数点

表 2-9-2　显示符号

显 示 符 号	内　　　　　容
V	垂直角
V%	垂直角（坡度显示）
HR	水平角（右角）
HL	水平角（左角）
HD	水平距离
VD	高差
SD	斜距
N	北向坐标
E	东向坐标
Z	高程
*	EDM（电子测距）正在进行
m/ft	米与英尺之间的转换
m	以米为单位
S/A	气象改正与棱镜常数设置
PSM	棱镜常数（以 mm 为单位）
（A）PPM	大气改正值（A 为开启温度气压自动补偿功能，仅适用于 P 系列）

（2）功能键

角度测量模式共三个菜单，如图 2-9-3 所示。模式的转换通过 F4 键进行切换。三个菜单的功能见表 2-9-3。

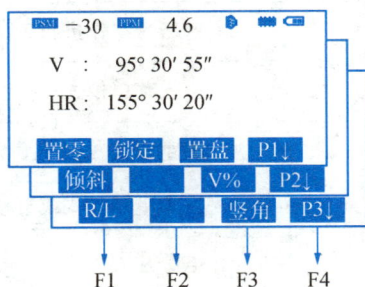

图 2-9-3　角度测量模式

表 2 - 9 - 3　角度测量功能键

页　数	软键	显 示 符 号	功　　　能
第 1 页 (P1)	F1	置零	水平角置为 0°0′0″
	F2	锁定	水平角读数锁定
	F3	置盘	通过键盘输入设置水平角
	F4	P1↓	显示第 2 页软键功能
第 2 页 (P2)	F1	倾斜	设置倾斜改正开或关,若选择开则显示倾斜改正
	F2	—	—
	F3	V%	垂直角显示格式(绝对值/坡度)的切换
	F4	P2↓	显示第 3 页软键功能
第 3 页 (P3)	F1	R/L	水平角(右角/左角)模式之间的转换
	F2	—	—
	F3	竖角	高度角/天顶距的切换
	F4	P3↓	显示第 1 页软键功能

2.9.3　角度的测量

1. 仪器的使用

全站仪的使用与光学经纬仪一样,也要经过对中、整平、瞄准、读数四个步骤,其中对中、整平和瞄准的方法与光学经纬仪相同,这里不再赘述。

2. 角度测量步骤

具体操作见表 2 - 9 - 4。

表 2 - 9 - 4　角度测量

操 作 过 程	操 作	显　　　示
1. 照准第一个目标 A	照准 A	PSM -30　PPM　4.6 V : 88° 30′ 55″ HR : 346° 20′ 20″ 置零　锁定　置盘　P1↓
2. 设置目标 A 的水平角为 0°00′00″,按 F1 (置零)键和 F4 (确认)键	F1 F4	PSM -30　PPM　4.6 V : 88° 30′ 55″ HR : 0° 00′ 00″ 置零　锁定　置盘　P1↓ PSM -30　PPM　4.6 水平角置零 >OK?　　　　[否] [是]

（续表）

操　作　过　程	操　作	显　　示
3. 照准第二个目标 B，显示目标 B 的 V/H	照准目标 B	PSM −30　PPM　4.6 V　：　93° 25′ 15″ HR　：　168° 32′ 24″ 置零　锁定　置盘　P1↓

角度测量过程中的左右角切换的方式见表 2-9-5。

表 2-9-5　左右角切换

操　作　过　程	操　作	显　　示
1. 按 F4（P1↓）键两次转到第 3 页功能	F4 两次	PSM −30　PPM　4.6 V　：　95° 30′ 55″ HR　：　155° 30′ 20″ 置零　锁定　置盘　P1↓ 倾斜　　　　V%　P2↓ R/L　　　　竖角　P3↓
2. 按 F1（R/L）键，右角模式（HR）切换到左角模式（HL）	F1	PSM −30　PPM　4.6 V　：　95° 30′ 55″ HR　：　204° 29′ 40″ R/L　　　　竖角　P3↓
3. 以左角 HL 模式进行测量		
＊ 每次按 F1（R/L）键，HR/HL 两种模式交替切换		

思　考　题

2-1　什么叫水平角？测量水平角的仪器必须具备哪些条件？

2-2　经纬仪由哪几部分组成？各部分的作用是什么？

2-3　观测水平角时，对中和整平的目的是什么？试述经纬仪整平的方法？

2-4　简述光学对中器对中操作的过程。

2-5　简述经纬仪测回法观测水平角的步骤。

2-6　全圆测回法观测水平角有哪些技术要求？

2-7　观测水平角时引起误差的原因有哪些？

2-8　经纬仪有哪些主要轴线？它们之间应满足什么几何条件？

2-9　根据下表观测数据计算表中所有数值。

测站	测回数	目标	盘左读数 (L)			盘右读数 (R)			$2C=L-R$ $\pm180°$	$\dfrac{L+R\pm180°}{2}$	起始方向值	归零方向值	平均方向值	角　值
			°	′	″	°	′	″	″	° ′ ″	° ′ ″	° ′ ″	° ′ ″	° ′ ″
0	1	1	0	00	06	180	00	06						
		2	41	47	36	221	47	30						
		3	91	19	24	271	19	24						
		1	0	00	12	180	00	06						
	2	1	90	00	12	270	00	06						
		2	131	47	36	311	47	30						
		3	181	19	36	1	19	24						
		1	90	00	18	270	00	12						

2-10　根据下列观测水平角数据,完成测回法水平角记录和计算

测站	盘位	目标	水平度盘读数	半测回角值	测回角值
0	左	A	120°12′18″		
		B	194°45′06″		
	右	A	300°12′40″		
		B	14°45′00″		

项目3 距离测量

项目目标

1. 理解直线定线和直线定向概念的区别；
2. 掌握钢尺量距的一般方法；
3. 了解距离丈量的误差及注意事项；
4. 掌握方位角的概念和推算。

素质目标

1. 通过距离测量的记录和计算，培养学生对该测量任务的空间思维分析能力与计算能力；
2. 通过学习测距仪器的发展，了解国家测绘发展史，点亮学生民族文化自信之灯。

距离和方向是确定地面点平面位置的几何要素。因此测定地面上两点的距离和方向，是测量的基本工作。

距离测量就是测量地面两点之间的水平距离。地面点沿着铅垂线方向投影到同一水平面，投影点之间的距离称为水平距离。如果测得的是倾斜距离，还必须换算成水平距离。根据所使用的仪器和测量方法的不同，距离测量分为：钢尺量距、光电测距和视距测量等方法。

▶ 3.1 钢尺量距 ◀

钢尺量距

▐▌▶ 3.1.1 距离丈量的工具

1. 钢尺

钢尺是用薄钢片制成的带状尺，可卷入金属圆盒内，故又称钢卷尺。尺宽约 10～15 mm，长度有 20 m、30 m 和 50 m 等几种。根据尺的零点位置不同，有端点尺和刻线尺之分。如图 3-1-1 所示。

钢尺的优点：钢尺抗拉强度高，不易拉伸，所以量距精度较高，在工程测量中常用钢尺量距。

钢尺的缺点：钢尺性脆，易折断，易生锈，使用时要避免扭折，防止受潮。

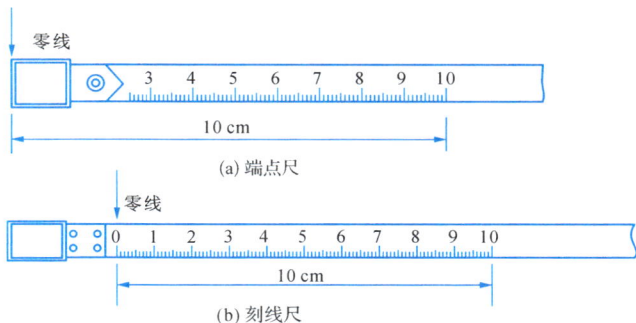

图 3-1-1　端点尺和刻线尺

2. 测杆

测杆多用木料或铝合金制成,直径约 3 cm,全长有 2 m、2.5 m 及 3 m 等几种规格。杆上油漆成红、白相间的 20 cm 色段,非常醒目,测杆下端装有尖头铁脚,便于插入地面,作为照准标志。

3. 测钎

测钎一般用钢筋制成,上部弯成小圆环,下部磨尖,直径 3～6 mm,长度 30～40 cm。钎上可用油漆涂成红、白相间的色段。通常 6 根或 11 根系成一组。量距时,将测钎插入地面,用以标定尺端点的位置,亦可作为近处目标的瞄准标志。

4. 垂球、弹簧秤和温度计等

垂球用金属制成,上大下尖呈圆锥形,上端中心系一细绳,悬吊后,垂球尖与细绳在同一垂线上。它常用于在斜坡上丈量水平距离。

弹簧秤和温度计等在精密量距中有所应用。

▶ 3.1.2　直线定线

水平距离测量时,当地面上两点间的距离超过一整尺长时,或地势起伏较大,一尺段无法完成丈量工作时,需要在两点的连线上标定出若干个点,这项工作称为直线定线。按精度要求的不同,直线定线有目估定线和经纬仪定线两种方法。

直线定线

1. 目估定线

A,B 两点为地面上互相通视的两点,欲在 A,B 两点间的直线上定出 1,2 等分点。定线工作可由甲、乙两人进行。如图 3-1-2 所示。

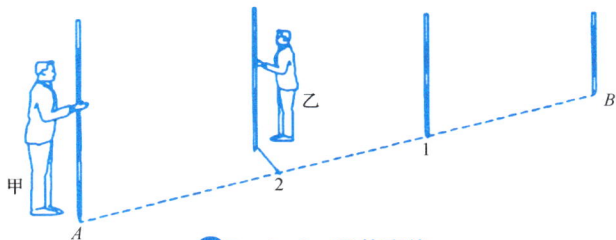

图 3-1-2　目估定线

（1）定线时，先在 A，B 两点上竖立测杆，甲立于 A 点测杆后面约 $1\sim2$ m 处，用眼睛自 A 点测杆后面瞄准 B 点测杆。

（2）乙持另一测杆沿 BA 方向走到离 B 点大约一尺段长的 1 点附近，按照甲指挥手势左右移动测杆，直到测杆位于 AB 直线上为止，插下测杆（或测钎），定出 1 点。

（3）乙又带着测杆走到 2 点处，同法在 AB 直线上竖立测杆（或测钎），定出 2 点，以此类推。这种从直线远端 B 走向近端 A 的定线方法，称为目估定线。直线定线一般应采用"目估定线"。

2. 经纬仪定线

安置经纬仪于 A 点，照准 B 点，固定照准部，沿 AB 方向用钢尺进行概量，按稍短于一尺段长的位置，由经纬仪指挥打下木桩。桩顶高出地面约 $10\sim20$ cm，并在桩顶钉一小钉，使小钉在 AB 直线上；或在木桩顶上划十字线，使十字线其中的一条在 AB 直线上，小钉或十字线交点即为丈量时的标志。如图 3-1-3 所示。

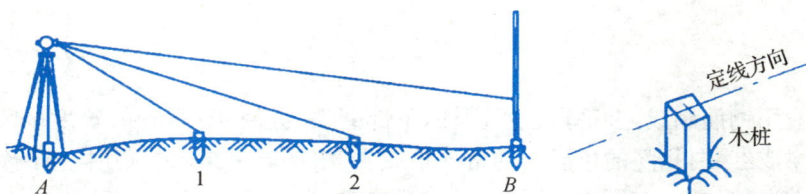

图 3-1-3　经纬仪定线

3.1.3　钢尺量距的一般方法

1. 平坦地面的距离丈量

此方法为量距的基本方法。丈量前，先将待测距离的两个端点用木桩（桩顶钉一小钉）标志出来，清除直线上的障碍物后，一般由两人在两点间先进行直线定线，亦可边定线边丈量，具体做法如 3-1-4 所示。

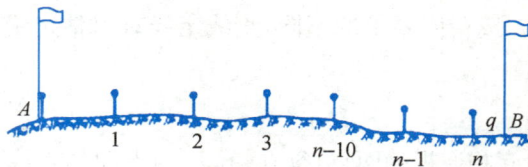

图 3-1-4　钢尺量距

（1）量距时，先在 A，B 两点上竖立测杆（或测钎），标定直线方向，然后，后尺手持钢尺的零端位于 A 点，前尺手持尺的末端并携带一束测钎，沿 AB 方向前进，至一尺段长处停下，两人都蹲下。

（2）后尺手以手势指挥前尺手将钢尺拉在 AB 直线方向上；后尺手以尺的零点对准 A 点，两人同时将钢尺拉紧、拉平、拉稳后，前尺手喊"预备"，后尺手将钢尺零点准确对准 A 点，并喊"好"，前尺手随即将测钎对准钢尺末端刻划竖直插入地面（在坚硬地面处，可用铅笔在地面划线做标记),得 1 点。这样便完成了第一尺段 A1 的丈量工作。

（3）接着后尺手与前尺手共同举尺前进,后尺手走到 1 点时,即喊"停"。同法丈量第二尺段,然后后尺手拔起 1 点上的测钎。如此继续丈量下去,直至最后量出不足一整尺的余长 q。则 A,B 两点间的水平距离为

$$D = nl + q \qquad (3-1)$$

式中：n——整尺段数(即在 A,B 两点之间所拔测钎数)；

l——钢尺长度(m)；

q——不足一整尺的余长(m)。

为了防止丈量错误和提高精度,一般还应由 B 点量至 A 点进行返测,返测时应重新进行定线。取往、返测距离的平均值作为直线 AB 最终的水平距离。

$$D = \frac{1}{2}(D_{往} + D_{返}) \qquad (3-2)$$

量距精度通常用相对误差 K 来衡量。相对误差是往返测之差 ΔD 与平均距离 D 之比,通常化为分子为 1、分母为整数的分数形式,即

$$K = \frac{\Delta D}{D} = \frac{|D_{往} - D_{返}|}{D} = \frac{1}{D/|D_{往} - D_{返}|} = \frac{1}{M} \qquad (3-3)$$

相对误差分母愈大,则 K 值愈小,精度愈高;反之,精度愈低。在平坦地区,钢尺量距的相对误差一般不应大于 1/3 000;在量距较困难的地区,其相对误差也不应大于 1/1 000。

距离斜量法

2. 倾斜地面上的量距方法

（1）平量法

在倾斜地面上量距时,如果地面起伏不大,可将钢尺拉平进行丈量。如图 3-1-5 所示,丈量时,后尺手以尺的零点对准地面 A 点,并指挥前尺手将钢尺拉在 AB 直线方向上,同时前尺手抬高尺子的一端,并目估使尺水平,将垂球绳紧靠钢尺上某一分划,用垂球尖投影于地面上,再插以测钎,得 1 点。此时钢尺上分划读数即为 $A,1$ 两点间的水平距离。同法继续丈量其余各尺段。当丈量至 B 点时,应注意垂球尖必须对准 B 点。各测段丈量结果的总和就是 A,B 两点间的往测水平距离。为了方便起见,返测也应由高向低丈量。若精度符合要求,则取往返测的平均值作为最后结果。

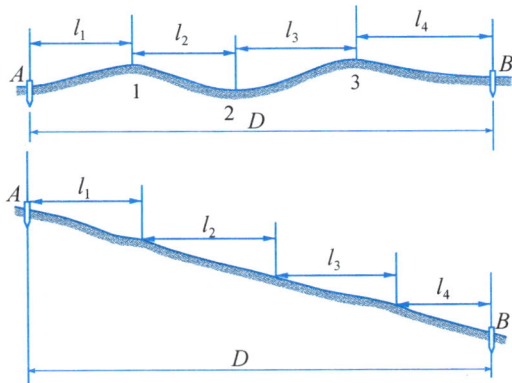

图 3-1-5　平量法

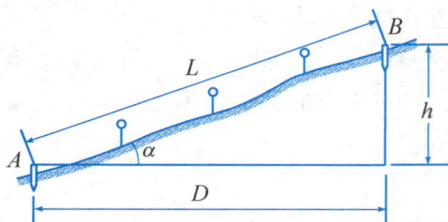

图 3-1-6　斜量法

（2）斜量法

当倾斜地面的坡度比较均匀时，如图 3-1-6 所示，可以沿倾斜地面丈量出 A,B 两点间的斜距 L，用经纬仪测出直线 AB 的倾斜角 α，或测量出 A,B 两点的高差 h，然后计算 AB 的水平距离 D，即

$$D=\sqrt{L^{2}-h^{2}} \tag{3-4}$$

或

$$D=L\cos\alpha \tag{3-5}$$

3.1.4　钢尺量距的误差及注意事项

尺长方程式和钢尺
量距三项改正

（1）尺长误差

钢尺的名义长度和实际长度不符，产生尺长误差。尺长误差是积累性的，它与所量距离成正比。

（2）定线误差

丈量时钢尺偏离定线方向，将使测线成为一折线，导致丈量结果偏大，这种误差称为定线误差。

（3）拉力误差

钢尺有弹性，受拉会伸长。钢尺在丈量时所受拉力应与检定时拉力相同。如果拉力变化约 ±26 N，尺长将改变 ±1 mm。一般量距时，只要保持拉力均匀即可。

（4）钢尺垂曲误差

钢尺悬空丈量时中间下垂，称为垂曲，由此产生的误差为钢尺垂曲误差。垂曲误差会使量得的长度大于实际长度，故需对钢尺进行检定。

（5）钢尺不水平的误差

用平量法丈量时，钢尺不水平，会使所量距离增大。对于 30 m 的钢尺，如果目估水平误差为 0.5 m（倾角约 1°），由此产生的量距误差为 4 mm。因此，用平量法丈量时应尽可能使钢尺水平。

（6）丈量误差

钢尺端点对不准、测钎插不准、尺读数不准等引起的误差都属于丈量误差。这种误差对丈量结果的影响可正可负，大小不定。在量距时应尽量认真操作，以减小丈量误差。

▶ 3.2　光电测距 ◀

光电测距

3.2.1　光电测距的基本原理

如图 3-2-1 所示，欲测定 A,B 两点间的距离 D，可在 A 点安置能发射和接收光波的光电测距仪，在 B 点设置反射棱镜，光电测距仪发出的光束经棱镜反射后，又返回到测距仪。根据测定光波在 AB 之间传播的时间 t、光波在大气中的传播速度 c，按下式计算距离 D：

$$D=\frac{1}{2}ct \tag{3-6}$$

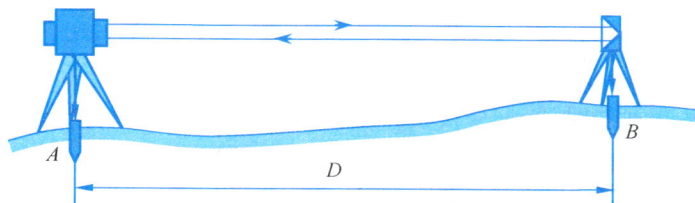

图 3-2-1 光电测距原理

光电测距仪根据测定时间 t 的方式,分为直接测定时间的脉冲测距法和间接测定时间的相位测距法。高精度的测距仪,一般采用相位式。

相位式光电测距仪的测距原理是:由光源发出的光通过调制器后,成为光强随高频信号变化的调制光。通过测量调制光在待测距离上往返传播的相位差 ϕ 来解算距离。

相位法测距相当于用"光尺"代替钢尺量距,而 $\lambda/2$ 为光尺长度。

相位式测距仪中,相位计只能测出相位差的尾数 ΔN,测不出整周期数 N,因此对大于光尺的距离无法测定。为了扩大测程,应选择较长的光尺。为了解决扩大测程与保证精度的矛盾,短程测距仪上一般采用两个调制频率,即两种光尺。例如:长光尺(称为粗尺)$f_1 = 150 \text{ kHz}, \lambda_1/2 = 1\ 000 \text{ m}$,用于扩大测程,测定百米、十米和米;短光尺(称为精尺)$f_2 = 15 \text{ MHz}, \lambda_2/2 = 10 \text{ m}$,用于保证精度,测定米、分米、厘米和毫米。

3.2.2 全站仪距离测量

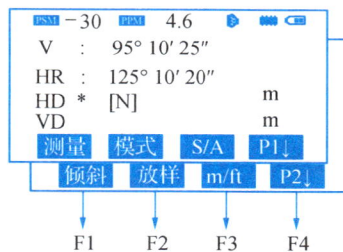

1. 距离测量模式显示屏显示

如图 3-2-2 所示。

距离测量功能键见表 3-2-1。

全站仪距离测量

图 3-2-2 距离测量模式

表 3-2-1 距离测量功能键

页　数	软键	显示符号	功　　能
第1页 (P1)	F1	测量	启动测量
	F2	模式	设置测距模式为单次精测/连续精测/连续跟踪
	F3	S/A	温度、气压、棱镜常数等设置
	F4	P1↓	显示第2页软键功能
第2页 (P2)	F1	偏心	进入偏心测量模式
	F2	放样	距离放样模式
	F3	m/f	单位米与英尺转换
	F4	P2↓	显示第1页软键功能

2. 测量准备

（1）棱镜的准备

部分全站仪距离测量时，需配合棱镜一起使用。若在棱镜模式下进行测量距离等作业时，需在目标处放置反射棱镜。反射棱镜有单（三）棱镜组，可通过基座连接器将棱镜组连接在基座上安置到三脚架上，也可直接安置在对中杆上。如图3-2-3所示。

（2）常数设置

在进行距离测量前通常需要确认大气改正和棱镜常数的设置，再进行距离测量。

光在反射棱镜中传播所用的超量时间会使所测距离增大某一数值，也就是说光在玻璃中的传播速度要比空气中慢，通常我们称这个增大的数值为棱镜常数。

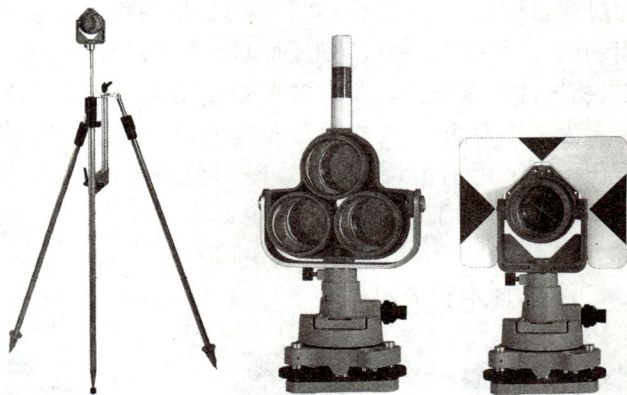

图3-2-3　棱镜

① 大气改正设置

预先测得测站周围的温度和气压。例：温度＋25℃，气压1 017.5 hPa。具体设置见表3-2-2。

表3-2-2　大气改正设置

操 作 过 程	操 作	显　　　示
1. 进入距离测量模式	按▱键	PSM－30　PPM　4.6 V：　95°10′25″ HR：125°10′20″ HD：　　235.641　　m VD：　　0.029　　m 测量　模式　S/A　P1↓
2. 进入气象改正设置。预先测得测站周围的温度和气压	按F3键	气象改正设置 PSM　　　　0 PPM　　　　6.4 温度　　　27.0　℃ 气压　　　1013.0　hPa 棱镜　PPM　温度　气压

（续表）

操 作 过 程	操 作	显 示
3. 按 F3（温度）键执行温度设置	按 F3 键	气象改正设置　　　　 PSM　　　　0 PPM　　　　6.4 温度　　　－ 27.0　℃ 气压　　　1013.0　hPa 回退　返回
4. 输入温度，按 ENT 键确认。 按照同样方法对气压进行设置。回车后仪器会自动计算大气改正值 PPM	输入温度	气象改正设置　　　　 PSM　　　　0 PPM　　　　3.4 温度　　　25.0　℃ 气压　　　1017.5　hPa 棱镜　PPM　温度　气压

② 设置反射棱镜常数

全站仪的棱镜常数，出厂时都有一固定的数据，故距离测量前必须设置相应的棱镜常数。一旦设置了棱镜常数，则关机后该常数仍被保存。具体设置见表 3-2-3。

表 3-2-3　棱镜常数设置

操 作 过 程	操 作	显 示
1. 由距离测量或坐标测量模式按 F3（S/A）键	F3	气象改正设置　　　　 PSM　　　　0 PPM　　　　6.4 温度　　　27.0　℃ 气压　　　1013.5　hPa 棱镜　PPM　温度　气压
2. 按 F1（棱镜）键	F1	气象改正设置　　　　 PSM　　　　0 PPM　　　　6.4 温度　　　27.0　℃ 气压　　　1013.5　hPa 回退　返回
3. 输入棱镜常数改正值，按回车键确认	输入数据	气象改正设置　　　　 PSM　　　-30 PPM　　　　6.4 温度　　　27.0　℃ 气压　　　1013.5　hPa 回退　返回

3. 距离测量

距离测量时，首先对仪器进行对中、整平。

开机后，在默认的测角模式状态下按表3-2-4进行距离的测量。

表3-2-4　距离测量

操　作　过　程	操　作	显　　示
1. 照准棱镜中心①	照准	PSM -30　PPM 4.6 V　:　95° 30′ 55″ HR :　155° 30′ 20″ 置零　锁定　置盘　P1↓
2. 按　□　键，距离测量开始②	□	PSM -30　PPM 4.6 V　:　95° 30′ 55″ HR :　155° 30′ 20″ SD :　[N]　　　m 置零　锁定　置盘　P1↓
3. 显示测量的距离③—⑥ 再次按键　□ ，显示变为水平距离（HD）和高差（VD）	□	PSM -30　PPM 4.6 V　:　95° 30′ 55″ HR :　155° 30′ 20″ HD :　[N] VD :　　　　m 测量　模式　S/A　P1↓

注：① 合作目标选择棱镜模式，测量时照准棱镜中心；选择反射板模式，测量时照准反射板；选择无合作模式，测量时照准被测物体。

　　② 当测距正在工作时，"＊"标志就会出现在显示窗。若光强信号达不到测量要求，会显示"信号弱"。

　　③ 距离的单位表示为"m"（米），距离数据随着蜂鸣声在每次测量完毕后更新。

　　④ 如果测量结果受到大气抖动的影响，仪器可以自动重复测量工作。

　　⑤ 要从距离测量模式返回正常的角度测量模式，可按 ANG 键。

　　⑥ 对于距离测量，初始模式可以选择显示顺序（HR，HD，VD）或（V，HR，SD）

距离测量模式转换（连续测量/单次测量/跟踪测量）按表3-2-5执行。

确认处于测角模式（开机默认状态下）。

表 3－2－5　距离测量模式转换

操 作 过 程	操 作	显　　　示
1. 照准棱镜中心	照准	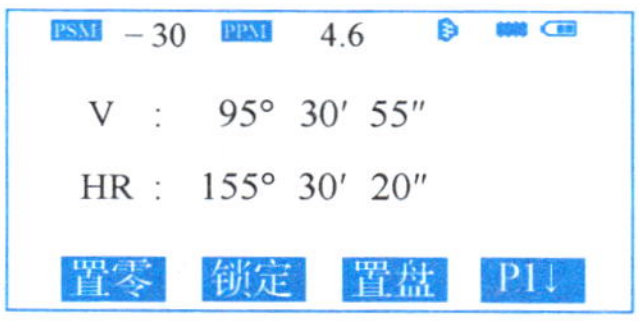 PSM −30　PPM　4.6 V ： 95° 30′ 55″ HR： 155° 30′ 20″ 置零　锁定　置盘　P1↓
2. 按　键，连续测量开始		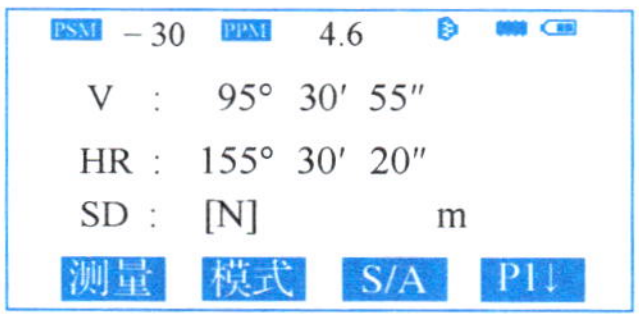 PSM −30　PPM　4.6 V ： 95° 30′ 55″ HR： 155° 30′ 20″ SD： [N]　　　　m 测量　模式　S/A　P1↓
3. 这时我们可以按 F2（模式）键在连续测量、单次测量、跟踪测量三个模式之间进行转换。屏幕上依次显示 [N]、[1]、[T]	F2	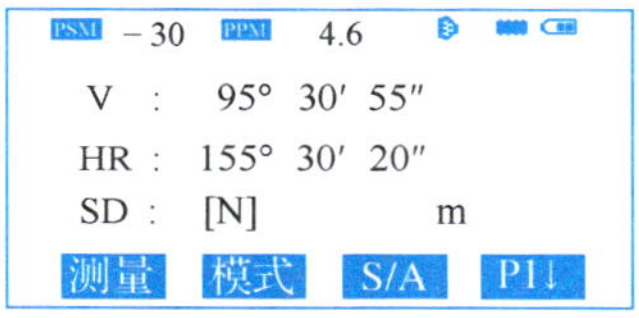 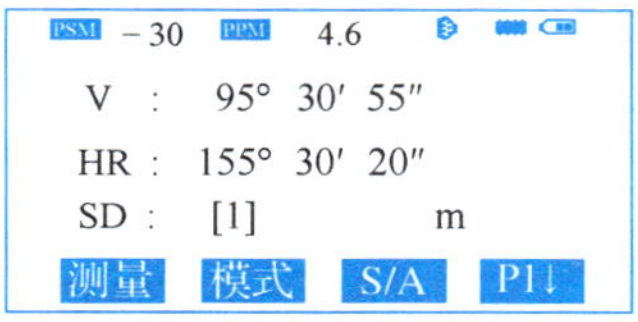 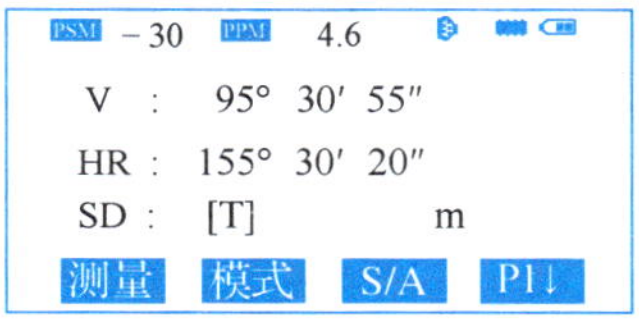 PSM −30　PPM　4.6 V ： 95° 30′ 55″ HR： 155° 30′ 20″ SD： [N]　　　　m 测量　模式　S/A　P1↓ PSM −30　PPM　4.6 V ： 95° 30′ 55″ HR： 155° 30′ 20″ SD： [1]　　　　m 测量　模式　S/A　P1↓ PSM −30　PPM　4.6 V ： 95° 30′ 55″ HR： 155° 30′ 20″ SD： [T]　　　　m 测量　模式　S/A　P1↓

3.3　视距测量

　　视距测量是用望远镜内的视距丝装置，根据光学原理同时测定距离和高差的一种方法。这种方法具有操作方便、速度快、一般不受地形限制等优点。虽然精度较低（普通视距测量仅能达到 $1/200 \sim 1/300$ 的精度），但能满足测定碎部点位置的精度要求。所以视距测量被广泛地应用于地形测图中。

3.3.1　视距测量原理

视距测量所用的仪器主要有经纬仪、水准仪和平板仪等。视距测量要

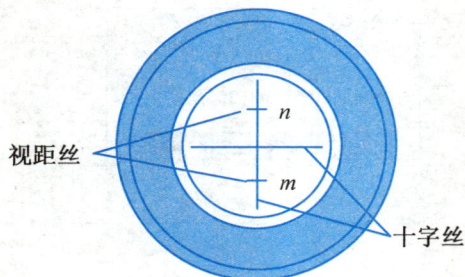

视距测量

用到视距丝和视距尺。视距丝即望远镜内十字丝平面上的上下两根短丝，它与横丝平行且等距离，如图 3-3-1 所示。视距尺是有刻度的尺子，和水准尺基本相同。

图 3-3-1　视距丝

1. 视线水平时的水平距离和高差公式

如图 3-3-2 所示，在 A 点安置经纬仪，在 B 点竖立视距尺，用望远镜照准视距尺，当望远镜视线水平时，视线与尺子垂直。如果视距尺上 M,N 点成像在十字丝分划板上的两根视距丝 m,n 处，那么视距尺上 MN 的长度，可由上、下视距丝读数之差求得。上、下视距丝读数之差称为视距间隔或尺间隔，用 l 表示。

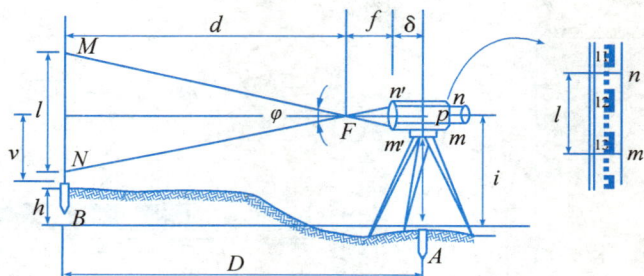

图 3-3-2　视线水平时的视距测量原理

在图 3-3-2 中，$p=\overline{mn}$ 为上、下视距丝的间距，$l=\overline{MN}$ 为视距间隔，f 为物镜焦距，δ 为物镜中心到仪器中心的距离。由相似 $\triangle m'Fn'$ 和 $\triangle MFN$ 可得

$$\frac{d}{l}=\frac{f}{p} \quad 即 \quad d=\frac{f}{p}l$$

因此，由图 3-3-2 得

$$D=d+f+\delta=\frac{f}{p}l+f+\delta$$

令 $K=\dfrac{f}{p}$，$C=f+\delta$，则

$$D=Kl+C \tag{3-7}$$

式中：K——视距乘常数，通常 $K=100$；

　　C——视距加常数。

式(3-7)是用外对光望远镜进行视距测量时计算水平距离的公式。对于内对光望远

镜,其加常数 C 值接近零,可以忽略不计,故水平距离为

$$D = Kl = 100l \qquad (3-8)$$

同时,由图 3-3-2 可知, A , B 两点间的高差 h 为

$$h = i - v \qquad (3-9)$$

式中: i ——仪器高(m);

　　v ——十字丝中丝在视距尺上的读数,即中丝读数(m)。

2. 视线倾斜时的水平距离和高差公式

在地面起伏较大的地区进行视距测量时,必须使望远镜视线处于倾斜位置才能瞄准尺子。此时,视线便不垂直于竖立的视距尺尺面,因此式(3-8)和式(3-9)不能适用。下面介绍视线倾斜时的水平距离和高差的计算公式。

如图 3-3-3 所示,如果我们把竖立在 B 点上视距尺的尺间隔 MN 换算成与视线相垂直的尺间隔 $M'N'$,就可用式(3-8)计算出倾斜距离 L 。然后再根据 L 和垂直角 α ,算出水平距离 D 和高差 h 。

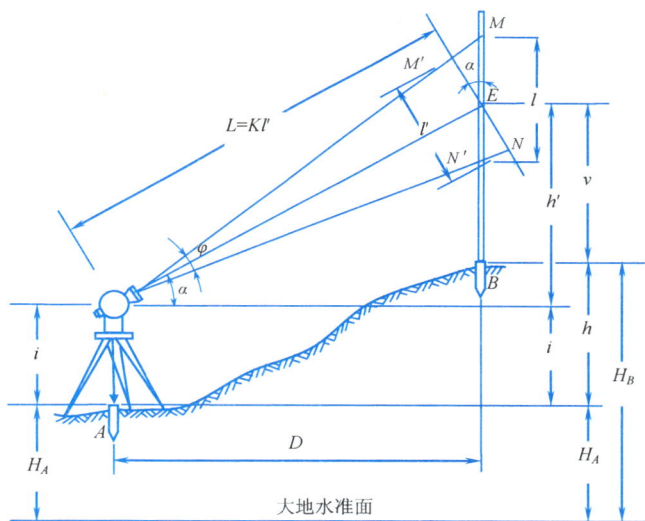

图 3-3-3　视线倾斜时的视距测量原理

从图 3-3-3 可知,在 $\triangle EM'M$ 和 $\triangle EN'N$ 中,由于 φ 角很小(约 $34'$),可把 $\angle EM'M$ 和 $\angle EN'N$ 视为直角。而 $\angle MEM' = \angle NEN' = \alpha$,因此:

$$M'N' = M'E + EN' = ME\cos\alpha + EN\cos\alpha = (ME + EN)\cos\alpha = MN\cos\alpha$$

式中 $M'N'$ 是假设视距尺与视线垂直的尺间隔 l' , MN 是尺间隔 l ,所以:

$$l' = l\cos\alpha$$

将上式代入式(3-8),得倾斜距离 L

$$L = Kl' = Kl\cos\alpha$$

因此, A , B 两点间的水平距离为

$$D = L\cos\alpha = Kl\cos^2\alpha \tag{3-10}$$

式(3-10)为视线倾斜时水平距离的计算公式。

由图3-3-3可以看出，A，B两点间的高差h为

$$h = h' + i - v$$

式中：h'——高差主值（也称初算高差）。

$$h' = L\sin\alpha = Kl\cos\alpha\sin\alpha = \frac{1}{2}Kl\sin2\alpha \tag{3-11}$$

故

$$h = h' + i - v = \frac{1}{2}Kl\sin2\alpha + i - v \tag{3-12}$$

式(3-12)为视线倾斜时高差的计算公式。

▶ 3.3.2 视距测量的施测与计算

1. 视距测量的施测

（1）如图3-3-3所示，在A点安置经纬仪，量取仪器高i，在B点竖立视距尺。

（2）盘左（或盘右）位置，转动照准部瞄准B点视距尺，分别读取上、下、中三丝读数，并算出尺间隔l。

（3）转动竖盘指标水准管微动螺旋，使竖盘指标水准管气泡居中，读取竖盘读数，并计算垂直角α。

（4）根据尺间隔l、垂直角α、仪器高i及中丝读数v，计算水平距离D和高差h。

2. 视距测量的计算

例3-1 以表3-3-1中的已知数据和测点1的观测数据为例，计算A，1两点间的水平距离和1点的高程。

表3-3-1　视距测量记录与计算手簿

测点	下丝读数 上丝读数 尺间隔 l/m	中丝 读数 v/m	竖盘 读数 L ° ′ ″	垂直角 α ° ′ ″	水平距离 D/m	初算高差 h'/m	高差 h/m	高程 H/m
1	2.237 0.663 1.574	1.45	87　41　12	+2　18　48	157.14	+6.35	+6.35	+51.72
2	2.445 1.555 0.890	2.00	95　17　36	−5　17　36	88.24	−8.18	−8.73	+36.64

解： $D_{A1} = L\cos\alpha = Kl\cos^2\alpha = 100 \times 1.574\ \text{m} \times (\cos2°18'48'')^2 = 157.14\ \text{m}$

$$h_{A1} = \frac{1}{2}Kl\sin2\alpha + i - v$$

$$=\frac{1}{2}\times 100\times 1.574\,\text{m}\times\sin(2\times 2°18'48'')+1.45\text{m}-1.45\text{m}$$

$$=6.35\,\text{m}$$

$$H_1=H_A+h_{A1}=45.37\text{m}+6.35\text{m}=+51.72\,\text{m}$$

3.3.3　视距测量的误差来源及消减方法

1. 用视距丝读取尺间隔的误差

读取视距尺间隔的误差是视距测量误差的主要来源,因为视距尺间隔乘以常数,其误差也随之扩大 100 倍。因此,读数时注意消除视差,认真读取视距尺间隔。另外,对于一定的仪器来讲,应尽可能缩短视距长度。

2. 垂直角测定误差

从视距测量原理可知,垂直角误差对于水平距离影响不显著,而对高差影响较大,故用视距测量方法测定高差时应注意准确测定垂直角。读取竖盘读数时,应严格令竖盘指标水准管气泡居中。对于竖盘指标差的影响,可采用盘左、盘右观测取垂直角平均值的方法来消除。

3. 标尺倾斜误差

标尺立不直,前后倾斜时将给视距测量带来较大误差,其影响随着尺子倾斜度和地面坡度的增加而增加。因此标尺必须严格铅直(尺上应有水准器),特别是在山区作业时。

4. 外界条件的影响

(1) 大气垂直折光影响

由于视线通过的大气密度不同而产生垂直折光差,而且视线越接近地面垂直折光差的影响也越大,因此观测时应使视线离开地面至少 1 m 以上(上丝读数不得小于 0.3 m)。

(2) 空气对流使成像不稳定产生的影响

这种现象在视线通过水面和接近地表时较为突出,特别在烈日下更为严重。因此应选择合适的观测时间,尽可能避开大面积水域。

此外,视距乘常数 K 的误差、视距尺分划误差等都将影响视距测量的精度。

3.4　直线定向

确定地面上两点之间的相对位置,除了需要测定两点之间的水平距离外,还需确定两点所连直线的方向。一条直线的方向,是根据某一标准方向来确定的。确定直线与标准方向之间的关系,称为直线定向。

3.4.1　标准方向

1. 真子午线方向

通过地球表面某点的真子午线的切线方向,称为该点的真子午线方向。

直线定向

真子午线方向可用天文测量方法测定。

2. 磁子午线方向

磁子午线方向是在地球磁场作用下,磁针在某点自由静止时其轴线所指的方向。磁子午线方向可用罗盘仪测定。

3. 坐标纵轴方向

在高斯平面直角坐标系中,坐标纵轴线方向就是地面点所在投影带的中央子午线方向。在同一投影带内,各点的坐标纵轴线方向是彼此平行的。

3.4.2　方位角

测量工作中,常采用方位角表示直线的方向。从直线起点的标准方向北端起,顺时针方向量至该直线的水平夹角,称为该直线的方位角。方位角取值范围是 $0\sim360°$。因标准方向有真子午线方向、磁子午线方向和坐标纵轴方向之分,对应的方位角分别称为真方位角(用 A 表示)、磁方位角(用 A_m 表示)和坐标方位角(用 α 表示)。

3.4.3　三种方位角之间的关系

标准方向选择的不同,使得一条直线有不同的方位角,如图 3-4-1 所示。过 1 点的真北方向与磁北方向之间的夹角称为磁偏角,用 δ 表示。过 1 点的真北方向与坐标纵轴北方向之间的夹角称为子午线收敛角,用 γ 表示。

图 3-4-1　三种方位角之间的关系

δ 和 γ 的符号规定相同:当磁北方向或坐标纵轴北方向在真北方向东侧时,δ 和 γ 的符号为"+";当磁北方向或坐标纵轴北方向在真北方向西侧时,δ 和 γ 的符号为"-"。同一直线的三种方位角之间的关系为

真方位角 $A=$ 磁方位角 A_m+ 磁偏角 $\delta=$ 坐标方位角 $\alpha+$ 子午线收敛角 γ

$$A=A_m+\delta,\quad A=\alpha+\gamma,\quad \alpha=A_m+\delta-\gamma \tag{3-13}$$

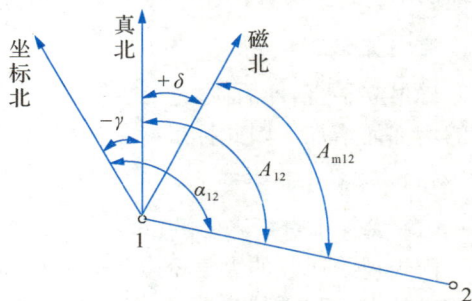

3.4.4　坐标方位角的推算

1. 正、反坐标方位角

如图 3-4-2 所示,以 A 为起点、B 为终点的直线 AB 的坐标方位角 α_{AB},称为直线 AB 的坐标方位角($\alpha_正$)。而直线 BA 的坐标方位角 α_{BA},称为直线 AB 的反坐标方位角($\alpha_反$)。由图 3-4-2 可以看出正、反坐标方位角间的关系为

坐标方位角的推算

$$\alpha_反=\alpha_正\pm180° \tag{3-14}$$

当 $\alpha_正<180°$ 时,上式用"+180°";当 $\alpha_正>180°$ 时,上式用"-180°"。

2. 坐标方位角的推算

在实际工作中并不需要测定每条直线的坐标方位角,而是通过与已知坐标方位角的直线连测后,推算出各直线的坐标方位角。如图 3-4-3 所示,已知直线 12 的坐标方位角 α_{12},观测了水平角 β_2 和 β_3,要求推算直线 23 和直线 34 的坐标方位角。

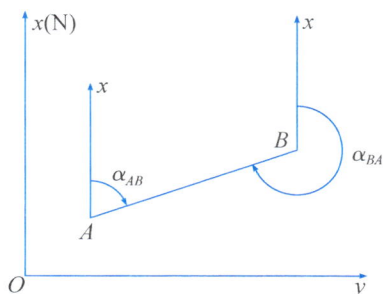

图 3-4-2　正、反坐标方位角

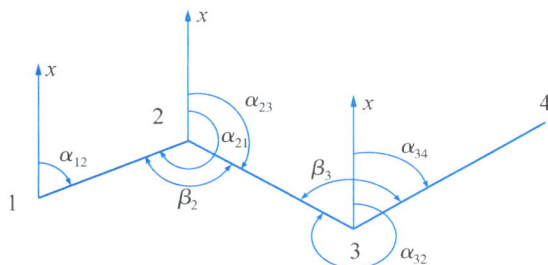

图 3-4-3　坐标方位角的推算

由图 3-4-3 可以看出:

$$\alpha_{23} = \alpha_{21} - \beta_2 = \alpha_{12} + 180° - \beta_2$$
$$\alpha_{34} = \alpha_{32} + \beta_3 = \alpha_{23} + 180° + \beta_3$$

因 β_2 在推算路线前进方向的右侧,该转折角称为右角;β_3 在左侧,称为左角。从而可归纳出推算坐标方位角的一般公式为

$$\alpha_{前} = \alpha_{后} + 180° + \beta_{左}$$
$$\alpha_{前} = \alpha_{后} + 180° - \beta_{右}$$

如果计算的结果大于 360°,应减去 360°;如果为负值,则加上 360°。

3.4.5　象限角

1. 象限角

由坐标纵轴的北端或南端起,沿顺时针或逆时针方向量至直线的锐角,称为该直线的象限角,用 R 表示,其角值范围为 0~90°。如图 3-4-4所示,直线 $O1,O2,O3$ 和 $O4$ 的象限角分别为北东 R_{O1}、南东 R_{O2}、南西 R_{O3} 和北西 R_{O4}。

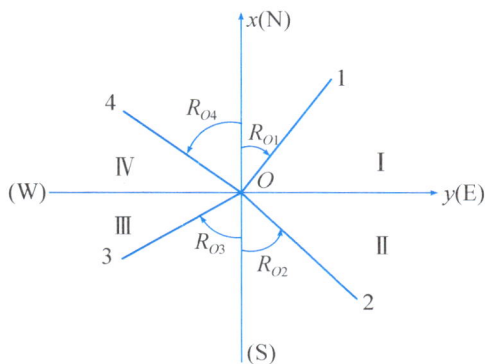

图 3-4-4　象限角

2. 坐标方位角与象限角的换算关系

坐标方位角与象限角的换算关系见表 3-4-1。

表 3-4-1 坐标方位角与象限角的换算关系

直线定向	由坐标方位角 推算坐标象限角	由坐标象限角 推算坐标方位角
北东(NE),第Ⅰ象限	$R = \alpha$	$\alpha = R$
南东(SE),第Ⅱ象限	$R = 180° - \alpha$	$\alpha = 180° - R$
南西(SW),第Ⅲ象限	$R = \alpha - 180°$	$\alpha = 180° + R$
北西(NW),第Ⅳ象限	$R = 360° - \alpha$	$\alpha = 360° - R$

思 考 题

3-1 为什么地面点之间的距离要丈量水平距离?按照所用仪器、工具不同,测量距离方法有哪几种?

3-2 方位角是如何定义的?

3-3 在测量中使用确定直线方位角的标准方向有哪些?方位角分为哪几类?

3-4 如图所示,测得直线 AB 的方位角 $\alpha_{AB} = 81°31'$,B 点的角度 $\angle B = 124°38'$,求直线 BC 的方位角 α_{BC} 为多少?

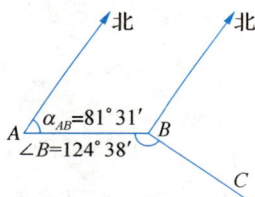

项目 4 控制测量

项目目标

1. 了解控制测量的基本知识；
2. 掌握导线测量外业和内业工作；
3. 了解三角高程测量。

素质目标

1. 小组协作完成闭合导线测量，要求各小组形成项目的测前分析、项目施测中严谨闭合操作，项目完成后对任务成果的自我评价、互评，培养学生团队协作、吃苦耐劳和勇于奉献的精神；

2. 测量的精度要求和施测方法在本章节悉数提升，引导学生以严丝合缝、一丝不苟的态度来完成好每一次测量工作；

3. 我国在 2020 年又一次在高海拔、缺氧、低温、地形复杂等各种情况下重新完成对珠穆朗玛峰的测量任务，引导学生在遇到困难时要勇于面对，以严谨的态度对待测量任务。

▶ 4.1 控制测量概述 ◀

▌▶ 4.1.1 控制测量的概念

1. 控制网

在测区范围内选择若干有控制意义的点（称为控制点），按一定的规律和要求构成网状几何图形，称为控制网。

控制网分为平面控制网和高程控制网。

2. 控制测量

测定控制点位置的工作，称为控制测量。

测定控制点平面位置(x，y)的工作，称为平面控制测量。测定控制点高程(H)的工作，称为高程控制测量。

控制网有国家控制网、城市控制网和小地区控制网等。

4.1.2 国家控制网

在全国范围内建立的控制网,称为国家控制网。它是全国各种比例尺测图的基本控制,并为确定地球形状和大小提供研究资料。国家控制网是用精密测量仪器和方法,依照施测精度按一、二、三、四等四个等级建立的,它的低级点受高级点逐级控制。

国家平面控制网,主要布设成三角网,采用三角测量的方法。一等三角锁是国家平面控制网的骨干;二等三角网布设于一等三角锁环内,是国家平面控制网的全面基础;三、四等三角网为二等三角网的进一步加密。

国家高程控制网,布设成水准网,采用精密水准测量的方法。一等水准网是国家高程控制网的骨干;二等水准网布设于一等水准锁环内,是国家高程控制网的全面基础;三、四等水准网为国家高程控制网的进一步加密。

4.1.3 城市控制网

在城市地区,为测绘大比例尺地形图、进行市政工程和建筑工程放样,在国家控制网的控制下建立的控制网,称为城市控制网。

城市平面控制网分为二、三、四等和一、二级小三角网,或一、二、三级导线网。最后,再布设直接为测绘大比例尺地形图所用的图根小三角和图根导线。

城市高程控制网分为二、三、四等,在四等以下再布设直接为测绘大比例尺地形图用的图根水准测量。

直接供地形测图使用的控制点,称为图根控制点,简称图根点。测定图根点位置的工作,称为图根控制测量。图根控制点的密度(包括高级控制点),取决于测图比例尺和地形的复杂程度。平坦开阔地区图根点的密度一般不低于表 4-1-1 的规定;地形复杂地区、城市建筑密集区和山区,可适当加大图根点的密度。

表 4-1-1 图根点的密度

测图比例尺	1:500	1:1 000	1:2 000	1:5 000
图根点密度/(点/km²)	150	50	15	5

4.1.4 小地区控制测量

在面积小于 15 km² 范围内建立的控制网,称为小地区控制网。

建立小地区控制网时,应尽量与国家(或城市)已建立的高级控制网联测,将高级控制点的坐标和高程,作为小地区控制网的起算和校核数据。如果周围没有国家(或城市)控制点,或附近有这种国家控制点但不便连测时,可以建立独立控制网。此时,控制网的起算坐标和高程可自行假定,坐标方位角可用测区中央的磁方位角代替。

小地区平面控制网,应根据测区面积的大小按精度要求分级建立。在全测区范围内建立的精度最高的控制网,称为首级控制网;直接为测图而建立的控制网,称为图根控制网。首级控制网和图根控制网的关系见表 4-1-2。

表 4-1-2　首级控制网和图根控制网

测区面积/km²	首级控制网	图根控制网
1～10	一级小三角或一级导线	两级图根
0.5～2	二级小三角或二级导线	两级图根
0.5 以下	图根控制	—

小地区高程控制网,也应根据测区面积大小和工程要求采用分级的方法建立。在全测区范围内建立三、四等水准路线和水准网,再以三、四等水准点为基础,测定图根点的高程。

4.1.5　施工场地控制测量

施工平面控制网的布设要求

在勘测设计阶段布设的控制网主要是为测图服务,控制点的点位是根据地形条件来确定的,并未考虑待建建筑物的总体布置,因而在点位的分布与密度方面都不能满足放样的要求。在测量精度上,测图控制网的精度按测图比例尺的大小确定,而施工控制网的精度则要根据工程建设的性质来决定,通常要高于测图控制网。因此,为了进行施工放样测量,必须以测图控制点为定向条件建立施工控制网。

施工控制网分为平面控制网和高程控制网两种。平面控制网常采用三角网、导线网、建筑基线或建筑方格网等,高程控制网采用水准网。

施工平面控制网的布设应根据总平面图和施工地区的地形条件来确定。当厂区地势起伏较大、通视条件较好时采用三角网的形式扩展原有控制网;对于地形平坦而通视又比较困难的地区,例如扩建或改建工程及工业场地,则采用导线网;对于建筑物多为矩形且布置比较规则和密集的工业场地,可以将施工控制网布置成规则的矩形格网,即建筑方格网;对于地面平坦而又简单的小型施工场地,常布置一条或几条建筑基线。总之,施工控制网的布设形式应与设计总平面图的布局相一致。

施工控制网与测图控制网相比,具有以下特点:

(1) 控制范围小,控制点的密度大,精度要求高

与测图的范围相比,工程施工的地区比较小,而在施工控制网所控制的范围内,各种建筑物的分布错综复杂,没有较为稠密的控制点无法进行放样工作。

施工控制网的主要任务是进行建筑物轴线的放样。施工控制网的精度比测图控制网的精度要高。

(2) 受施工干扰较大

工程建设的现代化施工通常采用平行交叉作业的方法,这就使工地上各种建筑的施工面高度有时相差悬殊,因此妨碍了控制点之间的相互通视。此外,施工机械的设置(例如吊车、建筑材料运输机、混凝土搅拌机等)也阻碍了视线。施工机械对施工控制点的扰动相对较大。因此,施工控制点的位置应分布恰当,密度也应比较大,以便在工作时有所选择。

(3) 布网等级宜采用两级布设

在工程建设中,各建筑物轴线之间几何关系的要求比它们的细部相对于各自轴线的要求,其精度要低得多。因此在布设建筑工地施工控制网时,采用两级布网的方案是比较合适

的。也即首先建立布满整个工地的厂区控制网,目的是放样各个建筑物的主要轴线。然后,为了进行厂房或主要生产设备的细部放样,还要根据由厂区控制网定出的厂房主轴线建立厂房矩形控制网。

根据上述这些特点,施工控制网的布设应作为整个工程施工设计的一部分。布网时,必须考虑施工的程序方法以及施工场地的布置情况。施工控制网的设计点位应标在施工设计的总平面图上。

▶ 4.2 导线测量 ◀

▐▶ 4.2.1 导线的定义

将测区内相邻控制点用直线连接而构成的折线图形,称为导线。构成导线的控制点,称为导线点。导线测量就是依次测定各导线边的长度和各转折角值,再根据起算数据,推算出各边的坐标方位角,从而求出各导线点的坐标。

导线测量是建立小地区平面控制网常用的一种方法,特别是在地物分布复杂的建筑区、视线障碍较多的隐蔽区和带状地区,多采用导线测量的方法。

用经纬仪测量转折角、用钢尺测定导线边长的导线,称为经纬仪导线;若用光电测距仪测定导线边长,则称为光电测距导线。

▐▶ 4.2.2 导线的布设形式

根据测区情况和要求,可分为以下三种:

1. 闭合导线

如图 4-2-1 所示。导线从已知控制点 B 和已知方向 BA 出发,经过 1,2,3,4,最后仍回到起点 B,形成一个闭合多边形,这样的导线称为闭合导线。闭合导线本身存在着严密的几何条件,具有检校作用。

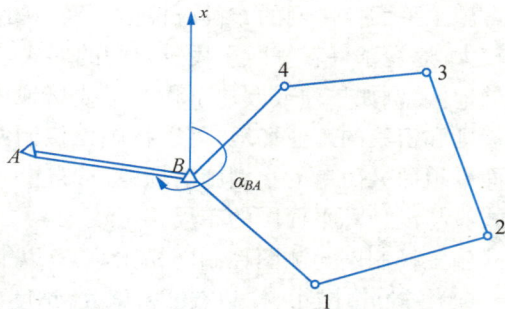

图 4-2-1 闭合导线

2. 附合导线

如图 4-2-2 所示,导线从已知控制点 B 和已知方向 BA 出发,经过 1,2,3 点,最后附合到另一已知点 C 和已知方向 CD 上,这样的导线称为附合导线。这种布设形式,具有检校观测成果的作用。

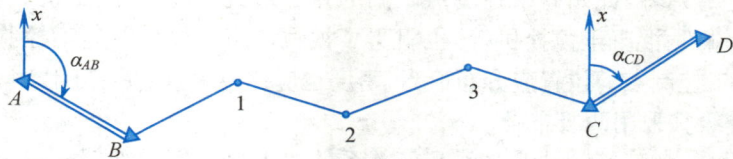

图 4-2-2 附合水准路线

3. 支导线

支导线是由一已知点和已知方向出发,既不附合到另一已知点,又不回到原起始点的导线。如图 4 - 2 - 3 所示,B 为已知控制点,α_{AB} 为已知方向,1,2 为支导线点。

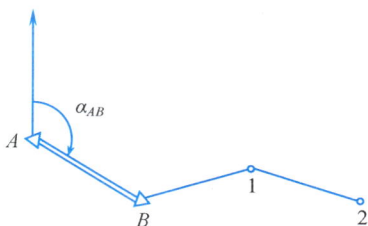

图 4 - 2 - 3　支导线

4.2.3　导线测量的等级与技术要求

表 4 - 2 - 1　导线测量的主要技术要求

等级		附合导线长度/m	平均边长/m	测距相对中误差	测角中误差/(″)	测回数		方位角闭合差/(″)	全长相对中误差
						DJ$_2$	DJ$_6$		
一级		3 600	500	1/30 000	±5	2	4	$\pm10\sqrt{n}$	1/15 000
二级		2 400	250	1/14 000	±8	1	3	$\pm16\sqrt{n}$	1/10 000
三级		1 200	100	1/7 000	±12	1	2	$\pm24\sqrt{n}$	1/5 000
图根	1∶500	500	75	1/3 000	±30	—	1	$\pm60\sqrt{n}$	1/2 000
	1∶1000	1 000	110						
	1∶2000	2 000	180						

注:n 为测站数。

4.2.4　图根导线测量的外业工作

1. 踏勘选点

在选点前,应先收集测区已有地形图和已有高级控制点的成果资料,将控制点展绘在原有地形图上,然后在地形图上拟定导线布设方案,最后到野外踏勘,核对、修改、落实导线点的位置,并建立标志。

选点时应注意下列事项:

(1) 相邻点间应相互通视良好,地势平坦,便于测角和量距。

(2) 点位应选在土质坚实、便于安置仪器和保存标志的地方。

(3) 导线点应选在视野开阔的地方,便于碎部测量。

(4) 导线边长应大致相等,其平均边长应符合表 4 - 2 - 1 中规定。

(5) 导线点应有足够的密度,分布均匀,便于控制整个测区。

2. 建立标志

(1) 临时性标志

导线点位置选定后,要在每一点位上打一个木桩,在桩顶钉一小钉,作为点的标志,如图 4-2-4 所示。也可在水泥地面上用红漆划一圆,圆内点一小点,作为临时标志。

(2) 永久性标志

需要长期保存的导线点应埋设混凝土桩,如图 4-2-5 所示。桩顶嵌入带"+"字的金属标志,作为永久性标志。

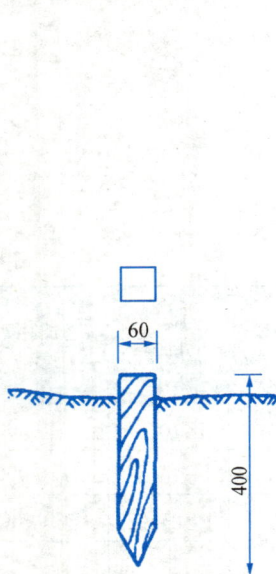

平面控制距离测量规定

图 4-2-4 临时标志

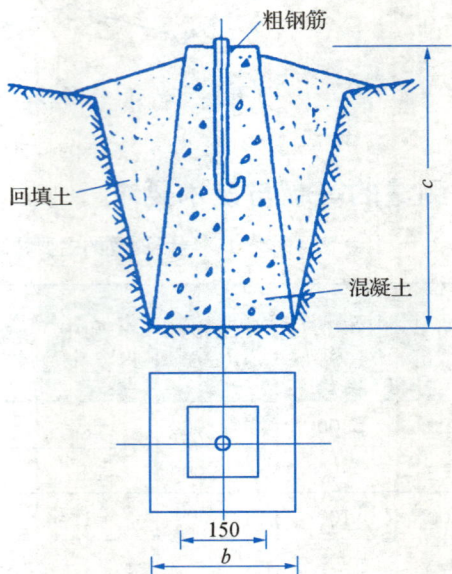

图 4-2-5 永久性标志

3. 导线边长测量

用钢尺丈量时,选用检定过的 30 m 或 50 m 的钢尺,导线边长应往返丈量各一次,往返丈量相对误差应满足表 4-2-1 的要求。若有条件,可采用光电测距仪测距。

4. 转折角测量

导线转折角的测量一般采用测回法观测。在附合导线中一般测左角;在闭合导线中一般测内角;对于支导线,应分别观测左、右角。不同等级导线的测角技术要求详见表 4-2-1。图根导线一般用 DJ$_6$ 经纬仪测一测回,当盘左、盘右两半测回角值的较差不超过 ±40″ 时,取其平均值。

5. 连接测量

导线与高级控制点进行连接,以取得坐标和坐标方位角的起算数据,称为连接测量。

如图 4-2-6 所示,A,B 为已知点,1~5 为新布设的导线点,连接测量就是观测连

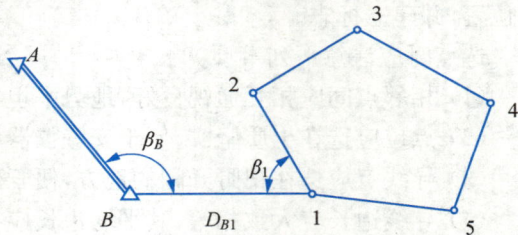

图 4-2-6 连接角测量

接角 β_B, β_1 和连接边 D_{B1}。

如果附近无高级控制点，则应用罗盘仪测定导线起始边的磁方位角，并假定起始点的坐标作为起算数据。

4.2.5　导线测量的内业计算

导线测量内业计算的目的就是计算各导线点的平面坐标 (x, y)。

计算之前，应先全面检查导线测量外业记录、数据是否齐全，有无记错、算错，成果是否符合精度要求，起算数据是否准确。然后绘制计算略图，将各项数据注在图上的相应位置。

平面控制水平角测量

1. 几个基本公式

（1）坐标方位角的推算

$$\alpha_{前} = \alpha_{后} + \beta_{左} \pm 180°$$

或

$$\alpha_{前} = \alpha_{后} - \beta_{右} \pm 180°$$

$$(4-1)$$

➤ **注意：若计算出的 $\alpha_{前} > 360°$，则减去 $360°$；若为负值，则加上 $360°$。**

（2）坐标正算

根据直线起点的坐标、直线长度及其坐标方位角计算直线终点的坐标，称为坐标正算。如图 $4-2-7$ 所示，已知直线 AB 起点 A 的坐标为 (x_A, y_A)，AB 边的边长及坐标方位角分别为 D_{AB} 和 α_{AB}，需计算直线终点 B 的坐标。

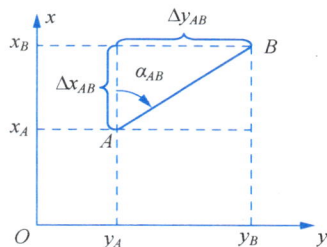

直线两端点 A，B 的坐标值之差，称为坐标增量，用 Δx_{AB}，Δy_{AB} 表示。由图 $4-2-7$ 可看出坐标增量的计算公式为

$$\left. \begin{array}{l} \Delta x_{AB} = D_{AB} \cos \alpha_{AB} \\ \Delta y_{AB} = D_{AB} \sin \alpha_{AB} \end{array} \right\}$$

$$(4-2)$$

图 $4-2-7$　坐标增量计算

其中：$\Delta x_{AB} = x_B - x_A$；$\Delta y_{AB} = y_B - y_A$。

根据式（$4-2$）计算坐标增量时，$\sin$ 和 $\cos$ 函数值随着 α 角所在象限而有正负之分，因此算得的坐标增量同样具有正、负号。坐标增量正、负号的规律见表 $4-2-2$。

表 $4-2-2$　坐标增量正、负号的规律

象　　限	坐标方位角 α	Δx	Δy
Ⅰ	0～90°	＋	＋
Ⅱ	90～180°	－	＋
Ⅲ	180～270°	－	－
Ⅳ	270～360°	＋	－

（3）坐标反算

根据直线起点和终点的坐标，计算直线的边长和坐标方位角，称为坐标反算。如图

4-2-7所示,已知直线AB两端点的坐标分别为(x_A,y_A)和(x_B,y_B),则直线边长D_{AB}和坐标方位角α_{AB}的计算公式为

$$D_{AB}=\sqrt{\Delta x_{AB}^2+\Delta y_{AB}^2} \qquad (4-3)$$

$$\alpha_{AB}=\arctan\frac{\Delta y_{AB}}{\Delta x_{AB}} \qquad (4-4)$$

➤ **注意:**坐标方位角的取值范围在0~360°间,而arctan函数的取值范围在-90~+90°间,两者是不一致的。按式(4-4)计算坐标方位角时,计算出的是象限角,因此,应根据坐标增量Δx,Δy的正、负号,按表4-2-2决定其所在象限,再把象限角换算成相应的坐标方位角。

α_{AB}的具体计算方法如下:

① 计算Δx_{AB},Δy_{AB}。

$$\Delta x_{AB}=x_B-x_A,\ \Delta y_{AB}=y_B-y_A$$

② 计算$\alpha_{AB锐}$。

$$\alpha_{AB锐}=\arctan\frac{|\Delta y_{AB}|}{|\Delta x_{AB}|}$$

③ 根据Δx_{AB},Δy_{AB}的正负号来判断α_{AB}所在的象限。

(a)$\Delta x_{AB}>0$且$\Delta y_{AB}>0$,则为一象限。$\alpha_{AB}=\alpha_{AB锐}$。

(b)$\Delta x_{AB}<0$且$\Delta y_{AB}>0$,则为二象限。$\alpha_{AB}=180°-\alpha_{AB锐}$。

(c)$\Delta x_{AB}<0$且$\Delta y_{AB}<0$,则为三象限。$\alpha_{AB}=180°+\alpha_{AB锐}$。

(d)$\Delta x_{AB}>0$且$\Delta y_{AB}<0$,则为四象限。$\alpha_{AB}=360°-\alpha_{AB锐}$。

(e)$\Delta x_{AB}=0$且$\Delta y_{AB}>0$,则$\alpha_{AB}=90°$。

(f)$\Delta x_{AB}=0$且$\Delta y_{AB}<0$,则$\alpha_{AB}=270°$。

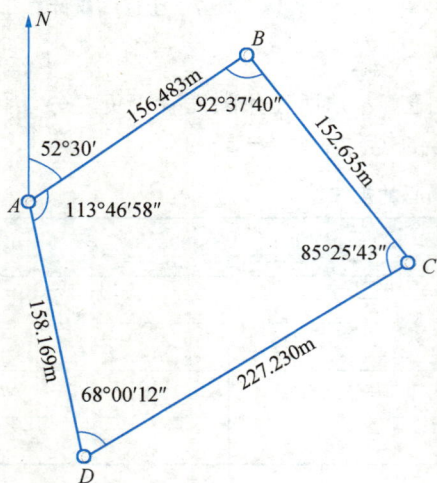

图4-2-8 闭合导线计算实例

2. 闭合导线计算过程

现以图4-2-8所注的数据为例(该例为图根导线),结合"闭合导线坐标计算表"的使用,说明闭合导线坐标计算的步骤。已知A点的坐标为$x_A=800.000$ m,$y_A=500.000$ m,测得的各边长、内角及起始边的坐标方位角α_{AB}均注于图中,试计算其他各导线点的坐标。

(1)绘制计算草图,在图上填写已知数据和观测数据

(2)角度闭合差的计算与调整

① 计算角度闭合差。如图4-2-8所示,n边形闭合导线内角和的理论值为

$$\sum\beta_理=(n-2)\times180° \qquad (4-5)$$

式中：n——导线边数或转折角数。

由于观测水平角不可避免地含有误差，致使实测的内角之和 $\sum \beta_{测}$ 不等于理论值 $\sum \beta_{理}$，两者之差称为角度闭合差，用 f_β 表示，即

$$f_\beta = \sum \beta_{测} - \sum \beta_{理} = (\beta_1 + \beta_2 + \cdots + \beta_n) - (n-2) \times 180° \qquad (4-6)$$

② 计算角度闭合差的容许值。角度闭合差的大小反映了水平角观测的质量。各级导线角度闭合差的容许值 $f_{\beta容}$ 见表 4-2-1，其中图根导线角度闭合差的容许值 $f_{\beta容}$ 的计算公式为

$$f_{\beta容} = \pm 60'' \sqrt{n} \text{（图根级）} \qquad (4-7)$$

若 $f_\beta \leqslant f_{\beta容}$，说明所测水平角符合要求，可对所测水平角进行调整。

若 $f_\beta > f_{\beta容}$，说明所测水平角不符合要求，应对水平角重新检查或重测。

③ 计算水平角改正数。如角度闭合差不超过角度闭合差的容许值，则将角度闭合差反符号平均分配到各观测水平角中，也就是每个水平角加相同的改正数 V_β，V_β 的计算公式为

$$V_\beta = \frac{-f_\beta}{n} \qquad (4-8)$$

若算出的 V_β 带有小数，可适当进行凑整至秒，使改正后的内角和等于 $\sum \beta_{理}$。改正后的角度用 $\hat{\beta}_i$ 表示。改正后新的角值：

$$\hat{\beta}_i = \beta_i + V_\beta \qquad (4-9)$$

在本例中：

$$f_\beta = 359°59'33'' - 360° = -27''$$
$$f_{\beta容} = \pm 60'' \sqrt{4} = \pm 120''$$

$f_\beta \leqslant f_{\beta容}$，说明所测水平角符合要求，需进行闭合差的调整。

$$V_\beta = \frac{-f_\beta}{n} = \frac{+27''}{4} = +6.75''$$

为了使改正值凑整至秒，将边长较长的夹角 β_4 改正 $+6''$，其他各角改正 $+7''$，填入表 4-2-3 第 3 栏中。

改正后的角度分别为

$$\hat{\beta}_A = \beta_A + V_\beta = 113°47'05''$$
$$\hat{\beta}_B = \beta_B + V_\beta = 92°37'47''$$
$$\hat{\beta}_C = \beta_C + V_\beta = 85°25'50''$$
$$\hat{\beta}_D = \beta_D + V_\beta = 68°09'18''$$

填入表 4-2-3 第 4 栏中。

(3) 按新的角值，推算各边坐标方位角

根据起始边的坐标方位角及改正后的角度，推算各导线边的坐标方位角。根据图

4-2-8,按公式 4-1 计算可知:

$$\alpha_{BC} = \alpha_{AB} + 180° - \hat{\beta}_B = 139°52'13''$$
$$\alpha_{CD} = \alpha_{BC} + 180° - \hat{\beta}_C = 234°26'23''$$
$$\alpha_{DA} = \alpha_{CD} + 180° - \hat{\beta}_D = 346°17'05''$$
$$\alpha_{AB} = \alpha_{DA} + 180° - \hat{\beta}_A = 52°30'00''(校核)$$

按式(4-1)算出的方位角是负值时应加 360°,大于 360°时,应减去 360°,并将计算的结果填入表 4-2-3 第 5 栏中。

(4) 按坐标正算公式,计算各边坐标增量

根据已推算出的导线各边的坐标方位角和相应边的边长,按式(4-2)计算各边的坐标增量。

本例中:

$$\Delta x_{AB} = D_{AB}\cos\alpha_{AB} = 156.483 \text{ m} \times \cos 52°30'00'' = +95.261 \text{ m}$$
$$\Delta y_{AB} = D_{AB}\sin\alpha_{AB} = 156.483 \text{ m} \times \sin 52°30'00'' = +124.146 \text{ m}$$

用同样的方法,计算出其他各边的坐标增量值,填入表 4-2-3 的第 7 栏内。

(5) 坐标增量闭合差的计算与调整

因为闭合导线是一闭合多边形,其坐标增量随各边所在的象限不同而有正有负,纵、横坐标增量的代数和在理论上应分别为零,即

$$\left.\begin{array}{l} \sum \Delta x_{理} = 0 \\ \sum \Delta y_{理} = 0 \end{array}\right\} \tag{4-10}$$

但由于测边和测角有误差,角度虽经调整,但仍有残余误差存在,使得计算出的纵、横坐标增量的代数和不等于零,其不符值称为纵、横坐标增量闭合差,分别用 f_x, f_y 表示,即

$$\left.\begin{array}{l} f_x = \sum \Delta x_{测} - \sum \Delta x_{理} = \sum \Delta x_{测} \\ f_y = \sum \Delta y_{测} - \sum \Delta y_{理} = \sum \Delta y_{测} \end{array}\right\} \tag{4-11}$$

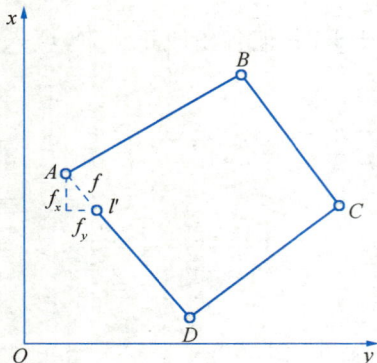

图 4-2-9　导线全长闭合差

由于纵、横坐标增量闭合差的存在,致使闭合导线所构成的多边形不能闭合,而形成一个缺口 Al',如图 4-2-9 所示。缺口 Al' 的长度称为导线全长闭合差,以 f 表示。从图 4-2-9 中可以看出:

$$f = \sqrt{f_x^2 + f_y^2} \tag{4-12}$$

导线愈长,测角、测边的工作量愈多,误差的影响也愈大。因此,一般用 f 对导线全长 $\sum D$ 的比值 K 来衡量其精度,K 称为导线全长相对闭合差,即

$$K = \frac{f}{\sum D} = 1/XXX \tag{4-13}$$

K 值愈小,精度愈高。对于不同等级的导线,其精度要求不同,具体可参见表 4 - 2 - 1。图根导线全长相对闭合差一般不得大于 1/2 000。本算例中,$K = 1/3\,924$,符合精度要求。

若 $K < 1/2\,000$(图根级),则将 f_x、f_y 以相反符号,按边长成正比分配到各坐标增量上去。并计算改正后的坐标增量:

$$\left.\begin{aligned} V_{\Delta xi} &= -\frac{f_x}{\sum D}D_i \\ V_{\Delta yi} &= -\frac{f_y}{\sum D}D_i \end{aligned}\right\} \tag{4-14}$$

本例中:

$$V_{\Delta xAB} = -\frac{f_x}{\sum D}D_{AB} = -\frac{0.066}{694.523} \times 156.483 \text{ m} = -0.015 \text{ m}$$

$$V_{\Delta yAB} = -\frac{f_y}{\sum D}D_{AB} = -\frac{0.164}{694.523} \times 156.483 \text{ m} = -0.037 \text{ m}$$

用同样的方法,计算出其他各导线边的纵、横坐标增量改正数,填入表 4 - 2 - 3 的第 7 栏括号内。

表 4 - 2 - 3　闭合导线计算表

测站	角度观测值 ° ′ ″	改正值 ″	改正后角值 ° ′ ″	方位角 ° ′ ″	边长 /m	坐标增量/m（改正数）		改正后坐标增量/m		坐标值/m	
						Δx	Δy	$\Delta x'$	$\Delta y'$	x	y
1	2	3	4	5	6	7		8		9	
A				52 30 00	156.483	+95.261 (−0.015)	+124.146 (−0.037)	+95.246	+124.109	800.00	500.00
B	92 37 40	+7	92 37 47	139 52 13	152.635	−116.703 (−0.014)	+98.376 (−0.036)	−116.717	+98.940	895.246	624.109
C	85 25 43	+7	85 25 50	234 26 23	227.236	−132.151 (−0.022)	−184.857 (−0.054)	−132.173	−184.911	778.529	722.449
D	68 09 12	+6	68 09 18	346 17 05	158.169	+153.659 (−0.015)	−37.501 (−0.037)	+153.644	−37.538	646.356	537.538
A	113 46 58	+7	113 47 05	52 30 00						800.000	500.000
B											
计算	$f_\beta = -27''$　　$\sum D = 694.523$ m　　$f_x = +0.066$ m　　$f_y = +0.164$ m										
	$f_{\beta容} = \pm 60''\sqrt{4} = \pm 120''$　　$f = \sqrt{f_x^2 + f_y^2} = \pm 0.177$ m　　$K = \dfrac{f}{\sum D} = \dfrac{1}{3\,924}$										

各边坐标增量计算值加上相应的改正数,即得各边的改正后的坐标增量:

$$\left.\begin{array}{l} \Delta \hat{x}_i = \Delta x + V_{\Delta ri} \\ \Delta \hat{y}_i = \Delta x + V_{\Delta yi} \end{array}\right\} \qquad (4-15)$$

本例中:

$$\Delta \hat{x}_{AB} = \Delta x_{AB} + V_{\Delta rAB} = 95.261 \text{ m} - 0.015 \text{ m} = 95.246 \text{ m}$$
$$\Delta \hat{y}_{AB} = \Delta y_{AB} + V_{\Delta yAB} = 124.146 \text{ m} - 0.037 \text{ m} = 124.109 \text{ m}$$

同法算得其他各边改正后的坐标增量,填入表 4-2-3 第 8 栏内。改正后的坐标增量代数和应等于零,用以校核计算是否有误。

(6) 坐标计算

根据起始点 A 的已知坐标及改正后的坐标增量,可按式(4-16)依次推算各点坐标,最后还需推算起始点 A 的坐标,应与起始数据相等,以作校核。

$$\left.\begin{array}{l} x_{前} = x_{后} + \Delta \hat{x} \\ y_{前} = y_{后} + \Delta \hat{y} \end{array}\right\} \qquad (4-16)$$

算例中,B 点坐标为:

$$x_B = x_A + \Delta \hat{x}_{AB} = 800 \text{ m} + 95.264 \text{ m} = 895.264 \text{ m}$$
$$y_B = y_A + \Delta \hat{y}_{AB} = 500 \text{ m} + 124.109 \text{ m} = 624.109 \text{ m}$$

同法计算其他各点坐标,依次填入表 4-2-3 第 9 栏中。

3. 附合导线计算

如图 4-2-10 所示,A、B、C、D 为已知控制点,B、C 两点的坐标分别为:$x_B = 1\ 944.540 \text{ m}$,$y_B = 2\ 053.860 \text{ m}$;$x_C = 2\ 138.380 \text{ m}$,$y_C = 2\ 975.800 \text{ m}$。坐标方位角 α_{AB}、α_{CD} 及其他实测数据均注于图中。试求导线点 1,2,3 的坐标。

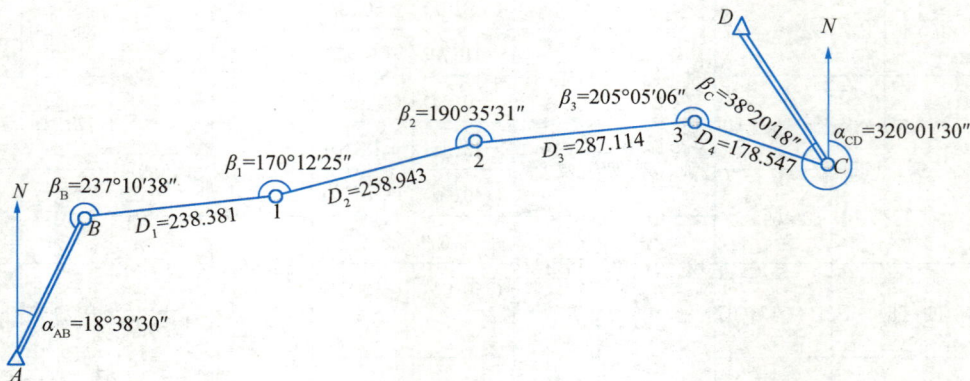

图 4-2-10 附合导线计算

附合导线的计算与闭合导线基本相同,只是由于两者形式不同,致使角度闭合差、坐标方位角和坐标增量闭合差的计算方法稍有差异。现结合实例仅介绍其差异部分的计算。

（1）角度闭合差的分配与调整

① 计算角度闭合差

方法一：

从图 4 - 2 - 10 中可以看出根据起始边 AB 的坐标方位角和连接角（β_B，β_C）、转折角（β_1，β_2，β_3）可以推算出终边 CD 的坐标方位角 α'_{CD}，即

$$\alpha_{B1} = \alpha_{AB} + \beta_B - 180°$$
$$\alpha_{12} = \alpha_{B1} + \beta_1 - 180°$$
$$\alpha_{23} = \alpha_{12} + \beta_2 - 180°$$
$$\alpha_{3C} = \alpha_{23} + \beta_3 - 180°$$
$$\alpha'_{CD} = \alpha_{3C} + \beta_C - 180°$$

将上述坐标方位角依次代入后，可得

$$\alpha'_{CD} = \alpha_{AB} + \sum\beta - 5 \times 180° \qquad (4 - 17)$$

将式（4 - 17）写成一般形式：

$$\alpha'_{终} = \alpha_{始} + \sum\beta - n \times 180° \qquad (4 - 18)$$

式中 n 为 β 角的个数。

由于方位角不能为负数，也不能大于 360°，算出的方位角是负值时应加 360°，大于 360° 时应减去 360°。

本例中：

$$\alpha'_{CD} = 320°02'28''$$

由于测角误差的存在，使得推算坐标方位角 α'_{CD} 与已知的坐标方位角 α_{CD} 不相等，其差值称为角度闭合差 f_β，即

$$f_\beta = \alpha'_{CD} - \alpha_{CD}$$

一般可写成：

$$f_\beta = \alpha'_{终} - \alpha_{终} = \alpha_{始} + \sum\beta - n \times 180° - \alpha_{终} \qquad (4 - 19)$$

本例中：

$$f_\beta = 320°02'28'' - 320°01'30'' = +58''$$

方法二：按闭合差的概念

$$f_\beta = \sum\beta_测 - \sum\beta_理 \qquad (4 - 20)$$

其中，$\sum\beta_理$ 的计算公式如下：

左角：$\alpha_{终} = \alpha_{始} + \sum\beta_{理(左)} \pm n \times 180° \Rightarrow \sum\beta_{理(左)} = \alpha_{终} - \alpha_{始} \pm n \times 180°$

右角：$\alpha_{终} = \alpha_{始} - \sum\beta_{理(右)} \pm n \times 180° \Rightarrow \sum\beta_{理(右)} = \alpha_{始} - \alpha_{终} \pm n \times 180°$

$$(4 - 21)$$

② 满足精度要求,将 f_β 反符号平均分配到各观测角上

本例中 $f_\beta \leqslant f_{\beta容}$,说明所测水平角符合要求,可进行闭合差的调整。短边夹的角 $\angle B$、$\angle 3$、$\angle C$ 分配 $-12''$,而 $\angle 1$、$\angle 2$ 分配 $-11''$。

(2) 坐标增量闭合差的计算

$$f_x = \sum \Delta x_测 - \sum \Delta x_理 = \sum \Delta x_测 - (x_终 - x_始)$$
$$f_y = \sum \Delta y_测 - \sum \Delta y_理 = \sum \Delta y_测 - (y_终 - y_始)$$
$$(4-22)$$

附合导线的其他计算方法与闭合导线相同,这里不再叙述。其计算全过程参见表 4-2-4。

表 4-2-4 附合导线计算表

测站	角度观测值 ° ′ ″	改正值″	改正后角值 ° ′ ″	方位角 ° ′ ″	边长 /m	坐标增量/m(改正数) Δx	坐标增量/m(改正数) Δy	改正后坐标增量/m $\Delta x'$	改正后坐标增量/m $\Delta y'$	坐标值/m x	坐标值/m y
1	2	3	4	5	6	7		8		9	
A				18 38 30							
B	237 10 38	−12	237 10 26							1 944.540	2 053.860
				75 48 56	238.381	+58.414 (−0.034)	+231.113 (+0.021)	+58.380	+231.134		
1	170 12 25	−11	170 12 14							2 002.920	2 284.994
				66 01 10	258.943	+105.241 (−0.036)	+236.592 (+0.022)	+105.205	+236.614		
2	190 35 31	−11	190 35 20							2 108.125	2 521.608
				76 36 30	287.114	+66.497 (−0.040)	+279.307 (+0.025)	+66.457	+279.332		
3	205 05 06	−12	205 04 54							2 174.582	2 800.940
				101 41 24	178.547	−36.177 (−0.025)	+174.844 (+0.016)	−36.202	+174.860		
C	38 20 18	−12	38 20 06							2 138.380	2 975.800
				320 01 30							
D						$\sum \Delta x =$ +193.975	$\sum \Delta y =$ +921.856	$\sum \Delta x' =$ +193.840	$\sum \Delta y' =$ +921.940		
计算	$f_\beta = +58''$ $f_{\beta容} = \pm 60''\sqrt{5} = \pm 134''$		$\sum D = 962.985$ m $f = \sqrt{f_x^2 + f_y^2} = \pm 0.159$ m			$f_x = +0.135$ m $K = \dfrac{f}{\sum D} = \dfrac{1}{6\,056}$		$f_y = -0.084$ m			

4. 支导线的计算

支导线没有多余观测值,因此不会产生闭合差,从而无需进行任何改正。

推算各边方向角—计算各边坐标增量—推算各点坐标。

支导线的计算

电磁波测距三角高程测量

▷ 4.3　三角高程测量 ◁

在地面起伏较大的地区进行水准测量往往比较困难,采用三角高程测量方法测定两点间的高差就较为方便,而且可以与平面控制测量同时进行,减少了一道工序,提高了测量速度。

■▶ 4.3.1　三角高程测量原理

三角高程测量原理与视距测量的原理相同。利用三角高程测量进行高程控制时,需考虑大气折光和地球曲率(简称球气差)的影响。

$$h = D\tan\alpha + i - v \qquad (4-23)$$

式中:h——两点间高差;

D——两点间水平距离;

α——竖直角观测值;

i——仪器高;

v——觇标高。

B 点高程 H_B 为

$$H_B = H_A + h = H_A + D\tan\alpha + i - v \qquad (4-24)$$

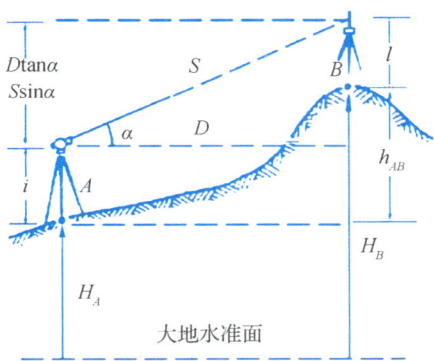

大气折光系数 k 变化较为复杂,它随作业地区、地形条件、季节、天气、观测时间、地面状况及视

图 4-3-1　三角高程测量原理

线高度的不同而有较大的差异。因此一般在实际测量中,为了消除或减弱地球曲率和大气折光的影响,三角高程测量一般应进行对向观测,亦称直、反觇观测,即由 A 点向 B 点观测,按式(4-23)计算得 h_{AB},称为直觇;再由 B 点向 A 点观测,同样得 h_{BA},称为反觇。

三角高程测量对向观测,求得的高差较差不应大于 $0.4D$,其中 D 为水平距离,以 km 为单位。若符合要求,取两次高差的平均值作为最终高差。

■▶ 4.3.2　三角高程测量方法

三角高程测量可与平面控制测量同时进行,外业测量时,在角度测量前、后量取仪器高和觇标高。仪器高和觇标高的测量可采用测杆(或小钢尺)进行,精确读至 mm,两次测量较差应小于 2 mm(等外为 4 mm),取其平均值记入记录手簿(见表 4-3-1)。具体测量方法如下:

（1）将经纬仪安置在测站 A 上，用钢尺量仪器高 i 和觇标高 v，分别量两次，取其平均值记入表 4 - 3 - 1 中。

（2）用十字丝的中丝瞄准 B 点觇标顶端，盘左、盘右观测，读取竖直度盘读数 L 和 R，计算出垂直角 α，记入表 4 - 3 - 1 中。

（3）将经纬仪搬至 B 点，同法对 A 点进行观测。

表 4 - 3 - 1　三角高程记录计算

起算点	A	
所求点	B	
觇法	直觇	反觇
水平距离/m	242.463	
竖直角 α	$+12°13'45.0''$	$+11°59'03.6''$
$D\tan\alpha$/m	$+52.546$	-51.462
仪器高 i/m	1.503	1.406
觇标高 v/m	2.011	2.012
高差 h/m	$+52.038$	-52.068
平均高差 h/m	$+52.053$	

▶ 4.3.3　三角高程测量的精度等级

（1）在三角高程测量中，如果 A，B 两点间的水平距离（或斜距）是用测距仪或全站仪测定的，则称为光电测距三角高程。采取一定措施后，其精度可达到四等水准测量的精度要求。

（2）在三角高程测量中，如果 A，B 两点间的水平距离是用钢尺测定的，则称为经纬仪三角高程。其精度一般只能满足图根高程的精度要求。

思　考　题

4 - 1　什么是坐标正算问题？什么是坐标反算问题？并写出计算公式。

4 - 2　写出推算坐标方位角的公式，并说明其中符号所代表的含义。

4 - 3　丈量两段距离，一段往、返测分别为 126.78 m、126.68 m，另一段往返测分别为 357.23 m、357.33 m。问哪一段量得精确？

4 - 4　附合导线计算与闭合导线计算有何不同？

4 - 5　导线有哪几种布设形式，各适用于什么场合？

4 - 6　导线测量的外业工作包括哪些内容？

4 - 7　已知下列表中数据（测站编号按反时针），计算出闭合导线各点的坐标。

测站	水平角(β)		方位角(α)	边长(D)	增量计算值		改正后增量		坐标值	
	观测值	改正后角值			$\Delta x'$	$\Delta y'$	Δx	Δy	x	y
	° ′ ″	° ′ ″	° ′ ″		(m)	(m)	(m)	(m)	(m)	(m)
1	87 50 06								1 000.00	1 000.00
			224 32 00	449.00						
2	89 14 12									
				358.76						
3	87 30 18									
				359.84						
4	125 06 12									
				144.87						
5	150 20 12									
				215.22						
1									1 000.00	1 000.00
总和										

$f_\beta =$　　　　$f_x =$　　　　$f_y =$

$f_{\beta允} = \pm 40'' \sqrt{n}''$　　　　$f_s =$　　　　$K =$　　　　$K_允 =$

4-8　已知下列表中数据，计算出附合导线各点的坐标。

测站	折角(β)		方位角(α)	边长(D)	增量计算值		改正后增量		坐标值	
	观测值	改正后角值			$\Delta x'$	$\Delta y'$	$\triangle x$	$\triangle y$	x	y
	° ′ ″	° ′ ″	° ′ ″		(m)	(m)	(m)	(m)	(m)	(m)
A			274 30 00							
B	165 50 24								509.60	377.85
				63.10						
1	136 34 30									
				59.75						
2	186 14 36									
				52.95						
3	64 34 30									
				37.70						
C	163 34 30								401.20	279.45
D			91 18 00							
总和										

$f_\beta =$　　　　$f_x =$　　　　$f_y =$

$f_{\beta允} =$　　　　$f_s =$　　　　$K =$

项目 5 地形测量

项目目标

1. 了解地形图和平面图的概念、比例尺及其精度、地物和地貌的符号；
2. 了解测图前的准备工作；
3. 掌握全站仪地形图测量；
4. 了解地形图在规划设计中的应用。

素质目标

1. 小组协作完成校区地形图的测量与绘制，要求学生在实施时制定计划与方案，合理分配任务与子任务，逐级展开工作并顺利提交最终成果；
2. 地形图在项目规划、建设、使用中有着极其重要的工程价值与经济价值，强调结合工程实际，培养学生实事求是、科学严谨、一丝不苟的做事态度，树立可持续发展的绿色发展观。

▶ 5.1 地形图的基础知识 ◀

地球表面的形态归纳起来可分为地物和地貌两大类。地物是指地球表面上轮廓明显、具有固定性的物体。地物又分为人工地物（如道路、房屋等）和自然地物（如江河、湖泊等）。地貌是指地球表面高低起伏的形态（如高山、丘陵、平原等）。地物和地貌统称为地形。将地面上的各种地物、地貌沿铅垂线方向投影到水平面上，再按照一定的比例缩小绘制成图，在图上仅表示地物的平面位置的称为平面图；在图上除表示地物的平面位置外，还通过特殊符号表示地貌的称为地形图。若顾及地球曲率影响，采用专门的方法将观测成果编绘而成的图称为地图。此外，随着空间技术及信息技术的发展，又出现了影像地图和数字地图等，这些新成果的出现，不仅极大地丰富了地形图的内容，改变了原有的测量方式，同时也为 GIS（地理信息系统）的完善并最终向"数字地球"的过渡提供了数据支持。

地形图的应用极其广泛，各种经济建设和国防建设都需用地形图来进行规划和设计。这是因为地形图是对地球表面实际情况的客观反映，在地形图上处理和研究问题有时要比在实地更方便、迅速和直观；在地形图上可直接判断和确定出各地面点之间的距离、高差和直线的方向，从而使我们能够站在全局的高度来认识实际地形情况，提出科学的设计、规划方案。

▶ 5.1.1　地形图比例尺

1. 概念

地形图上任一线段的长度与它所代表的实地水平距离之比,称为地形图比例尺。

2. 比例尺的种类

(1) 数字比例尺

数字比例尺用分子为 1、分母为整数的分数表示。设图上一线段长度为 d,相应实地的水平距离为 D,则该地形图的比例尺为

$$\frac{d}{D} = \frac{1}{D/d} = \frac{1}{M} \tag{5-1}$$

式中:M——比例尺分母。

比例尺的大小是以比例尺的比值来衡量的。比例尺分母 M 越小,比例尺越大,比例尺越大,表示的地物地貌越详尽。数字比例尺通常标注在地形图下方。

(2) 图示比例尺

为了用图方便,以及减小由于图纸伸缩而引起的误差,在绘制地形图的同时,常在图纸上绘制图式比例尺。图式比例尺常绘制在地形图的下方。根据量测精度分为直线比例尺和复式比例尺,最常见的图式比例尺为直线比例尺。

图 5-1-1 为 1∶500 的直线比例尺,取 2 cm 为基本单位,从直线比例尺上可直接读得基本单位的 1/10,估读到 1/100。

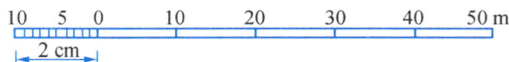

图 5-1-1　直线比例尺

3. 地形图按比例尺分类

(1) 小比例尺地形图

1∶20 万、1∶50 万、1∶100 万比例尺的地形图称为小比例尺地形图。

(2) 中比例尺地形图

1∶2.5 万、1∶5 万、1∶10 万比例尺的地形图称为中比例尺地形图。

(3) 大比例尺地形图

1∶500、1∶1 000、1∶2 000、1∶5 000、1∶10 000 比例尺的地形图称为大比例尺地形图。

工程建筑类各专业通常使用大比例尺地形图。因此,本章重点介绍大比例尺地形图的基本知识。

4. 比例尺精度

人的肉眼能分辨的图上最小长度为 0.1 mm,因此在图上量度或实地测图描绘时,一般只能达到图上 0.1 mm 的精度。我们把图上 0.1 mm 所代表的实际水平长度称为比例尺精度。

比例尺精度的概念对测绘地形图和使用地形图都有重要的意义。在测绘地形图时,要根据测图比例尺确定合理的测图精度。例如,在测绘 1∶500 比例尺地形图时,实地量距只需取到 5 cm,因为即使量得再细,在图上也无法表示出来。在进行规划设计时,要根据用图的精度确定合适的测图比例尺。例如,在工程建设中,要求在图上能反映地面上 10 cm 的水平距离精度,则采用的比例尺不应小于 0.1 mm/0.1 m=1/1 000。

表 5-1-1 为不同比例尺的比例尺精度,可见比例尺越大,其比例尺精度就越高,表示的地物和地貌越详细,但是一幅图所能包含的实地面积也越小,而且测绘工作量及测图成本会有所增加。因此,采用何种比例尺测图,应从规划、施工实际需要的精度出发,不应盲目追求更大比例尺的地形图。但随着数字地形测图技术的普及,地形图通常一测多用,此时应以建设工程用图的最高精度来确定比例尺的精度。几种常用地形图的比例尺精度如表 5-1-1 所示。

表 5-1-1　几种常用地形图的比例尺精度

比例尺	1∶5 000	1∶2 000	1∶1 000	1∶500
比例尺精度/m	0.50	0.20	0.10	0.05

▶▶ 5.1.2　地形图的图名、图号、图廓及接合图表

1. 地形图的图名

每幅地形图都应标注图名,通常以图幅内最著名的地名、厂矿企业或村庄的名称作为图名。图名一般标注在地形图北图廓外上方中央。如图 5-1-2 所示,图名为"沙湾"。

2. 图号

为了区别各幅地形图所在的位置,每幅地形图上都编有图号。图号就是该图幅相应分幅方法的编号,标注在北图廓上方的中央、图名的下方,如图 5-1-2 所示。

3. 图廓和接合图表

(1) 图廓

图廓是地形图的边界线,有内、外图廓线之分。内图廓就是坐标格网线,也是图幅的边界线,用 0.1 mm 细线绘出。在内图廓线内侧,每隔 10 cm 绘出 5 mm 的短线,表示坐标格网线的位置。外图廓线为图幅的最外围边线,用 0.5 mm 粗线绘出。内、外图廓线相距12 mm,在内外图廓线之间注记坐标格网线坐标值,如图 5-1-2 所示。

(2) 接合图表

为了说明本幅图与相邻图幅之间的关系,便于索取相邻图幅,在图幅左上角列出相邻图幅图名,斜线部分表示本图位置,如图 5-1-2 所示。

▶▶ 5.1.3　地物地貌表示方法

在地形图上,对地物、地貌符号的样式、规格、颜色、使用及地图注记和图廓整饰等都有统一规定,称为地形图图式。

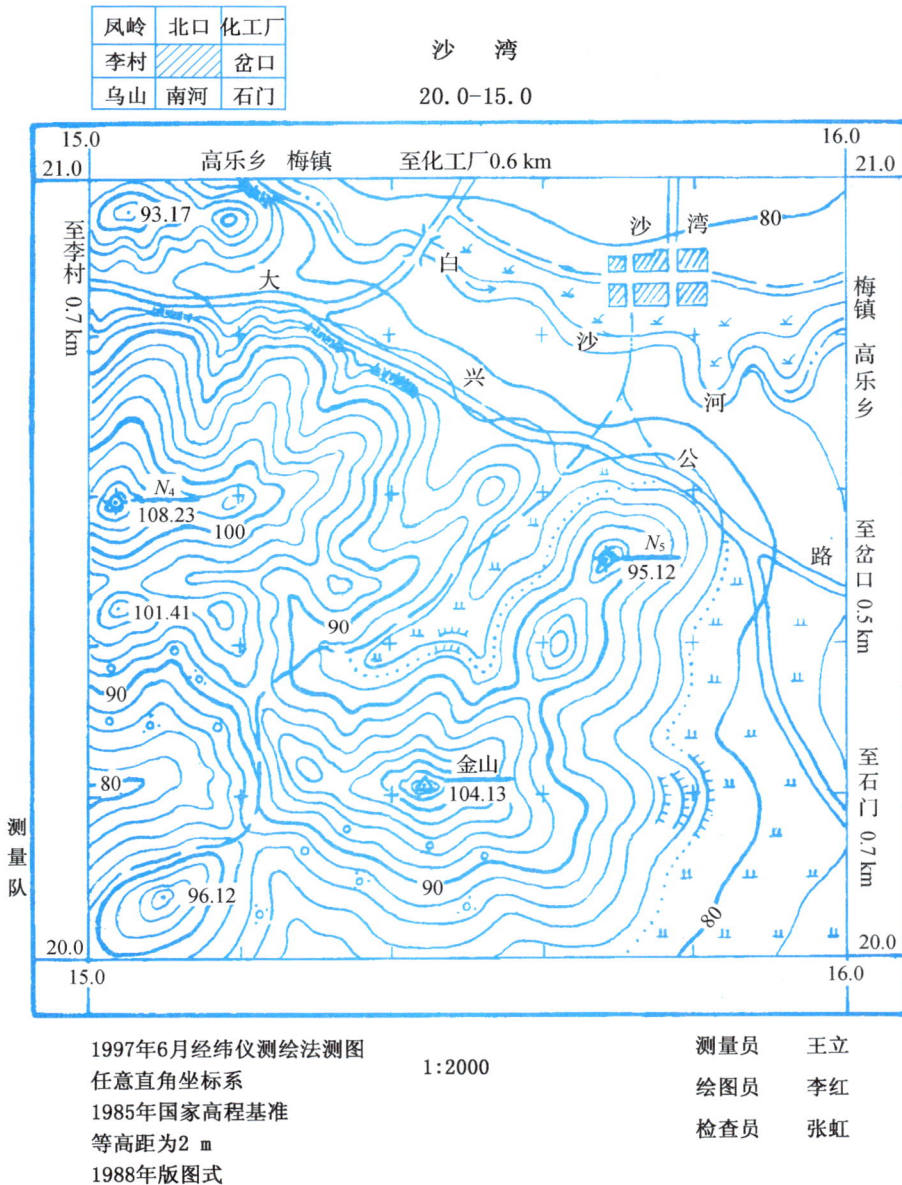

凤岭	北口	化工厂
李村		岔口
乌山	南河	石门

沙　湾

20.0-15.0

1997年6月经纬仪测绘法测图
任意直角坐标系
1985年国家高程基准
等高距为2 m
1988年版图式

1：2000

测量员　　王立
绘图员　　李红
检查员　　张虹

图 5-1-2　1：2000 地形图

地形图图式是表示地物和地貌的符号和方法的统一规定。一个国家的地形图图式是统一的,它属于国家标准。我国当前使用的大比例尺地形图图式是由国家测绘总局组织制定,原国家质量监督检验检疫总局发布,2018 年 5 月 1 日开始实施的《国家基本比例尺地图图式第一部分 1：500　1：1 000　1：2 000 地形图图式》(GB/T 20257.1—2017),地形图图式在测图技术发展过程中正在不断完善。

地形图图式中的符号有三类:地物符号、地貌符号和注记符号。

1. 地物符号

地物的类别、形状和大小及其在地形图上的位置用地物符号表示。根据地物大小及描绘方法的不同,地物符号又可分为比例符号、非比例符号、半比例符号和地物注记。

(1) 比例符号

有些地物的轮廓较大,其形状和大小可以按测图比例尺缩绘在图纸上,再配以特定的符号予以说明,这种符号称为比例符号。如房屋、较宽的道路、稻田、花园、运动场、湖泊、森林等。表5-1-2中,从编号1到26号都是比例符号(除编号14b和15外)。比例符号不仅能反映出地物的平面位置,而且能反映出地物的形状与大小。

(2) 非比例符号

有些地物,如三角点、导线点、水准点、独立树、路灯、检修井等,其轮廓较小,无法将其形状和大小按照地形图的比例尺绘到图上,而该地物又很重要,必须表示出来,则不管地物的实际尺寸,而用规定的符号表示,这类符号称为非比例符号。表5-1-2中,从编号27到43都是非比例符号。非比例符号不仅其形状和大小不以比例绘制,而且符号的中心位置与该地物实地的中心位置的关系,也随各种地物不同而异,在测绘及用图时应注意:

① 圆形、正方形、三角形等几何图形的符号,如三角点、导线点、钻孔等,该几何图形的中心即代表地物中心的位置。

② 宽底符号,如里程碑、岗亭等,该符号底线的中点为地物中心的位置。

③ 底部为直角形的符号,如独立树、加油站,该符号底部直角顶点为地物中心的位置。

④ 不规则的几何图形,又没有宽底和直角顶点的符号,如山洞、窑洞等,该符号下方两端点连线的中点为地物中心的位置。

(3) 半比例符号

对于一些线状延伸地物,如小路、通信线、管道、垣栅等,其长度可按比例缩绘,而宽度无法按比例表示的符号称为线形符号。如表5-1-2中,编号44到54都是半比例符号,另外,编号14b和15也是半比例符号。线形符号的中心线就是实际地物的中心线。

(4) 地物注记

用文字、数字或特定的符号对地物加以补充和说明,称为地物注记。如城镇、工厂、铁路、公路的名称,河流的流速、深度,道路的去向及果树森林的类别等。又如房屋的结构、层数(编号1,6,7)、地名(编号24)、路名(编号57)、单位名、计曲线的高程(编号60b)、碎部点高程(编号56a)、独立性地物的高程(编号56b)及河流的水深、流速等。

在地形图上,对于某个具体地物,究竟是采用比例符号还是非比例符号,主要由测图比例尺决定。测图比例尺越大,用比例符号描绘的地物就越多;测图比例尺越小,则用非比例符号表示的地物就越多。

2. 地貌符号

在地形图上表示地貌的方法很多,而在测量工作中通常用等高线表示地貌,因为用等高线表示地貌,不仅能表示地面的起伏形态,而且还能科学地表示出地面的坡度和地面点的高程。

在表5-1-2中等高线又分为首曲线、计曲线和间曲线。在计曲线上注记等高线的高程(编号59);在谷地、鞍部、山头及斜坡最高、最低的一条等高线上还需用示坡线表示斜坡降落方向(编号60);当梯田坎比较缓和且范围较大时,也可以用等高线表示(编号61)。在此主要介绍用等高线表示地貌的方法。

(1) 等高线的概念

等高线就是由地面上高程相同的相邻点所连接而成的闭合曲线。如图 5-1-3 所示，设有一座位于平静湖水中的小山，山顶与湖水的交线就是等高线，而且是闭合曲线，交线上各点高程必然相等（如为 53 m）；当水位下降 1 m 后，水面与小山又截得一条交线，这就是高程为 52 m 的等高线。以此类推，水位每降落 1 m，水面就与小山交出一条等高线，从而得到一组高差为 1 m 的等高线。设想把这组实地上的等高线铅直地投影到水平面图上去，并按规定的比例尺缩绘到图纸上，就得到一张用等高线表示该小山的地貌图。显然，等高线的形状是由高低表面形状来决定的，用等高线来表示地貌是一种很形象的方法。

表 5-1-2　地形图图示

编号	符号名称	1:500　1:1000　1:2000	编号	符号名称	1:500　1:1000　1:2000
1	一般房屋 混——房屋结构 3——房屋层数		13	等级公路 2——技术等级代码 (G325)——国道路线编码	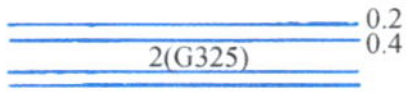
2	简单房屋		14	乡村路 a——依比例尺的 b——不依比例尺的	
3	建筑中的房屋				
4	破坏房屋		15	小路	
5	棚房		16	内部道路	
6	架空房屋		17	阶梯路	
7	廊房		18	打谷场、球场	
8	台阶		19	旱地	
9	无看台的露天体育场	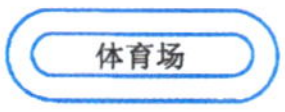			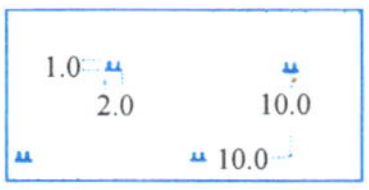
10	游泳池		20	花圃	
11	过街天桥				
12	高速公路 a——收费站 0——技术等级代码	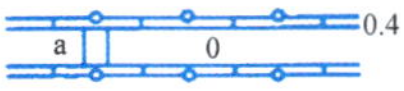			

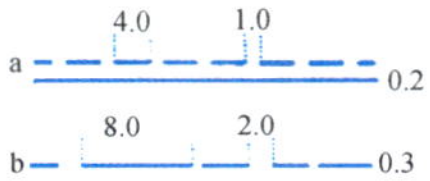

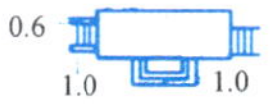

（续表）

编号	符号名称	1:500 1:1000 1:2000	编号	符号名称	1:500 1:1000 1:2000
21	有林地	1.6 松6	32	不埋石图根点 25——点号 62.74——高程	1.6 25/62.74
22	人工草地	2.0 3.0 10.0 10.0	33	水准点 京石 Ⅱ、5——等级、 点名、 点号 32.804——高程	2.0 Ⅱ京石/32.804
23	稻田	0.2 3.0 1.0 10.0			
24	常年湖	青湖	34	加油站	1.6 3.6 1.0
25	池塘		35	路灯	2.0 1.6 4.0 1.0
26	常年河 a——水准线 b——高水界 c——流向 d——潮流向 ←涨潮 →落潮	a b 0.15 3.0 c 1.0 0.5 d	36	独立树 a——阔叶 b——针叶 c——果树 d——棕榈、椰子、槟榔	a 2.0 1.6/3.0 1.0 b 1.6/3.0 1.0 c 1.6 3.0 1.0 d 2.0 3.0 1.0
27	喷水池	1.0 3.6	37	上水检修井	20
28	GPS控制点	14 3.0 495.267	38	下水（污水）、雨水检修井	2.0
29	三角点 凤凰山——点名 394.468——高程	凤凰山 3.0 394.468	39	下水暗井	2.0
30	导线点 116——等级，点号 84.46——高程	2.0 116/84.46	40	煤气、天然气检修井	2.0
31	埋石图根点 16——点号 84.46——高程	1.6 16/84.46 2.6	41	热力检修井	2.0

（续表）

编号	符号名称	1：500　1：1000　1：2000	编号	符号名称	1：500　1：1000　1：2000
42	电信检修井 a——电信人孔 b——电信手孔	 a　2.0 2.0 b　2.0	54	陡坎 a——加固的 b——未加固的	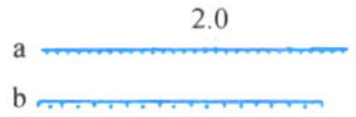 2.0 a b
43	电力检修井	2.0	55	散树、行树 a——散树 b——行树	 a　1.6 10.0　1.0 b
44	地面下的管道	 4.0 1.0			
45	围墙 a——依比例尺的 b——不依比例尺的	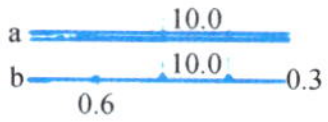 a　10.0 b　10.0 0.6　0.3	56	一般高程点及注记 a——一般高程点 b——独立性地物的高程	 a　b 0.5 ·163.2　▲75.4
46	挡土墙	 1.0 6.0　0.3	57	名称说明注记	友谊路　中等线体 4.0(18 k) 团结路　中等线体 3.5(15 k) 胜利路　中等线体 2.75(12 k)
47	栅栏、栏杆	 10.0　1.0			
48	篱笆	 10.0　10	58	等高线 a——首曲线 b——计曲线 c——间曲线	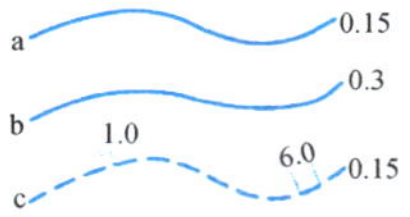 a　0.15 0.3 b　1.0 c　6.0　0.15
49	活树篱笆	 6.0　1.0 0.6			
50	铁丝网	 10.0　1.0			
51	通信线 地面上的	 4.0	59	等高线注记	 25
52	电线架		60	示坡线	 0.8
53	配电线 地面上的	 4.0	61	梯田坎	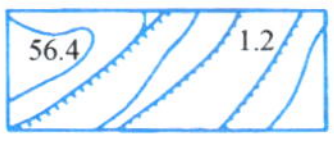 56.4　1.2

（2）等高距和等高线平距

地形图上相邻等高线之间的高差，称为等高距，常用 h 表示。在同一幅图上，等高距是相同的。相邻等高线之间的水平距离称为等高线平距，常用 d 表示。因为同一张地形图内，等高距是相同的，所以等高线平距 d 的大小直接与地面的坡度有关。如图 5-1-4 所示，地面上 CD 段的坡度小于 AB 段，其等高线平距就比 AB 段大。由于在同一幅地形图上等高距 h 是相同的，所以，地面坡度 i 与等高线平距 d 成反比。地面坡度较缓，其等高线平距较大，等高线显得稀疏；地面坡度较陡，其等高线平距较小，等高线十分密集。因此，可根据等高线的疏密判断地面坡度的缓与陡。即在同一幅地形图上，等高线平距 d 越大，坡度 i 越小；等高线平距 d 越小，坡度 i 越大，如果等高线平距相等，则坡度均匀。

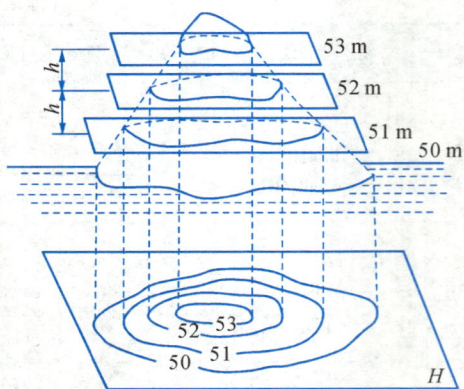

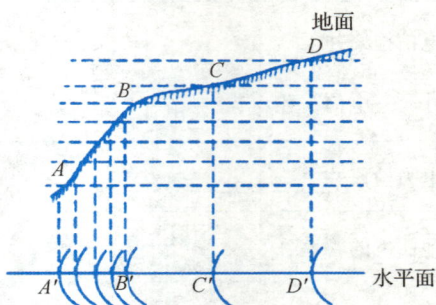

图5-1-3　等高线概念　　　　图5-1-4　等高线平距与地面坡度的关系

综上,等高距越小,显示地貌就越详尽;等高距越大,其所显示的地貌就越简略。但是事物总是一分为二的,如果等高距过小,图上的等高线就会过密;如果等高距过大,则不能正确反映地面的高低起伏状况。所以,基本等高距的大小应根据测图比例尺与测区地形情况来确定的。等高距的选用可参见表5-1-3。

表5-1-3　地形图的基本等高距

地　形　类　别	比　　例　　尺			
	1 : 500	1 : 1 000	1 : 2 000	1 : 5 000
平地(地面倾角:$\alpha<3°$)	0.5	0.5	1	2
丘陵(地面倾角:$3°\leqslant\alpha<10°$)	0.5	1	2	5
山地(地面倾角:$10°\leqslant\alpha<25°$)	1	1	2	5
高山地(地面倾角:$\alpha\geqslant25°$)	1	2	2	5

（3）几种基本地貌的等高线

地面的形状虽然复杂多样,但都可看成是由山头、洼地(盆地)、山脊、山谷、鞍部或陡崖和峭壁组成的。如果掌握了这些基本地貌的等高线特点,就能比较容易地根据地形图上的等高线,分析和判断地面的起伏状态,以利于读图、用图和测绘地形图。

① 山头和洼地的等高线

山头和洼地(又称盆地)的等高线都是一组闭合曲线。如图5-1-5(a)所示为山头;图5-1-5(b)所示为洼地。在地形图上区分山地和洼地的准则是:凡内圈等高线的高程注记大于外圈者为山头,小于外圈者为洼地;如果等高线上没有高程注记,则用示坡线表示。这种区别也可用示坡线表示。

示坡线就是一条垂直于等高线并指示坡度降落方向的短线。图5-1-5(a)中示坡线从内圈指向外圈,说明中间高,四周低,为山丘。图5-1-5(b)中示坡线从外圈指向内圈,说明中间低,四周高,为洼地。

② 山脊与山谷的等高线

沿着一个方向延伸的高地称为山脊,山脊上最高点的连线称为山脊线或分水线。山脊的等高线是一组凸向低处的曲线,如图 5-1-6(a)所示。

在两山脊间沿着一个方向延伸的洼地称为山谷,山谷中最低点的连线称为山谷线。山谷的等高线是一组凸向高处的曲线,如图 5-1-6(b)所示。

山脊线、山谷线与等高线正交。

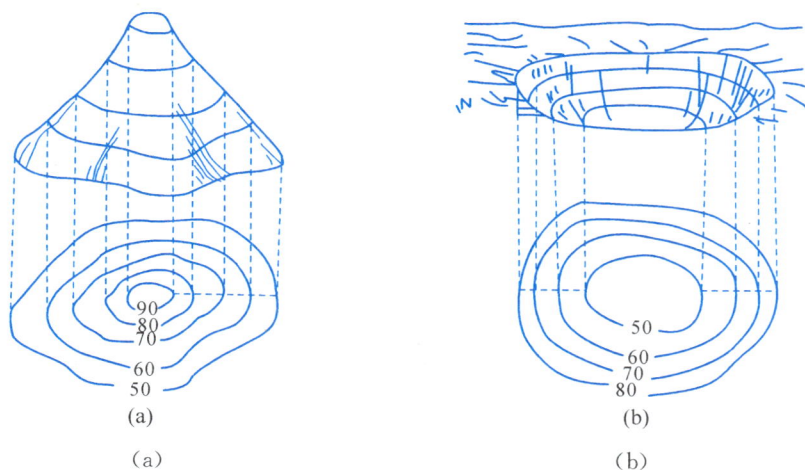

图 5-1-5　山头和洼地

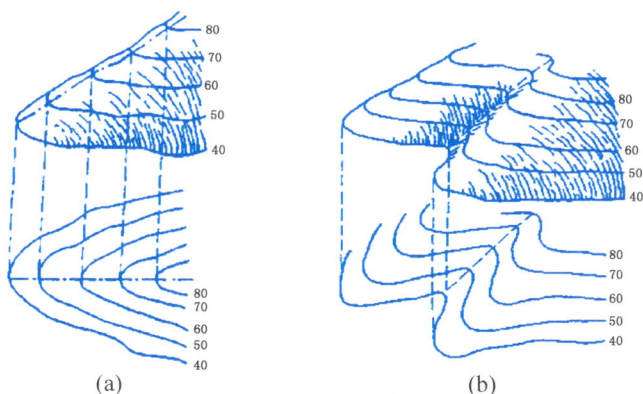

图 5-1-6　山脊和山谷

③ 鞍部的等高线

相邻两山头之间呈马鞍形的低凹部分称为鞍部,鞍部是两个山脊和两个山谷会合的地方。鞍部的等高线由两组相对的山脊和山谷的等高线组成,即在一圈大的闭合曲线内,套有两组小的闭合曲线。如图 5-1-7 所示。

④ 陡崖和悬崖的表示方法

坡度在 70°以上或为 90°的陡峭崖壁称为陡崖。陡崖处的等高线非常密集,甚至会重叠,因此,在陡崖处不再绘制等高线,改用陡崖符号表示。如图 5-1-8(a)所示。

上部向外突出,中间凹进的陡崖称为悬崖,上部的等高线投影到水平面时与下部的等高线相交,下部凹进的等高线用虚线表示。如图 5-1-8(b)所示。

图5-1-9为一综合性地貌的透视图及相应的地形图,可对照前述基本地貌的表示方法进行阅读。

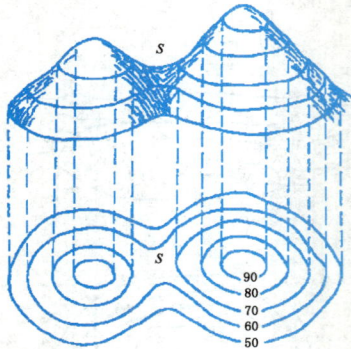

图5-1-7 鞍部

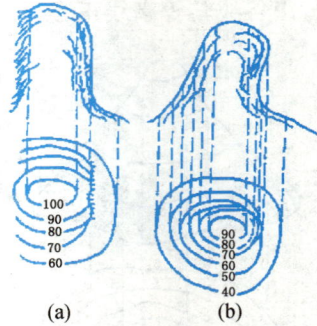

图5-1-8 陡崖和悬崖

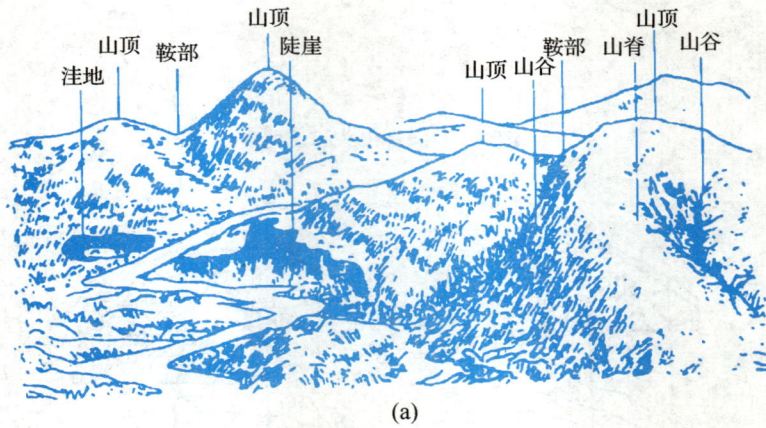

(a)

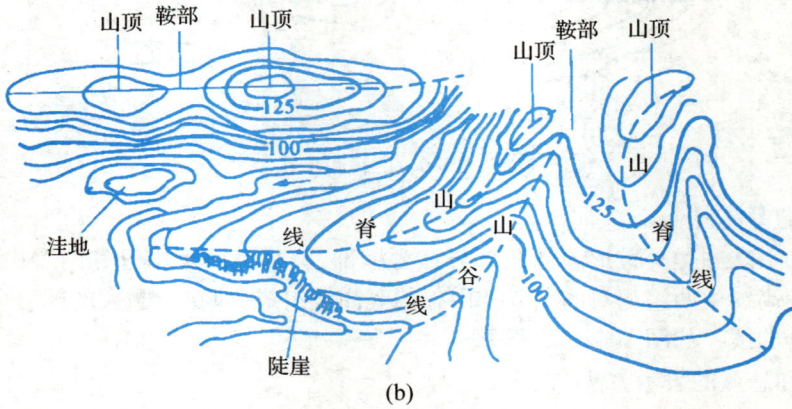

(b)

图5-1-9 某地区综合地貌及等高线

（4）等高线的分类

为了更详尽地表达地貌的特征,将地形图上的等高线分为首曲线、计曲线、间曲线、助曲线。

① 首曲线

在同一幅地形图上,按规定的基本等高距描绘的等高线称为首曲线,也称基本等高线。首曲线用 0.15 mm 的细实线描绘。如图 5-1-10 中高程为 38 m、42 m 的等高线。

② 计曲线

凡是高程能被 5 倍基本等高距整除的等高线称为计曲线,也称加粗等高线。为了计算和读图的方便,计曲线要加粗描绘并注记高程,计曲线用 0.3 mm 的粗实线绘出。如图 5-1-10中高程为 40 m 的等高线。

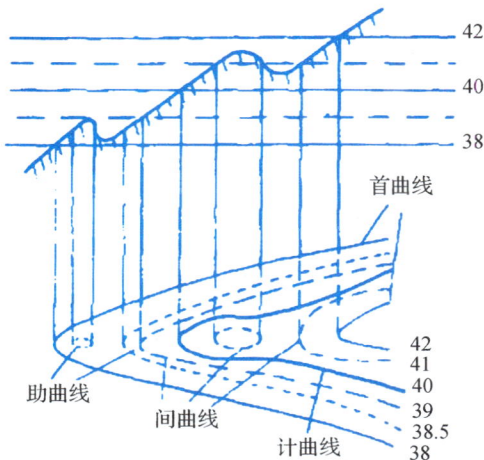

图 5-1-10　四种类型的等高线

③ 间曲线

为了显示首曲线不能表示出的局部地貌,按二分之一基本等高距描绘的等高线称为间曲线,也称半距等高线。间曲线用 0.15 mm 的细长虚线表示。如图 5-1-10 中高程为 39 m、41 m 的等高线。

④ 助曲线

用间曲线还不能表示出的局部地貌,可按四分之一基本等高距描绘的等高线称为助曲线。助曲线用 0.15 mm 的细短虚线表示。如图 5-1-10 中高程为 38.5 m 的等高线。

（5）等高线的特性

① 等高性。同一条等高线上各点的高程相同。

② 闭合性。等高线必定是闭合曲线。如不在本图幅内闭合,则必在相邻的图幅内闭合。所以,在描绘等高线时,凡在本图幅内不闭合的等高线,应绘到内图廓,不能在图幅内中断。

③ 非交性。除在悬崖、陡崖处外,不同高程的等高线不能相交。

④ 正交性。山脊、山谷的等高线与山脊线、山谷线正交。

⑤ 密陡稀缓性。等高线平距 d 与地面坡度 i 成反比。

▶ 5.2　地形图的测绘 ◀

▶ 5.2.1　地形图的测绘

在地形图测绘中,决定地物、地貌位置的特征点称为地形特征点,也称碎部点。测绘地形图就是测定碎部点平面位置和高程。

碎部点的正确选择,是保证成图质量和提高测图效率的关键。现将碎部点的选择方法介绍如下:

(1) 地物特征点的选择

地物特征点主要是地物轮廓的转折点,如房屋的房角,围墙、电力线的转折点,道路河岸线的转弯点、交叉点,电杆、独立树的中心点等。连接这些特征点,便可得到与实地相似的地物形状。由于地物形状极不规则,一般规定,主要地物凹凸部分在图上大于 0.4 mm 时均应表示出来;在地形图上小于 0.4 mm,可以用直线连接。

(2) 地貌特征点的选择

地貌特征点应选在最能反映地貌特征的山脊线、山谷线等地形线上,如山顶、鞍部、山脊和山谷的地形变换处、山坡倾斜变换处和山脚地形变换的地方。

此外,为了能真实地表示实地情况,在地面平坦或坡度无明显变化的地区,碎部点的间距、碎部点的最大视距和城市建筑区的最大视距均应符合表 5-2-1 的规定。

表 5-2-1　碎部点的最大间距和最大视距

测图比例尺	地貌点最大间距/m	最大视距/m			
		主要地物点		次要地物点和地貌点	
		一般地区	城市建筑区	一般地区	城市建筑区
1∶500	15	60	50	100	70
1∶1000	30	100	80	150	120
1∶2000	50	180	120	250	200
1∶5000	100	300	—	350	—

5.2.2　地形图测绘的方法

传统测图,常采用图解法。传统图解法测图是利用测量仪器对地球表面局部区域内的各种地物、地貌特征点的空间位置进行测定,并以一定的比例尺按图式符号将其绘制在图纸上。通常称这种在图纸上直接绘图的工作方式为白纸测图。在测图过程中,观测数据的精度由于刺点、绘图及图纸伸缩变形等因素的影响会有较大的降低,而且工序多、劳动强度大、质量管理难,特别在当今的信息时代,纸质地形图已难以承载更多的图形信息,图纸更新也极为不便,难以适应信息时代经济建设的需要。

随着计算机技术和测绘仪器的发展,数字测图方法以高自动化、全数字化、高精度的显著优势取代了传统的手工图解测图法。数字测图实现丰富的地形信息、地理信息数字化和作业过程的自动化或半自动化,尽可能缩短野外测图时间,减轻野外劳动强度,而将大部分作业内容安排到室内去完成,与此同时,将大量手工作业转化为计算机控制下的自动操作,这样不仅减轻劳动强度,而且不会损失观测值精度。地面数字测图的基本过程是:首先采集有关的绘图信息并及时记录在相应存储器中(或直接传输给便携机),然后在室内通过数据接口将采集的数据传输给计算机并由计算机对数据进行处理,再经过人机交互屏幕编辑,最后形成数字图形文件。

数字测图作业通常分为野外数据采集和内业数据处理编辑两大部分。野外数据采集通常利用全站仪或 GNSS－RTK 接收机等测量仪器在野外直接测定地形特征点的位置,并记录地物的连接关系及其属性,为内业成图提供必要的信息,它是数字测图的基础工作,直接决定成图质量与效率。

测记法是目前数字地形图测绘方法之一。测记法就是用全站仪或 GNSS－RTK 在野外测量地形特征点的点位,用仪器内存储器记录测点的定位信息,用草图、笔记或简码记录其他绘图信息,到室内将测量数据传输到计算机,经人机交互编辑成图。由于测记法外业操作方便,外业作业时间短,是测绘人员常采用的作业方法。测记法按使用仪器的不同可区分为全站仪法数据采集和 RTK 法数据采集,它们都有无码作业和简码作业之分。

1. 全站仪法数据采集

使用全站仪进行野外数据采集是目前较为广泛的一种方法。全站仪测图的方法,可采用编码法、草图法、内外业一体化的实时成图法等。测图时首先在已知点(等级控制点、图根点或支站点)上安置全站仪,并量取仪器高,若使用电子手簿,连接好电子手簿,然后启动操作全站仪和电子手簿,对仪器的有关参数进行设置:如外界温度、大气压,使用的棱镜常数,仪器的比例误差系数等。随后调用全站仪中数据采集程序,输入测站点、后视定向点信息。在开始采集数据前还需要选择第三个已知点进行测量,用其测量值与已知坐标值相比较,如果二者差值在限差以内,则可进行下一步碎部点数据采集工作,如果出现错误或超限情况,可从以下方面来查找问题:检查已知点和定向点的坐标值是否输错、已知点成果表是否抄错、成果计算是否有误、仪器设备是否有故障等;如果在测站点上不方便或者找不到第三个已知检查点,可直接测量后视定向点来检查。定向检查通过后,即可开始数据采集。特殊情况下也可在通视良好、测图范围广的地点安置全站仪,利用全站仪中后方交会的功能进行自由设站,先测算出测站点的坐标,再用该点作为已知点进行数据采集。

全站仪测图,可按图幅施测,也可分区施测。按图幅施测时,每幅图应测出图廓线外 5 mm;分区施测时,应测出区域界线外图上 5 mm。

下面介绍全站仪利用坐标测量模式进行数据采集。

未知点的坐标由下面公式计算并显示出来:

测站点坐标:$(N0,E0,Z0)$

以仪器中心点作为坐标原点的棱镜中心坐标:(n,e,z)

仪器高:仪高　未知点坐标:$(N1,E1,Z1)$

棱镜高:镜高　高差:$z(VD)$

$N1＝N0＋n$

$E1＝E0＋e$

$Z1＝Z0＋仪高＋z－镜高$

仪器中心坐标$(N0,E0,Z0＋仪器高)$

进行坐标测量,先设置测站坐标,测站高,棱镜高及后视方位角。

(1) 测站点坐标设置

设置仪器(测站点)相对于坐标原点的坐标,仪器可自动转换和显示未知点(棱镜点)在该坐标系中的坐标。

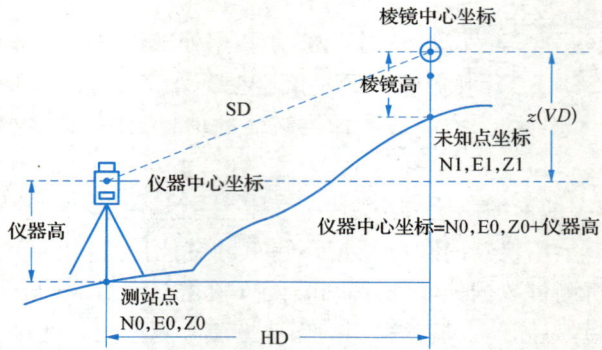

图 5-2-1　坐标测量原理图

表 5-2-2　测站点坐标设置

操作过程	操作	显示
1. 在坐标测量模式下，按 F4（P1↓）键，转到第二页功能	F4	N：2012.236　E：2115.309　Z：3.156　测量　模式　S/　P1↓ N：12.236　E：115.309　Z：0.126　镜高　仪高　测站　P2↓
2. 按 F3（测站）键	F3	N：_　0.000 m　E：0.000　Z：0.000　回退
3. 输入 N 坐标，按 ENT 回车确认	输入数据 ENT	N：6396_　m　E：0.000　Z：0.000　回退
4. 按同样方法输入 E 和 Z 坐标，输入数据后，显示屏返回坐标测量显示	输入数据 ENT	N：6396.321 m　E：12.639　Z：0.369　回退 N：6432.693　E：117.309　Z：0.126　镜高　仪高　测站　P2↓

输入范围：

　　　　－99 999 999.999 m≤N、E、Z≤＋99 999 999.999 m

（2）仪器高设置

表 5 - 2 - 3　仪器高设置

操作过程	操作	显示
1. 在坐标测量模式下，按 F4 (P1↓)键，转到第 2 页功能	F4	■ -30 ■ 4. N : 2012.236 E : 2115.309 Z : 3.156 测量　模式　　　P1↓
2. 按 F2 (仪高)键，显示当前值	F2	输入仪器高 仪高：_ 0.000 m 回退
3. 输入仪器高，按回车键确认，返回到坐标测量界面	输入仪器高 ENT	■ -30 ■ 4. N : 12.236 E : 115.309 Z : 12.126 镜高　仪高　测站　P2↓

输入范围：

$$-999.999\ \text{m} \leqslant 仪器高 \leqslant +999.999\ \text{m}$$

（3）棱镜高设置

表 5 - 2 - 4　棱镜高设置

操作过程	操作	显示
1. 在坐标测量模式下，按 F4 (P1↓)键，进入第 2 页功能	F4	■ -30 ■ 4. N : 2012.236 E : 2115.309 Z : 3.156 测量　模式　　　P1↓
2. 按 F1 (镜高)键，显示当前值	F1	输入棱镜高 镜高：_ 2.000 回退
3. 输入棱镜高按回车键确认，返回到坐标测量界面	输入棱镜高 ENT	■ -30 ■ 4. N : 360.236 E : 194.309 Z : 12.126 镜高　仪高　测站　P2↓

输入范围：

$$-999.999\ \text{m} \leqslant 棱镜高 \leqslant +999.999\ \text{m}$$

（4）后视角设置及坐标测量

表 5-2-5　后视角设置及坐标测量

操作过程	操作	显示
1. 设置已知点 A 的方向角 * 1)	设置方向角	□ -30　4.　■ ■ ⚡ **V** ：　95° 30' HR ：　133° 12' 置零　锁定　置盘　P1↓
2. 照准目标 B, 按 ∕ 键	照准棱镜 ∕	□ -30　4.　■ ■ ⚡ N：　　　　12.236 E：　　　115.309 Z：　　　　0.126 测量　模式　　　P1↓

在测站点的坐标未输入的情况下,(0,0,0)或上次输入的坐标作为缺省的测站点坐标。

当仪器高未输入时,仪器高以 0 计算。

2. GNSS-RTK 数据采集

GNSS-RTK 测量具有快捷、方便、精度高等优点,目前已被广泛用于碎部点数据采集工作中。在大比例尺数字测图工作中,采用 GNSS-RTK 技术进行碎部点数据采集,可不布设各级控制点,仅依据一定数量的基准控制点,不要求点间通视(但在影响 GNSS 卫星信号接收的遮蔽地带,还应采用常规的测绘方法进行细部测量),在待测的碎部点上停留几秒钟,能实时测定点的位置,并能达到厘米级精度。

GNSS-RTK 数据采集的主要步骤为:

（1）架设基准站。将基准站 GNSS 接收机安置在视野开阔、地势较高的地方,第一次启动基准站时,需通过手簿对启动参数进行设置,如差分格式等,并设置数据链,以后作业如不改变配置可直接打开基准站主机。

（2）架设移动站。确认基准站发射成功后,即可开始移动站的架设。移动站架设好后,需通过手簿对移动站进行设置才能达到固定解的状态。

（3）配置手簿。对新建工程,需进行工程参数设置,如坐标系、中央子午线等。

（4）求转换参数。由于 GNSS 接收机直接输出的数据是经纬度坐标,因此为了满足不同用户的测量需求,需要把经纬度坐标转换为施工测量坐标,这就需要进行参数转换。

（5）坐标测量。开始对待测点进行坐标测量。

▌▶ 5.2.3　数字化测图的内业工作

数字测图内业是相对于数字测图外业而言的,简单地说,就是将野外采集的碎部点数据信息在室内传输到计算机上并进行处理和编辑的过程。数字化测图内业工作与传统白纸测图的模拟法成图相比具有显著的优点,如成图周期短、图件规范程度高、成图精度高、分幅接边方便、易于修改和更新等。

数字测图内业处理时对外业数据传输与格式转换后利用软件编辑图形,目前常用数字测图软件南方 CASS,图形编辑包括:定显示区、展野外测站点点号、选择点号定位模式、地物符号绘制、等高线绘制和地形图整饰。

▶ 5.3　地形图的应用 ◀

▐▐▶ 5.3.1　地形图的识读

地形图是包含丰富的自然地理、人文地理和社会经济信息的载体。它是进行建筑工程规划、设计和施工的重要依据。正确地应用地形图,是建筑工程技术人员必须具备的基本技能。

1. 地形图图外注记识读

根据地形图图廓外的注记,可全面了解地形的基本情况。例如由地形图的比例尺可以知道该地形图反映地物、地貌的详略;根据测图日期的注记可以知道地形图的新旧,从而判断地物、地貌的变化程度;从图廓坐标可以掌握图幅的范围;通过接合图表可以了解与相邻图幅的关系。了解地形图所使用的《地形图图式》版别,对地物、地貌的识读非常重要。了解地形图的坐标系统、高程系统、等高距、测图方法等,对正确用图有很重要的作用。

2. 地物识读

地物识读前,要熟悉一些常用的地物符号,了解地物符号和注记的确切含义。根据地物符号,了解图内主要地物的分布情况,如村庄名称、公路走向、河流分布、地面植被、农田等。

3. 地貌识读

地貌识读前,要正确理解等高线的特性,根据等高线,了解图内的地貌情况。首先要知道等高距是多少,然后根据等高线的疏密判断地面坡度及地势走向。

▐▐▶ 5.3.2　地形图的应用

1. 在图上确定某点的坐标

大比例尺地形图上绘有 10 cm×10 cm 的坐标格网,并在图廓的西、南边上注有纵、横坐标值,如图 5-3-1 所示。

欲求图上 A 点的坐标,首先要根据 A 点在图上的位置,确定 A 点所在的坐标方格 abcd,过 A 点作平行于 x 轴和 y 轴的两条直线 pq、fg 与坐标方格相交于 p,q,f,g 四点,再按地形图比例尺量出 $af=60.7$ m,$ap=48.6$ m,则 A 点的坐标为

$$\left.\begin{aligned} x_A &= x_a + af = 2\ 100\ \text{m} + 60.7\ \text{m} = 2\ 160.7\ \text{m} \\ y_A &= y_a + ap = 1\ 100\ \text{m} + 48.6\ \text{m} = 1\ 148.6\ \text{m} \end{aligned}\right\} \tag{5-2}$$

如果精度要求较高,则应考虑图纸伸缩的影响,此时还应量出 ab 和 ad 的长度。设图上坐标方格边长的理论值为 $l(l=100\ \text{mm})$,则 A 点的坐标可按下式计算,即

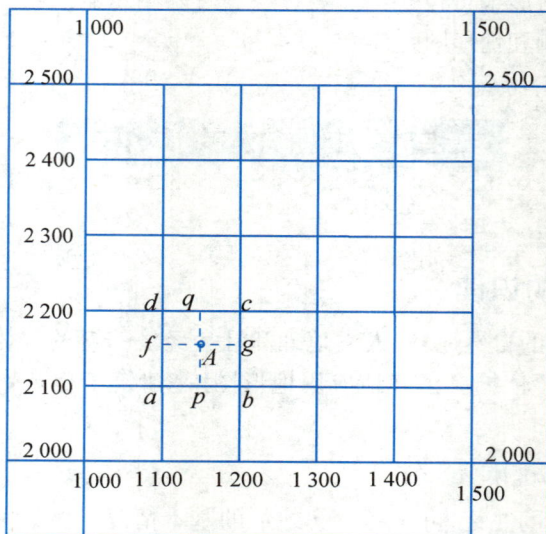

图 5-3-1　地形图应用的基本内容

$$x_A = x_a + \frac{l}{ab} af$$
$$y_A = y_a + \frac{l}{ad} ap$$

(5-3)

2. 在图上确定两点间的水平距离

(1) 解析法

如图 5-3-2 所示。

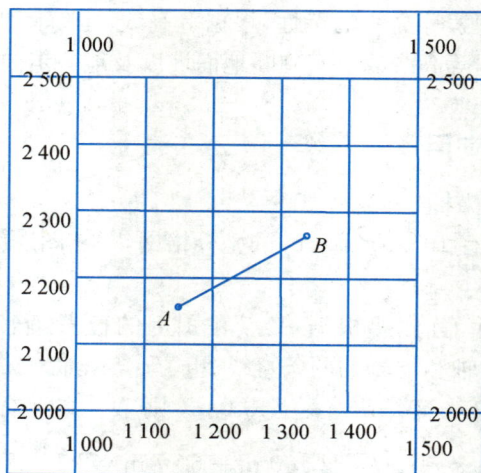

图 5-3-2　两点间水平距离的计算

欲求 AB 的距离,可按式(5-2)先求出图上 A,B 两点坐标(x_A, y_A)和(x_B, y_B),然后

按下式计算 AB 的水平距离：

$$D_{AB} = \sqrt{(x_B - x_A)^2 + (y_B - y_A)^2} \tag{5-4}$$

（2）在图上直接量取

用两脚规在图上直接卡出 A，B 两点的长度，再与地形图上的直线比例尺比较，即可得出 AB 的水平距离。当精度要求不高时，可用比例尺直接在图上量取。

3. 在图上确定某一直线的坐标方位角。

（1）解析法

如图 5-3-3 所示。

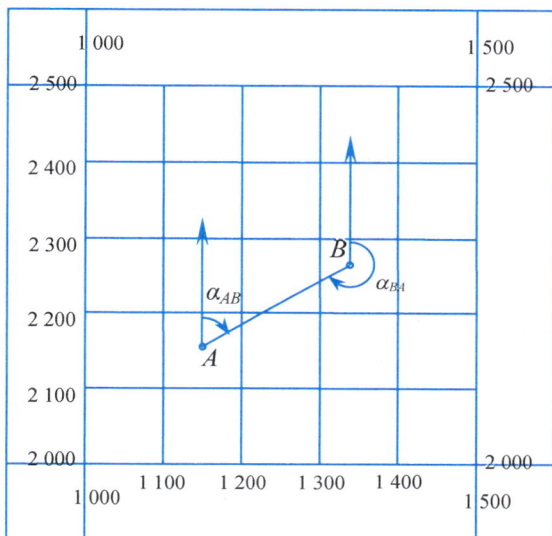

图 5-3-3　地形图应用的基本内容

如果 A，B 两点的坐标已知，可按坐标反算公式计算 AB 直线的坐标方位角：

$$\alpha_{AB} = \arctan \frac{y_B - y_A}{x_B - x_A} = \arctan \frac{\Delta y_{AB}}{\Delta x_{AB}} \tag{5-5}$$

（2）图解法

当精度要求不高时，可由量角器在图上直接量取其坐标方位角。如图 5-3-3 所示，通过 A，B 两点分别作坐标纵轴的平行线，然后用量角器的中心分别对准 A，B 两点量出直线 AB 的坐标方位角 α_{AB} 和直线 BA 的坐标方位角 α_{BA}，则直线 AB 的坐标方位角为

$$\alpha_{AB} = \frac{1}{2}(\alpha_{AB} + \alpha_{BA} \pm 180°) \tag{5-6}$$

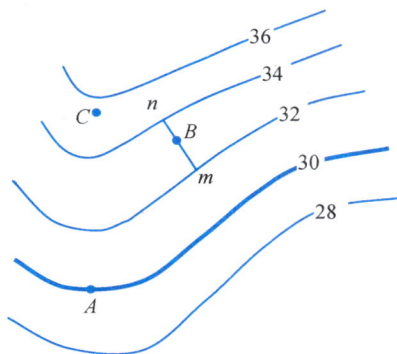

图 5-3-4　确定点的高程

4. 在图上确定任意一点的高程

地形图上点的高程可根据等高线或高程注记点来确定。

(1) 点在等高线上

如果点在等高线上,则其高程即为等高线的高程。如图 5-3-4 所示,A 点位于 30 m 等高线上,则 A 点的高程为 30 m。

(2) 点不在等高线上

如果点不在等高线上,则可按内插求得。如图 5-3-4 所示,B 点位于 32 m 和 34 m 两条等高线之间,这时可通过 B 点作一条大致垂直于两条等高线的直线,分别交等高线于 m,n 两点,在图上量取 mn 和 mB 的长度,又已知等高距为 $h=2$ m,则 B 点相对于 m 点的高差 h_{mB} 可按下式计算

$$h_{mB} = \frac{mB}{mn} h \tag{5-7}$$

设 $\dfrac{mB}{mn}$ 的值为 0.8,则 B 点的高程为

$$H_B = H_m + h_{mB} = 32 \text{ m} + 0.8 \times 2 \text{ m} = 33.6 \text{ m}$$

通常根据等高线用目估法按比例推算图上点的高程。

5. 在图上确定某一直线的坡度

在地形图上求得直线的长度以及两端点的高程后,可按下式计算该直线的平均坡度 i,即

$$i = \frac{h}{dM} = \frac{h}{D} \tag{5-8}$$

式中:d——图上量得的长度(mm);

M——地形图比例尺分母;

h——两端点间的高差(m);

D——直线实地水平距离(m)。

坡度有正负号,"+"(正号)表示上坡,"−"(负号)表示下坡,常用百分率(%)或千分率(‰)表示。

思 考 题

5-1　什么是地形图的比例尺?比例尺有哪些种类?

5-2　何谓比例尺的精度?它在测绘工作中有何用途?

5-3　什么是等高线?什么是等高距?什么是等高线平距?

5-4　等高线有哪些特性?

项目 6 建筑工程施工测量

项目目标

1. 掌握测设的基本工作(水平距离、水平角和高程的测设);
2. 掌握点位测设的方法;
3. 掌握全站仪放样;
4. 掌握民用建筑、工业厂房、高层建筑物的施工测量。

素质目标

1. 施工放样工作需要协作,故教学过程中,可培养学生团队协作、吃苦耐劳和勇于奉献的精神,帮助学生树立大局意识;

2. 施工放样工作围绕工程项目的实施而进行,关乎工程安全和质量,教学中,应培养学生施工测量技术,提升学生专业劳动素养,帮助学生树立智能劳动的理念。

6.1 建筑物定位放线测量

6.1.1 测设的基本工作

测设就是根据已有的控制点或地物点,按工程设计要求,将待建的建筑物、构筑物的特征点在实地标定出来。因此,首先要算出这些特征点与控制点或原有建筑物之间的角度、距离和高差等测设数据,然后利用测量仪器和工具,根据测设数据将特征点测设到实地。

测设的基本工作包括已知水平角测设、已知水平距离测设和已知高程测设。

1. 已知水平角的测设

已知水平角的测设,就是根据一个地面点和给定的方向,定出另外一个方向,使得两个方向间的水平角为给定的已知值。例如,地面上已有一条轴线,要在该轴线上定出一些与之相垂直的轴线。则需设置出 90°角。

已知水平角的测设

(1) 一般方法

当测设水平角的精度要求不高时,可采用盘左、盘右分中的方法测设,如图 6-1-1 所示。设地面已知方向 OA,O 为角顶,β 为已知水平角角值,OB 为欲定的方向线。测设方法如下:

① 在 O 点安置经纬仪,盘左位置瞄准 A 点,使水平度盘读数为 0°00′00″。

② 转动照准部,使水平度盘读数恰好为 β 值,在此视线上定出 B' 点。

③ 盘右位置,重复上述步骤,再测设一次,定出 B'' 点。

④ 取 B' 和 B'' 的中点 B,则 $\angle AOB$ 就是要测设的 β 角。

(2) 精确方法

当测设精度要求较高时,可按如下步骤进行测设(如图 6-1-2 所示):

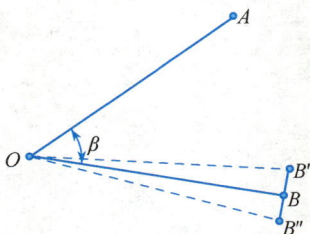

图 6-1-1 已知水平角测设的
一般方法

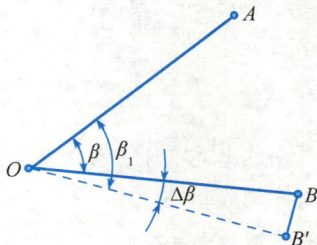

图 6-1-2 已知水平角测设的
精确方法

① 先用一般方法测设出 B' 点。

② 用测回法对 $\angle AOB'$ 观测若干个测回(测回数根据要求的精度而定),求出各测回平均值 β_1,并计算出 $\Delta\beta = \beta - \beta_1$ 值。

③ 量取 OB' 的水平距离 D。

④ 用下式计算改正距离:

$$BB' = D\tan(\beta_1 - \beta) = D \cdot \frac{(\beta_1 - \beta)''}{206\,265''}$$

⑤ 自 B' 点沿 OB' 的垂直方向量出距离 BB',定出 B 点,则 $\angle AOB$ 就是要测设的角度。量取改正距离时,如 $\Delta\beta$ 为正,则沿 OB' 的垂直方向向外量取;如 $\Delta\beta$ 为负,则沿 OB' 的垂直方向向内量取。

2. 已知水平距离的测设

已知水平距离的测设,是从地面上一个已知点出发,沿给定的方向,量出已知(设计)的水平距离,在地面上定出这段距离另一端点的位置。

(1) 钢尺测设

① 一般方法。当测设精度要求不高时,从已知点开始,沿给定的方向,用钢尺直接丈量出已知水平距离,定出这段距离的另一端点。为了校核,应再丈量一次,若两次丈量的相对误差在 1/3 000~1/5 000 内,取平均位置作为该端点的最后位置。

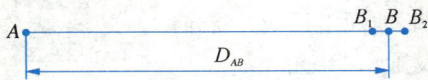

② 精确方法。当测设精度要求较高时,应使用检定过的钢尺,用经纬仪定线,根据已知水平距离 D,经过尺长改正、温度改正和倾斜改正后,用下面的公式计算出实地测设长度 L。

图 6-1-3 一般方法

$$L = D - \Delta l_d - \Delta l_t - \Delta l_h$$

已知水平距
离的测设

然后根据计算结果,用钢尺进行测设。

(2) 全站仪距离放样

该功能可显示出测量的距离与输入的放样距离之差;测量距离 — 放样距离＝显示值。放样时可选择平距(HD),高差(VD)和斜距(SD)中的任意一种放样模式。

表 6 - 1 - 1　全站仪距离放样

操作过程	操作	显示
1. 在距离测量模式下按 $\boxed{F4}$（P1↓）键,进入第 2 页功能	$\boxed{F4}$	PSM−30　PPM　4.6 V ： 95°30′55″ HR： 155°30′20″ SD： 156.320 m 测量　模式　S/A　P1↓ 偏心　放样　m/ft　P2↓
2. 按 $\boxed{F2}$（放样）键,显示出上次设置的数据	$\boxed{F2}$	PSM−30　PPM　4.6 距离放样 HD： 0.000 m 回退　平距　高差　斜距
3. 通过按 $\boxed{F2}$—$\boxed{F4}$键选择测量模式。 F2:平距（HD）,F3:高差(VD), F4:斜距（SD） 例:斜距	$\boxed{F4}$	PSM−30　PPM　4.6 距离放样 SD： 0.000 m 回退　平距　高差　斜距
4. 输入放样距离,回车确认	输入 350 $\boxed{ENT}$	PSM−30　PPM　4.6 距离放样 SD： 350 m 回退　平距　高差　斜距
5. 照准目标（棱镜）测量开始,显示出测量距离与放样距离之差	照准 P	PSM−30　PPM　4.6 V: 95°30′55″ HR: 155°30′20″ SD: −10.25 m 测量　模式　S/A　P1↓
6. 移动目标棱镜,直至距离差等于 0 m 为止		PSM−30　PPM　4.6 V ： 95°30′55″ HR： 155°30′20″ SD ： 0.000 m 测量　模式　S/A　P1↓

3. 已知高程的测设

已知高程的测设,是利用水准测量的方法,根据已知水准点,将设计高程测设到现场作业面上。

(1) 在地面上测设已知高程

如图 6-1-4 所示,某建筑物的室内地坪设计高程为 45.000 m,附近有一水准点 $BM3$,其高程为 $H3=44.680$ m。现在要求把该建筑物的室内地坪高程测设到木桩 A 上,作为施工时控制高程的依据。测设方法如下:

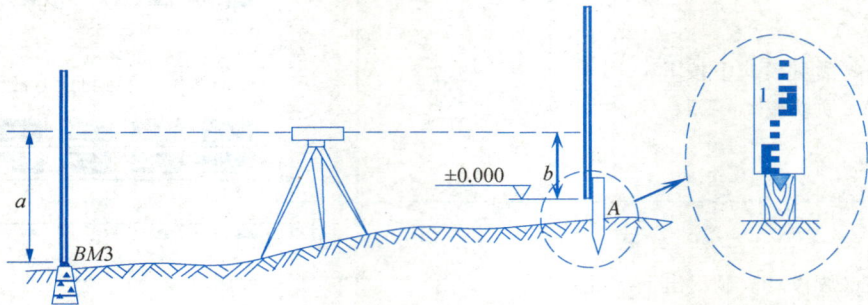

图 6-1-4 已知高程的测设

① 在水准点 $BM3$ 和木桩 A 之间安置水准仪,在 $BM3$ 立水准尺上,用水准仪的水平视线测得后视读数为 1.556 m,此时视线高程为:

$$44.680+1.556=46.236 \text{ m}$$

② 计算 A 点水准尺尺底为室内地坪高程时的前视读数:

$$b=46.236-45.000=1.236 \text{ m}$$

③ 上下移动竖立在木桩 A 侧面的水准尺,直至水准仪的水平视线在尺上截取的读数为 1.236 m 时,紧靠尺底在木桩上画一水平线,其高程即为 45.000 m。

(2) 高程传递

当向较深的基坑或较高的建筑物上测设已知高程点时,如水准尺长度不够,可利用钢尺向下或向上引测。

如图 6-1-5 所示,欲在深基坑内设置一点 B,使其高程为 $H_设$。地面附近有一水准点 R,其高程为 H_R。测设方法如下:

① 在基坑一边架设吊杆,杆上吊一根零点向下的钢尺,尺的下端挂上 10 kg 的重锤,放入油桶中。

② 在地面安置一台水准仪,设水准仪在 R 点所立水准尺上读数为 a_1,在钢尺上读数为 b_1。

③ 在坑底安置另一台水准仪,设水准仪在钢尺上读数为 a_2。

④ 计算 B 点水准尺底高程为 $H_设$ 时,B 点处水准尺的读数应为:

$$b_2=(H_R+a_1)-(b_1-a_2)-H_设$$

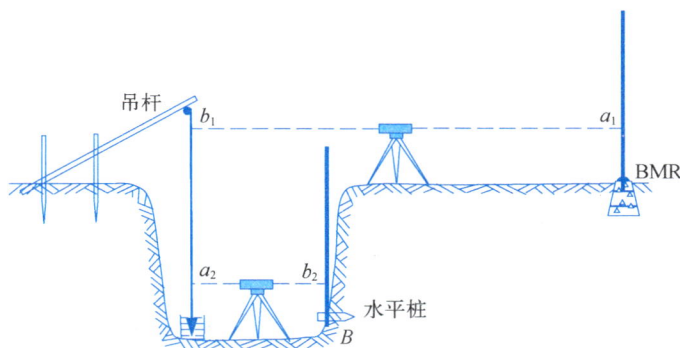

图 6-1-5　高程传递

用同样的方法,亦可从低处向高处测设已知高程的点。

6.1.2　点的平面位置的测设

点的平面位置的测设方法有直角坐标法、极坐标法、角度交会法和距离交会法。至于采用哪种方法,应根据控制网的形式、地形情况、现场条件及精度要求等因素确定。

1. 直角坐标法

直角坐标法是根据直角坐标原理,利用纵横坐标之差,测设点的平面位置。直角坐标法适用于施工控制网为建筑方格网或建筑基线的形式,且量距方便的建筑施工场地。

(1) 计算测设数据

如图 6-1-6 所示,Ⅰ,Ⅱ,Ⅲ,Ⅳ 为建筑施工场地的建筑方格网点,a,b,c,d 为欲测设建筑物的四个角点,根据设计图上各点坐标值,可求出建筑物的长度、宽度及测设数据。

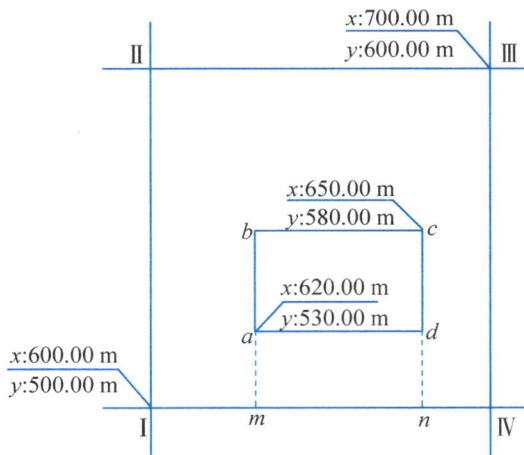

直角坐标法

图 6-1-6　直角坐标法

建筑物的长度 $= y_c - y_a = 580.00\ \text{m} - 530.00\ \text{m} = 50.00\ \text{m}$;

建筑物的宽度 $= x_c - x_a = 650.00\ \text{m} - 620.00\ \text{m} = 30.00\ \text{m}$。

测设 a 点的测设数据（Ⅰ点与 a 点的纵横坐标之差）：

$$\Delta x_{Ia}=x_a-x_I=620.00 \text{ m}-600.00 \text{ m}=20.00 \text{ m}$$
$$\Delta y_{Ia}=y_a-y_I=530.00 \text{ m}-500.00 \text{ m}=30.00 \text{ m}$$

(2) 点位测设方法

① 在Ⅰ点安置经纬仪，瞄准Ⅳ点，沿视线方向测设距离 30.00 m，定出 m 点，继续向前测设 50.00 m，定出 n 点。

② 在 m 点安置经纬仪，瞄准Ⅳ点，按逆时针方向测设 90°角，由 m 点沿视线方向测设距离 20.00 m，定出 a 点，做出标志，再向前测设 30.00 m，定出 b 点，做出标志。

③ 在 n 点安置经纬仪，瞄准Ⅰ点，按顺时针方向测设 90°角，由 n 点沿视线方向测设距离 20.00 m，定出 d 点，做出标志，再向前测设 30.00 m，定出 c 点，做出标志。

④ 检查建筑物四角是否等于 90°，各边长是否等于设计长度，其误差均应在限差以内。

测设上述距离和角度时，可根据精度要求分别采用一般方法或精密方法。

2. 极坐标法

极坐标法是根据一个水平角和一段水平距离，测设点的平面位置。极坐标法适用于量距方便，且待测设点距控制点较近的建筑施工场地。

(1) 计算测设数据

如图 6-1-7 所示，A,B 为已知平面控制点，其坐标值分别为 $A(x_A,y_A)$，$B(x_B,y_B)$，P 点为建筑物的一个角点，其坐标为 $P(x_P,y_P)$。现根据 A,B 两点，用极坐标法测设 P 点，其测设数据计算方法如下：

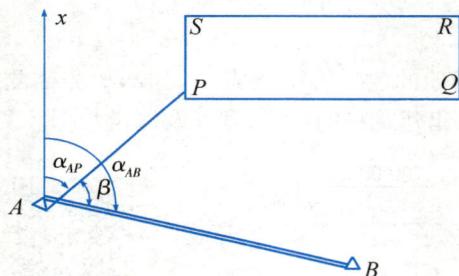

① 计算 AB 边的坐标方位角 α_{AB} 和 AP 边的坐标方位角 α_{AP}，按坐标反算公式计算。

$$\alpha_{AB}=\arctan \frac{\Delta y_{AB}}{\Delta x_{AB}} \tag{6-1}$$

$$\alpha_{AP}=\arctan \frac{\Delta y_{AP}}{\Delta x_{AP}} \tag{6-2}$$

图 6-1-7 极坐标法

应该注意的是坐标方位角的角值范围在0～360°间，而 arctan 函数的角值范围在－90～＋90°间，两者是不一致的。按式(6-2)计算坐标方位角时，计算出的是象限角，因此，应根据坐标增量 Δx、Δy 的正负号，判断其所在象限，再把象限角换算成相应的坐标方位角。

② 计算 AP 与 AB 之间的夹角。

$$\beta=\alpha_{AB}-\alpha_{AP} \tag{6-3}$$

③ 计算 A,P 两点间的水平距离。

$$D_{AP}=\sqrt{(x_P-x_A)^2+(y_P-y_A)^2}=\sqrt{\Delta x_{AP}^2+\Delta y_{AP}^2} \tag{6-4}$$

(2) 点位测设方法

① 在 A 点安置经纬仪，瞄准 B 点，按逆时针方向测设 β 角，定出 AP 方向。

② 沿 AP 方向自 A 点测设水平距离 D_{AP}，定出 P 点，做出标志。

③ 用同样的方法测设 Q,R,S 点。全部测设完毕后,检查建筑物四角是否等于 90°,各边长是否等于设计长度,其误差均应在限差以内。

同样,在测设距离和角度时,可根据精度要求分别采用一般方法或精密方法。

3. 角度交会法

角度交会法适用于待测设点距控制点较远,且量距较困难的建筑施工场地。

(1) 计算测设数据

如图 6-1-8(a)所示,A,B,C 为已知平面控制点,P 为待测设点,现根据 A,B,C 三点,用角度交会法测设 P 点,其测设数据计算方法如下:

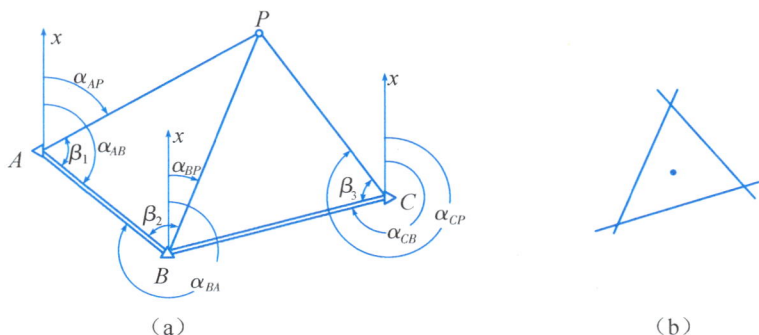

图 6-1-8　角度交会法

① 按坐标反算公式,分别计算出 α_{AB}、α_{AP}、α_{BP}、α_{CB} 和 α_{CP}。

② 计算水平角 β_1、β_2 和 β_3。

(2) 点位测设方法

① 在 A,B 两点同时安置经纬仪,同时测设水平角 β_1 和 β_2,定出两条视线,在两条视线相交处钉下一个大木桩,并在木桩上依 AP、BP 绘出方向线及其交点。

② 在控制点 C 上安置经纬仪,测设水平角 β_3,同样在木桩上依 CP 绘出方向线。

③ 如果交会没有误差,此方向应通过前两方向线的交点,否则将形成一个"示误三角形",如图 6-1-8(b)所示。若示误三角形边长在限差以内,则取示误三角形重心作为待测设点 P 的最终位置。

测设 β_1、β_2 和 β_3 时,视具体情况,采用一般方法或精密方法。

4. 距离交会法

距离交会法是由两个控制点测设两段已知水平距离,交会定出点的平面位置。距离交会法适用于待测设点至控制点的距离不超过一尺段长,且地势平坦、量距方便的建筑施工场地。

(1) 计算测设数据

如图 6-1-9 所示,A,B 为已知平面控制点,P 为待测设点,现根据 A,B 两点,用距离交会法测设 P 点,其测设数据计算方法如下:

根据 A,B,P 三点的坐标值,分别计算出 D_{AP} 和 D_{BP}。

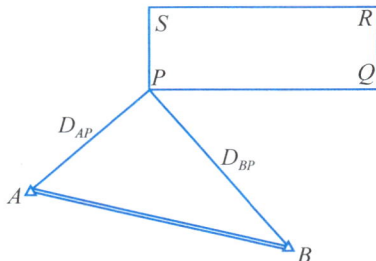

图 6-1-9　距离交会法

（2）点位测设方法

① 将钢尺的零点对准 A 点，以 D_{AP} 为半径在地面上画一圆弧。

② 再将钢尺的零点对准 B 点，以 D_{BP} 为半径在地面上再画一圆弧。两圆弧的交点即为 P 点的平面位置。

③ 用同样的方法，测设出 Q 点的平面位置。

④ 丈量 P、Q 两点间的水平距离，与设计长度进行比较，其误差应在限差以内。

▶ 6.1.3　建筑基线与建筑方格网

1. 概述

由于在勘探设计阶段所建立的控制网，是为测图而建立的，有时并未考虑施工的需要，所以控制点的分布、密度和精度，都难以满足施工测量的要求；另外，在平整场地时，大多控制点被破坏。因此施工之前，在建筑场地应重新建立专门的施工控制网。

（1）施工控制网的分类

施工控制网分为平面控制网和高程控制网两种。

① 施工平面控制网。施工平面控制网可以布设成三角网、导线网、建筑方格网和建筑基线四种形式。

a. 三角网。对于地势起伏较大，通视条件较好的施工场地，可采用三角网。

b. 导线网。对于地势平坦，通视又比较困难的施工场地，可采用导线网。

c. 建筑基线。对于地势平坦且又简单的小型施工场地，可采用建筑基线。

d. 建筑方格网。对于建筑物多为矩形且布置比较规则和密集的施工场地，可采用建筑方格网。

② 施工高程控制网。施工高程控制网采用水准网。

（2）施工控制网的特点

与测图控制网相比，施工控制网具有控制范围小、控制点密度大、精度要求高及使用频繁等特点。

2. 施工坐标系与测量坐标系的坐标换算

导线网和边角网

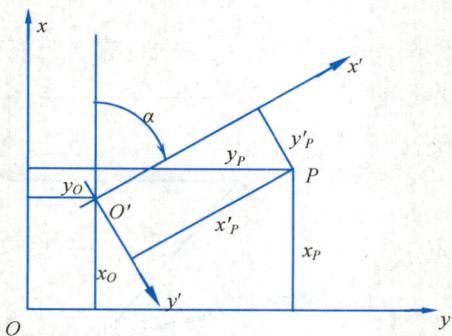

施工坐标系亦称建筑坐标系，其坐标轴与主要建筑物主轴线平行或垂直，以便用直角坐标法进行建筑物的放样。

施工控制测量的建筑基线和建筑方格网一般采用施工坐标系，而施工坐标系与测量坐标系往往不一致，因此，施工测量前常常需要进行施工坐标系与测量坐标系的坐标换算。

如图 6-1-10 所示，设 xOy 为测量坐标系，$x'O'y'$ 为施工坐标系，x_O，y_O 为施工坐标系的原点 O' 在测量坐标系中的坐标，α 为施工坐标系的纵轴 $O'x'$ 在测量坐标系中的坐标方位角。设已知 P 点的施工坐标为 (x'_P, y'_P)，则可按下式将其换算为测量坐标 (x_P, y_P)：

图 6-1-10　施工坐标系与测量坐标系的换算

$$\begin{cases} x_P = x_O + x'_P \cos\alpha - y'_P \sin\alpha \\ y_P = y_O + x'_P \sin\alpha + y'_P \cos\alpha \end{cases} \qquad (6-5)$$

如已知 P 的测量坐标,则可按下式将其换算为施工坐标:

$$\begin{cases} x'_P = (x_P - x_O)\cos\alpha + (y_P - y_O)\sin\alpha \\ y'_P = -(x_P - x_O)\sin\alpha + (y_P - y_O)\cos\alpha \end{cases} \qquad (6-6)$$

3. 建筑基线

建筑基线是建筑场地的施工控制基准线,即在建筑场地布置一条或几条轴线。它适用于建筑设计总平面图布置比较简单的小型建筑场地。

(1) 建筑基线的布设形式

建筑基线的布设形式,应根据建筑物的分布、施工场地地形等因素来确定。常用的布设形式有"一"字形、"L"形、"十"字形和"T"形,如图 6-1-11 所示。

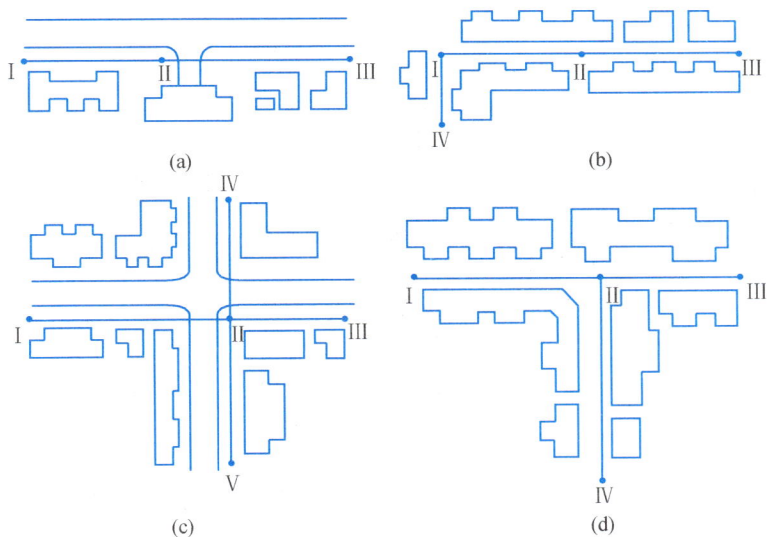

图 6-1-11　建筑基线的布设形式

(2) 建筑基线的布设要求

① 建筑基线应尽可能靠近拟建的主要建筑物,并与其主要轴线平行,以便使用比较简单的直角坐标法进行建筑物的定位。

② 建筑基线上的基线点应不少于三个,以便相互检核。

③ 建筑基线应尽可能与施工场地的建筑红线相联系。

④ 基线点位应选在通视良好和不易被破坏的地方,为能长期保存,要埋设永久性的混凝土桩。

(3) 建筑基线的测设方法

根据施工场地的条件不同,建筑基线的测设方法有以下两种。

① 根据建筑红线测设建筑基线

由城市测绘部门测定的建筑用地界定基准线,称为建筑红线。在城市建设区,建筑红线

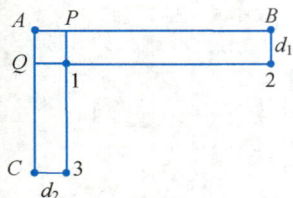

图 6-1-12 根据建筑红线测设建筑基线

出标志。

可作为建筑基线测设的依据。如图 6-1-12 所示，AB，AC 为建筑红线，1,2,3 为建筑基线点，利用建筑红线测设建筑基线的方法如下：

首先，从 A 点沿 AB 方向量取 d_2 定出 P 点，沿 AC 方向量取 d_1 定出 Q 点。

然后，过 B 点作 AB 的垂线，沿垂线量取 d_1 定出 2 点，做出标志；过 C 点作 AC 的垂线，沿垂线量取 d_2 定出 3 点，做出标志；用细线拉出直线 P3 和 Q2，两条直线的交点即为 1 点，做出标志。

最后，在 1 点安置经纬仪，精确观测∠213，其与 90° 的差值应小于 ±20″。

② 根据附近已有控制点测设建筑基线

在新建筑区，可以利用建筑基线的设计坐标和附近已有控制点的坐标，用极坐标法测设建筑基线。如图 6-1-13 所示，A，B 为附近已有控制点，1,2,3 为选定的建筑基线点。测设方法如下：

首先，根据已知控制点和建筑基线点的坐标，计算出测设数据 β_1，D_1，β_2，D_2，β_3，D_3。然后，用极坐标法测设 1,2,3 点。

由于存在测量误差，测设的基线点往往不在同一直线上，且点与点之间的距离与设计值也不完全相符，因此，需要精确测出已测设直线的折角 β' 和距离 D'，并与设计值相比较。如图 6-1-14 所示，如果 $\Delta\beta = \beta' - 180°$ 超过 ±15″，则应对 1′，2′，3′ 点在与基线垂直的方向上进行等量调整，调整量按下式计算：

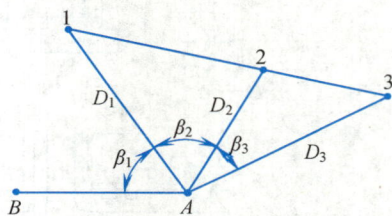

图 6-1-13 根据控制点测设建筑基线

$$\delta = \frac{ab}{a+b} \times \frac{\Delta\beta}{2\rho} \qquad (6-7)$$

式中：δ——各点的调整值（m）；

a，b——分别为 12,23 的长度（m）。

如果测设距离超限，则

图 6-1-14 基线点的调整

$$\frac{\Delta D}{D} = \frac{D' - D}{D} > \frac{1}{10\,000}$$

应以 2 点为准，按设计长度沿基线方向调整 1′、3′ 点。

4. 建筑方格网

(1) 建筑施工方格网的意义

目前建筑场地由勘测设计部门提供的控制点多为小三角点或导线点，如果利用这些控制点进行建筑物的测量定位，需进行大量的计算工作，且点位往往较少，不仅工作不便，也不易保证建筑物的定位精度。为便于施工测量，一般都在原有控制点的基础上，另建立施工方格网。让方格网各点间的连线与建筑物的

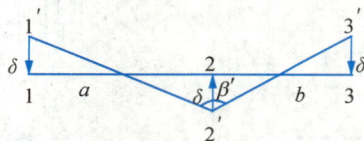

建筑方格网和卫星导航控制网

轴线相平行,这样即可采用直角坐标系进行定位测量,既方便又容易保证定位精度。这种方法叫先整体布网、后局部测量,可减少测量过程的累计误差。由于施工方格网是按建筑物轴线方向互相垂直布置的,所以,由正方形或矩形的格网组成的工业与民用建筑场地的施工平面控制网,称为"建筑方格网"。对地势平坦的新建或扩建的大中型建筑场地,常采用建筑方格网。

（2）施工方格网的布设原则

布设时应考虑以下几点:

① 根据设计总平面图布设,方格网或轴线网要能控制整个建筑区。使方格网的主轴线位于建筑场地的中央,并与主要建筑物的轴线平行或垂直,使控制点接近于测设对象,特别是测设精度要求较高的工程对象。

② 根据实际地形布设,使控制点位于测角、置距比较方便的地方,并使埋设标桩的高程与场地的设计标高不要相差很多。

③ 方格网的边长一般为100~500 m,也可根据测设的对象而定。点的密度根据实际需要而定。方格网各交角应严格成90°,控制点应便于保存,尽量避免受土石方的影响。

④ 当场地面积较大时,应分成两级布网。首先可采用"十"字形、"口"字形或"田"字形,然后再加密方格网。若场地面积不大,则尽量布设成全面方格网。

⑤ 最好将高程控制点与平面控制点埋设在同一块标石上。

⑥ 建筑场地建立施工方格网后,建筑物的定位测量都应以方格网为依据,不能再利用原控制点。因为在建立方格网过程中。由于测量误差的影响,方格网系统与原控制网系统可能产生平面位移或旋转,如果再利用原控制点进行施工放线会使建筑物尺寸间出现矛盾。

场地建筑方格控制网的主要技术指标见表6-1-2。

表6-1-2　建筑方格网的主要技术要求

等级	边长/m	测角中误差	边长相对中误差	测角检测限差	边长检测限差
Ⅰ级	100~300	5″	1/30 000	10″	1/15 000
Ⅱ级	100~300	8″	1/20 000	16″	1/10 000

（3）主轴线放样

与建筑基线放样方法相似。

首先,准备放样数据,然后实地放样两条相互垂直的主轴线$C—C$、$3—3$,如图6-1-15所示。主轴线实质上是由5个主点$C1,C3,C5,A3$和$E3$点组成。最后精确检测主轴线点的相对位置关系,并与设计值相比较。若角度较差大于$\pm10″$,则需要横向调整点位,使角度与设计值相符;若距离较差大于1/15 000,则需纵向调整点位使距离与设计值相符。

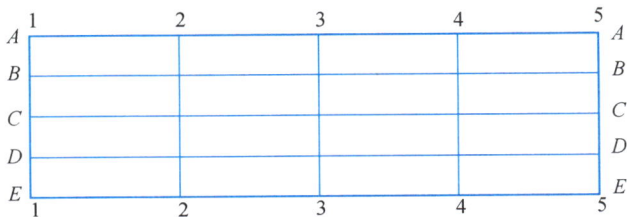

图6-1-15　建筑方格网

（4）方格网点放样

主轴线放样后，分别在主轴线端点 $C1$、$C5$、$A3$、$E3$ 上安置经纬仪，后视主点 $C3$，向左右分别拨角 $90°$，这样就可交会出田字形方格网点。随后再作检核，测量相邻两点间的距离，看是否与设计值相等，测量其角度是否为 $90°$，误差均应在允许范围内，并埋设永久标志。此后，再以田字形方格网为基础，加密方格网的其余各点。

▶ 6.1.4 建筑施工测量定位

民用建筑是指住宅、办公楼、食堂、俱乐部、医院和学校等建筑物，分为单层、多层和高层等各种类型。施工测量的任务是按照设计的要求，把建筑物的位置测设到地面上，并配合施工的进程进行放样与检测，以确保工程施工质量。

进行施工测量之前，应按照施工测量规范要求，选定所用测量仪器和工具，并对其进行检验与校正。与此同时，必须做好以下准备工作。

1. 施工测量前的准备工作

（1）熟悉设计图纸

设计图纸是施工测量的依据，在测设前应认真阅读设计图纸及其有关说明，了解施工的建筑物与相邻地物间的位置关系，理解设计意图，对有关尺寸应仔细核对，以免出现差错。

施工测量前的
准备工作

与测设有关的设计图纸主要有：

① 建筑总平面图

从总平面图上，可以查取或计算设计建筑物与原有建筑物或测量控制点之间的平面尺寸和高差，作为测设建筑物总体位置的依据。它是建筑施工放样的总体依据，建筑物就是根据总平面图上所给的尺寸关系进行定位的。

② 建筑平面图

从建筑平面图中可以查取建筑物的总尺寸，以及内部各定位轴线之间的关系尺寸，这是施工测设的基本资料。

③ 基础平面图

从基础平面图上可以查取基础边线与定位轴线的平面尺寸，这是测设基础轴线的必要数据。

④ 基础详图

从基础详图中可以查取基础立面尺寸和设计标高，这是基础高程测设的依据。

⑤ 建筑物的立面图和剖面图

从建筑物的立面图和剖面图中可以查取基础、地坪、门窗、楼板、屋架和屋面等设计高程，这是高程测设的主要依据。

在熟悉上述主要图纸的基础上，要认真核对各种图纸总尺寸与各部分尺寸之间的关系是否正确，防止测设时出现差错。

（2）现场踏勘

现场踏勘的目的是掌握现场的地物、地貌和原有测量控制点的分布情况，弄清与施工测量相关的一系列问题，对测量控制点的点位和已知数据认真检查与复核，为施工测量获得正

确的测量起始数据和点位。

（3）施工场地整理

平整和清理施工场地，以便进行测设工作。

（4）制订测设方案

根据场地平面控制网，或设计给定的作为建筑物定位依据的原有建（构）筑物，进行建筑物的定位放线，是确定建筑物平面位置和开挖基础的关键环节，施测中必须保证精度、杜绝错误，否则后果难以处理。工程测量技术规范规定施工放线精度要求见表 6-1-3。

施工测量前数据准备和定位点校核、方案编制

表 6-1-3　建筑物施工放样的主要技术要求

建筑物结构特征	测距相对中误差	测角中误差/mm	测站高差中误差/mm	施工水平面高程中误差/mm	竖向传递轴线点中误差/mm
钢结构、装配式混凝土结构、建筑物高度 100～120 m 或跨度 30～36 m	1/20 000	5	1	6	4
15 层房屋、建筑物高度 60～100 m 或跨度 18～30 m	1/10 000	10	2	5	3
5～15 层房屋、建筑物高度 15～60 m 或跨度 6～18 m	1/5 000	20	2.5	4	2.5
5 层房屋、建筑物高度 15 m 或跨度 6 m 以下	1/3 000	30	3	3	2
木结构、工业管线或公路铁路专线	1/2 000	30	5	—	—
土工竖向整平	1/1 000	45	10	—	—

在场地条件允许的情况下，对一栋建筑物定位放线时，应按如下步骤进行：

① 校核定位依据桩是否有误或碰动。

② 根据定位依据桩测设建筑物轮廓各大角外（距基槽边 1～5 m）的控制桩。

③ 在建筑物矩形控制网的四边上，测设建筑物各大角的轴线与各细部轴线的控制桩（也叫引桩或保险桩）。

④ 以各轴线的控制桩测设建筑物四大角。

⑤ 按基础图及施工方案测设基础开挖线。

⑥ 经自检互检合格后，根据《建筑工程资料管理规程》（JGJ/T 185—2009）规定填写"工程定位测量记录"，提请有关部门及单位验线。沿红线兴建的建筑物定位后，还要经城市规划部门验线合格后，方可破土开工，以防新建建筑物压、超红线。

施工测量原始记录基本要求

（5）仪器和工具

对测设所使用的仪器和工具进行检核。

2. 建筑物的定位

建筑物的定位是根据设计图纸，将建筑物外墙的轴线交点（也称角点）测设到实地，作为建筑物基础放样和细部放线的依据。对于一般的多层民

施工测量仪器规定

用建筑,定位精度控制指标为:距离相对误差不应超过 1/5 000,角度误差不应超过±20″。

由于设计方案常根据施工场地条件来选定,不同的设计,其建筑物的定位方法也不一样,主要有以下三种情况:

(1) 根据与原有建筑物的关系定位

在现有建筑群内新建或扩建时,设计图上通常给出拟建的建筑物与原有建筑物或道路中心线的位置关系数据,主轴线就可根据给定的数据在现场测设。图 6-1-16 中所表示的是几种常见的情况,有斜线的为原有建筑物,未画斜线的为拟建建筑物。

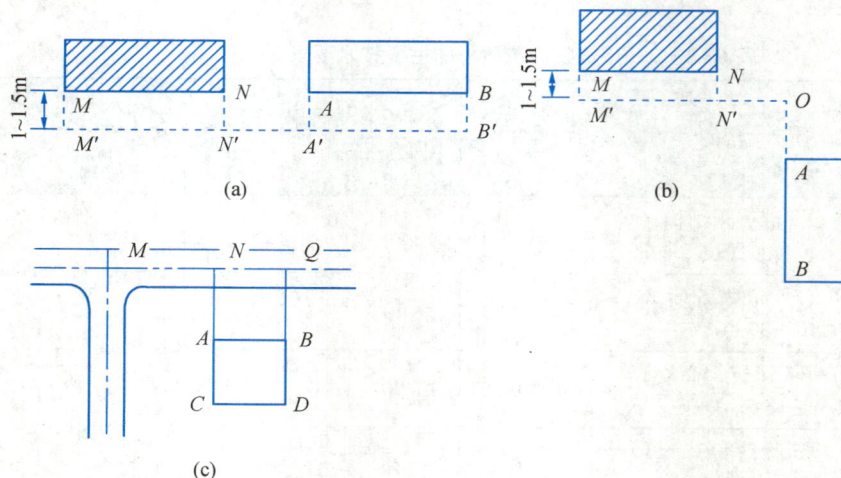

图 6-1-16 根据已有建筑物定位

图 6-1-16(a)中拟建的建筑物轴线 AB 在原有建筑物轴线 MN 的延长线上。测设直线 AB 的方法如下:先作 MN 的垂线 MM' 及 NN',并使 $MM'=NN'$,然后在 M' 处架设经纬仪作 $M'N'$ 的延长线 $A'B'$,再在 A',B' 处架设经纬仪作垂线得 A,B 两点,其连线 AB 即为所要确定的直线。一般也可以用线绳紧贴 MN 进行穿线,在线绳的延长线上定出 AB 直线。

图 6-1-16(b)是按上述方法定出 O 点后,转 90°,根据坐标数据定出 AB 直线。

图 6-1-16(c)中,拟建的建筑物平行于原有的道路中心线,测法是先定出道路中心线位置,然后用经纬仪作垂线,定出拟建建筑物的轴线。

详细的测设方案如图 6-1-17 所示。建筑物的定位,就是将建筑物外轮廓各轴线交点,即图 6-1-17 中的 M、N、P 和 Q 测设在地面上,作为基础放样和细部放样的依据。

测设方法如下:

① 如图 6-1-17 所示,用钢尺沿宿舍楼的东、西墙,延长出一小段距离 l 得 a、b 两点,做出标志。

② 在 a 点安置经纬仪,瞄准 b 点,并从 b 沿 ab 方向量取 14.240 m(因为教学楼的外墙厚 370 mm,轴线偏里,离外墙皮 240 mm),定出 c 点,做出标志,再继续沿 ab 方向从 c 点起量取 25.800 m,定出 d 点,做出标志,cd 线就是测设教学楼平面位置的建筑基线。

③ 分别在 c、d 两点安置经纬仪,瞄准 a 点,顺时针方向测设 90°,沿此视线方向量取距离 $(l+0.240)$ m,定出 M、Q 两点,做出标志,再继续量取 15.000 m,定出 N、P 两点,做出标

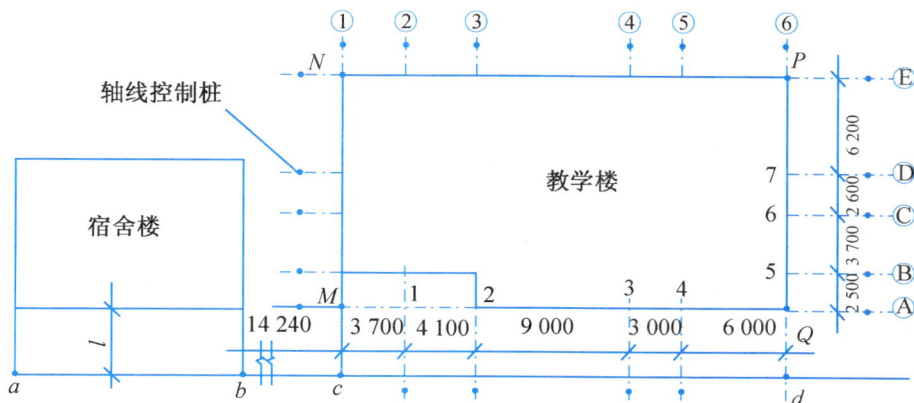

图 6-1-17　根据建筑基线定位建筑物

志。M、N、P、Q 四点即为教学楼外轮廓定位轴线的交点。

④ 检查 NP 的距离是否等于 25.800 m，$\angle N$ 和 $\angle P$ 是否等于 90°，其误差应在允许范围内。

（2）根据建筑方格网定位

如图 6-1-18 所示，MN 为建筑方格网的一条边，可以以它为依据对建筑物 $ABCD$ 定位。

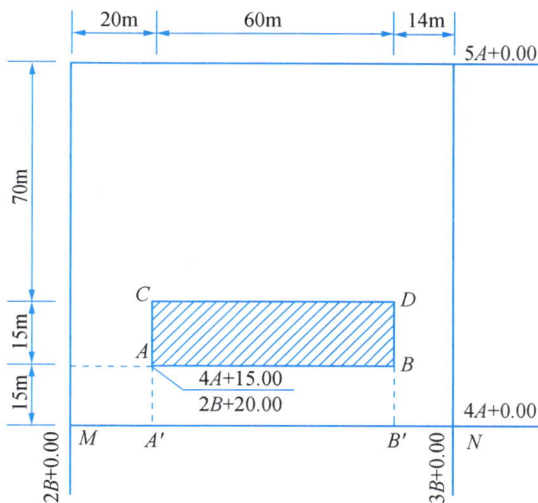

图 6-1-18　根据建筑方格网定位

具体测设方法如下：

① 在建筑总平面图上，查得 A 点的坐标值。从而计算得到 $MA = 20$ m，$AC = 15$ m，$A'A = 15$ m，$AB = 66$ m。

② 用直角坐标法测设 A，B，C，D 四大角的角点。

③ 用钢尺检验建筑物的边长，相对误差不应超过 1/2 000。

（3）根据控制点的坐标定位

在建筑场地附近，如果有测量控制点可以利用，应根据控制点坐标及建筑物定位点的设计坐标，反算出标定角度与距离，然后采用极坐标法或角度交会法将建筑物测设到地面上。

极坐标法定位应先测设控制网的长边,这条边与视线的夹角不宜小于 30°。

3. 定位测量中的注意事项

(1)认真熟悉图纸及有关技术资料,审核各项尺寸,发现图纸有不符的地方应找技术部门改正。施测前要绘制观测示意图,把各测量数据标在示意图上。

(2)施测过程的每个环节都应精心操作,对中、丈量要准确,测角应采用复测法,后视应选在长边,引测过程的测量精度不低于控制网精度。

(3)基础施工中最容易发生问题的地方是错位,主要原因是把中线、轴线、边线搞混用错。因此,凡轴线与中线不重合或同一点附近有几个控制桩时,应在控制桩上标明轴线编号。分清是轴线还是中线,防止用错。

(4)控制网测完后,要经有关人员检查验收。

(5)控制桩要做出明显标记,以便引起人们注意,桩的四周要钉木桩拉铁线加以保护,防止碰撞破坏。如发现桩位有变化,要复查后再使用。

(6)设在冻胀性土质中的桩要采取防冻措施。

4. 工程测量记录

建筑物定位完成后需填写工程测量记录表。工程测量定位记录见样表 6-1-4。

表 6-1-4　工程测量定位记录

工程名称	某学院食堂工程	编号	×××
		图纸编号	结施—2
委托单位	××规划局	施测日期	2009.08.10
复测日期	2009.08.22	平面坐标依据	甲方指定
高程依据	甲方指定	使用仪器	DS$_3$　DJ$_6$
允许偏差		仪器校检日期	2008.01.30

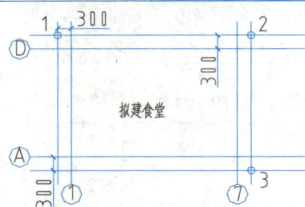

工程定位放线图

说明:1、2、3为控制点,由甲方提供(规划局施测)。

　　　1、2、3为外墙皮交点。

复测结果:

经复测符合设计要求。

签字栏	施工单位	某建筑公司	测量人员岗位证书号	×××	专业技术负责人	×××
	施工测量负责人	×××	复测人	×××	施测人	×××
	监理或建设单位	×××	专业工程师	×××		

6.1.5　建筑施工测量放线

建筑物的放线是指根据已定位的外墙主轴线交点桩及建筑物平面图,详细测设出建筑物各轴线的交点位置,并设置交点中心桩;然后根据各交点中心桩沿轴线用白灰撒出基槽开挖边界线,以便进行开挖施工;由于基槽开挖后,各交点桩将被挖掉,为了便于在施工中恢复各轴线位置,还需把各轴线延长到基槽外安全地点,设置控制桩或龙门板,并做好标志。

1. 测设建筑物定位轴线交点桩

根据建筑物的主轴线,按建筑平面图所标尺寸,将建筑物各轴线交点位置测设于地面,并用木桩标定出来,称交点桩,又称"轴线桩"。用上述方法测设的建筑物点位,都是建筑定位轴线的交点,即"轴线桩"。

具体的放样方法如下:

在外墙轴线周边上测设中心桩位置。以图 6-1-17 为例,在 M 点安置经纬仪,瞄准 Q 点,用钢尺沿 MQ 方向量出相邻两轴线间的距离,定出 1、2、3、4 各点,同理可定出 5、6、7 各点。量距精度应达到设计精度要求。量出各轴线之间距离时,钢尺零点要始终对在同一点上。

2. 引测轴线

由于在开挖基槽时,角桩和中心桩要被挖掉,为了便于在施工中恢复各轴线位置,应把各轴线延长到基槽外安全地点,并做好标志。其方法有设置轴线控制桩和龙门板两种形式。

(1)设置轴线控制桩

轴线控制桩应设置在基槽外基础轴线的延长线上,作为开槽后各施工阶段恢复轴线的依据,如图 6-1-19 所示。轴线控制桩一般设置在基槽外 2~4 m 处,打下木桩,桩顶钉上小钉,准确标出轴线位置,并用混凝土包裹木桩。

如附近有固定建筑物,可将轴线延长,投测到该建筑的墙脚或基础顶面上,用红色油漆做标记,代替控制桩。再将标高引测到墙面上,亦用红漆做标记,三角形顶点下部横线即±0.000标高线。

(2)设置龙门板

在小型民用建筑施工中,常将各轴线引测到基槽外的水平木板上。水平木板称为龙门板,固定龙门板的木桩称为龙门桩,如图 6-1-20 所示。龙门板应注记中心线编号并测设标高,龙门板和龙门桩应注意保存。这样的设施能起控制基础

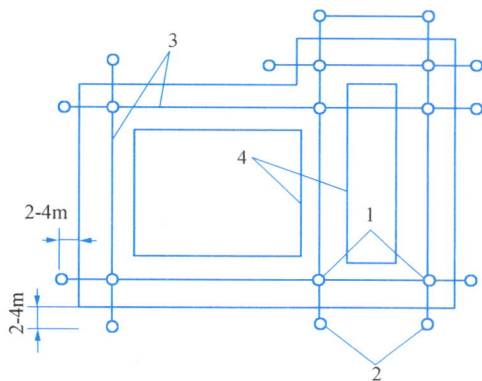

1—轴线桩;2—控制桩;3—定位轴线;4—基槽灰线

图 6-1-19　轴线控制桩的测设

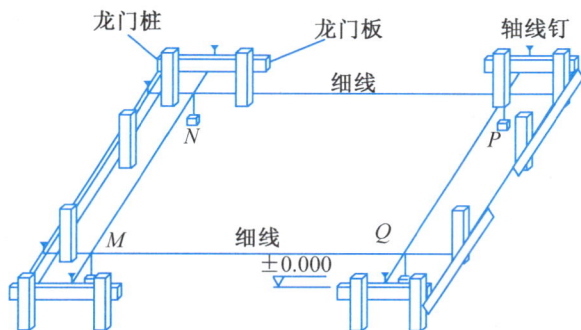

图 6-1-20　龙门板

及上部结构的轴线和标高的作用,也可做工序交接和工程质量检验的依据。

设置龙门板的步骤如下:

在建筑物四角与隔墙两端、基槽开挖边界线以外 1.5～2 m 处,设置龙门桩。龙门桩要钉得竖直、牢固,龙门桩的外侧面应与基槽平行。

根据施工场地的水准点,用水准仪在每个龙门桩外侧,测设出该建筑物室内地坪设计高程线(即±0.000 标高线),并做出标志。

沿龙门桩上±0.000 标高线钉设龙门板,这样龙门板顶面的高程就在±0.000 的水平面上。然后,用水准仪校核龙门板的高程,如有差错应及时纠正,其允许误差为±5 mm。

在 N 点安置经纬仪,瞄准 P 点,沿视线方向在龙门板上定出一点,用小钉作标志,纵转望远镜在 N 点的龙门板上也钉一个小钉。用同样的方法,将各轴线引测到龙门板上,所钉之小钉称为轴线钉。轴线钉定位误差应小于±5 mm。

最后,用钢尺沿龙门板的顶面,检查轴线钉的间距,其误差不应超过 1∶2 000。检查合格后,以轴线钉为准,将墙边线、基础边线、基础开挖边线等标定在龙门板上。

3. 民用建筑定位放线的检验测量

当施工员放线、钉设龙门板或控制桩完毕,质量检查人员应立即进行放线检验测量,以检核放线、钉桩有无错误。

检测项目主要有:

(1)根据设计总平面图,查算建筑轴线桩的平面坐标值,以及该桩与现场控制网点的相关位置和放线需用的数据,然后根据现场控制网,用经纬仪及钢尺检验各轴线桩的位置测设是否正确。同时也应检验龙门板上的标记位置。如发现问题,立即与放线的施工人员查找原因,予以调整或重新测设。

(2)根据现场控制网点的高程,质检人员也应用水准仪检核龙门板或墙上标出的±0.000 标高,务必符合设计要求。

以上检验均应及时记录,并妥善保存。在施工过程中进行有关检测时,常需核对原始资料。同时,在工程竣工验收填写验收报告及编制竣工图时,均需附上这些资料。

4. 施工测量放线报验表

测量放样结束后,需填写施工测量放线报验表,提请监理单位进行检查,具体见表 6-1-5。

表 6-1-5　施工测量放线报验表

施工测量放线报验表		编号	
工程名称		日期	

致＿＿＿＿＿＿＿(监理单位):
我方已完成(部位)＿＿＿＿＿＿＿
　　　　(内容)＿＿＿＿＿＿＿
的测量放线,经自检合格,请予查验。
附件:1. □放线的依据材料＿＿＿＿＿＿＿页
　　　2. □放线成果表＿＿＿＿＿＿＿页

　　　　　　　　测量员(签字):　　　　岗位证书号:
　　　　　　　　查验人(签字):　　　　岗位证书号:
承包单位名称:　　　　　　技术负责人(签字):

（续表）

查验结果：

查验结论：□合格　　　□纠错后重报
监理单位名称：　　　监理工程师(签字)：　　　　　　　日期：

6.1.6　全站仪点位测设

全站仪点位测设也叫全站仪坐标放样。

放样模式有两个功能，即测定放样点和利用内存中的已知坐标数据设置新点，如果坐标数据未被存入内存，则也可从键盘输入坐标，坐标数据可通过个人计算机从传输电缆装入仪器内存。

全站仪坐标放样

1. 放样步骤

在放样的过程中，有以下几步：

第一步：选择坐标数据文件。可进行测站坐标数据及后视坐标数据的调用。

第二步：设置测站点。

第三步：设置后视点，确定方位角。

第四步：输入或调用所需的放样坐标，开始放样。

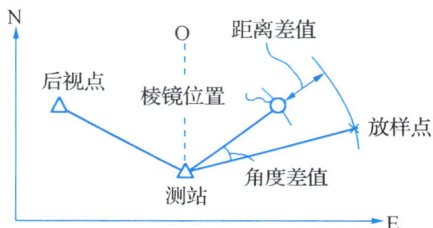

图 6-1-21　坐标放样图示

2. 准备工作

(1) 坐标格网因子的设置

地形图（坐标格网）上两点之间的距离与地面上相应点之间的水平距离（测站高程面上）一般是不相同的，其比值称为格网因子或格网比例因子。

当放样坐标经过坐标格网因子的改正时，需对坐标格网因子按照相同参数进行设置。可以在坐标放样(2/2)中对格网因子进行设置。见表6-1-6。

表 6-1-6　格网因子设置

操　作　过　程	操　作	显　　　示
1. 由坐标放样菜单2/2按 F1 （选择文件）键	F1	坐标放样 （2/2） F1:选择文件 F2:新点 F3:格网因子 选择一个文件 FN: 回退　调用　字母

（续表）

操 作 过 程	操 作	显 示
2.按 F2 （调用）键，显示坐标数据文件目录①	F2	文件调用 ▬▬ ▭ →&FN SOUTH .PTS 2K 　FN SOUTH1 .PTS 6K 　FN SOUTH2 .PTS 15K 查找　　　上页　下页
3.按[▲]或[▼]键可使文件表向上或向下滚动，选择一个工作文件②，按 ENT 回车确认。返回到放样(2/2)	[▲] 或 [▼]	坐标放样 （2/2） ▬▬ ▭ F1:输入测站点 F2:输入后视点 F3:输入放样点 　　　　　▼

注：① 如果要直接输入文件名，可按 F1(输入)键，然后输入文件名。
　　② 如果菜单文件已被选定，则在该文件名的右边显示一个"&"符号。

（2）坐标数据文件的选择

运行放样模式首先要选择一个坐标数据文件，用于测站以及放样数据的调用，同时也可以将新点测量数据存入所选定的坐标数据文件中。

开机后通过坐标放样键"S.O"进入放样模式。

当放样模式已运行时，可以按同样方法选择文件。

（3）设置测站点

设置测站点的方法有如下两种：

① 调用内存中的坐标设置；

② 直接键入坐标数据。

测站坐标保存在选择的坐标数据文件中。

调用已存储的坐标数据设置测站点见表6-1-7。

表6-1-7　调用已存储的坐标数据设置测站点

操 作 过 程	操 作	显 示
1.由坐标放样菜单(1/2)按 F1 （输入测站点）键，即显示原有数据	F1	输入测站点 ▬▬ ▭ 点名： SOUTH 01 回退 调用 字母 坐标
2.输入点名，按 ENT （回车）键确认	ENT	FN: FN SOUTH ▬▬ ▭ N:　　　　152.258　m E:　　　　376.310　m Z:　　　　　2.362　m >OK?　　　[否]　[是]

（续表）

操 作 过 程	操 作	显　　示
3. 按 F4 （是）键，进入到仪高输入界面	F4	输入仪器高 仪高： 1.236　m 回退
4. 输入仪器高，显示屏返回到放样单(1/2)	输入仪高 ENT	坐标放样　（1/2） F1:输入测站点 F2:输入后视点 F3:输入放样点 ▼

直接输入测站点坐标见表6-1-8。

表6-1-8　直接输入测站点坐标

操 作 过 程	操 作	显　　示
1. 由放样菜单 1/2 按 F1 （输入测站点）键，即显示原有数据	F1	输入测站点 点名： SOUTH-01 回退　调用　字母　坐标
2. 按 F4 （坐标）键	F4	输入测站点 N: 156.987　m E: 232.165　m Z: 55.032　m 回退
3. 输入坐标值按 ENT （回车）键，进入到仪高输入界面	输入坐标 ENT	输入测站点 仪高：_ 1.220　m 回退
4. 按同样方法输入仪器高，显示屏返回到放样菜单 1/2	输入仪高 ENT	坐标放样　（1/2） F1:输入测站点 F2:输入后视点 F3:输入放样点 ▼

（4）设置后视点

如下三种后视点设置方法可供选用，如图6-1-22所示。

① 利用内存中的坐标数据文件设置后视点；

② 直接键入坐标数据；

③ 直接键入设置角。

每按一下 F4 键，输入后视定向角方法与直接键入后视点坐标数据依次变更。

方法1 调用已有点号

输入后视点

点名： SOUTH-02

[回退] [调用] [字母] [坐标]

F4（坐标）

方法2 直接输入坐标

输入后视点

N: 0.000 m
E: 0.000 m

[回退] [ ] [ ] [角度]

ESC

F4（角度）

方法3 直接输入角度

输入后视点

HR: 0.0000

[回退] [ ] [ ] [坐标]

ESC

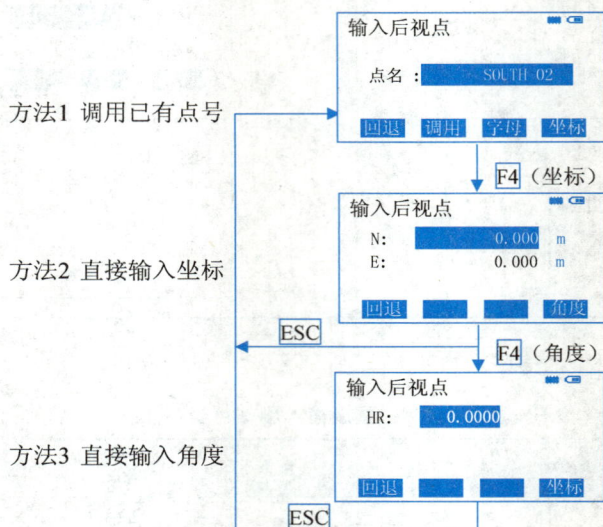

图 6-1-22　三种后视点设置方法

利用已存储的坐标数据输入后视点坐标，见表 6-1-9。

表 6-1-9　利用已存储的坐标数据输入后视点坐标

操 作 过 程	操 作	显　　示
1. 由坐标放样菜单按 F2（输入后视点）键	F2	输入测站点 点名： SOUTH 02 [回退] [调用] [字母] [坐标]
2. 输入点名，按 ENT（回车）键确认	输入点名 ENT	FN: FN SOUTH N: 103.210 m E: 21.963 m Z: 1.012 m >OK? [否] [是]
3. 按 F4（是）键，仪器自动计算，显示后视点设置界面	F4	PSM -30　PPM 4.6 照准后视点 HB = 125° 12' 20" >照准? [否] [是]

（续表）

操 作 过 程	操 作	显　示
4. 照准后视点,按 F4（是）键显示屏返回到坐标放样菜单 1/2	照准后视点 F4	坐标放样　（1/2） F1:输入测站点 F2:输入后视点 F3:输入放样点 ▼

每按一下 F4 键,输入后视定向角方法与直接键入后视点坐标数据依次变更。

直接输入后视点坐标见表 6－1－10。

表 6－1－10　直接输入后视点坐标

操 作 过 程	操 作	视点坐标显示
1. 由坐标放样菜单 1/2 按 F2（输入后视点）键,即显示原有数据	F2	输入后视点 点名：　　SOUTH 02 回退　调用　字母　坐标
2. 按 F4（坐标）键	F4	输入测站点 N：　　　0.000　m E：　　　0.000　m 回退　　　　　　角度
3. 输入坐标值按 ENT（回车）键	输入坐标 ENT	PSM－30　PPM　4.6 照准后视点 　HB ＝　176°22'20" >照准?　　　　［否］［是］
4. 照准后视点	照准后视点	
5. 按 F4（是）键,显示屏返回到放样菜单(1/2)	照准后视点 F4	坐标放样　（1/2） F1:输入测站点 F2:输入后视点 F3:输入放样点 ▼

3. 实施放样

放样点位坐标的输入有两种方法可供选择：

（1）通过点号调用内存中的坐标值；

（2）直接键入坐标值。

调用内存中的坐标值见表6-1-11。

表6-1-11　调用内存中的坐标值

操　作　过　程	操　作	显　　　　示
1. 由坐标放样菜单（1/2）按 F3（输入放样点）键	F3	坐标放样　（1/2） F1:输入测站点 F2:输入后视点 F3:输入放样点 ▼ 输入测站点 点名：　SOUTH 19 回退　调用　字母　坐标
2. 输入点号，按 ENT（回车）键①，进入棱镜高输入界面	输入点号 ENT	输入测站点 镜高：　0.000　m 回退
3. 按同样方法输入反射镜高，当放样点设定后，仪器就进行放样元素的计算 HR：放样点的方位角计算值 HD：仪器到放样点的水平距离计算值	输入镜高 ENT	PSM　-30　PPM　4.6 放样参数计算 HR：　155° 30′ 20″ HD：　122.568　m 继续
4. 照准棱镜，按 F4（继续）键 HR：放样点方位角 dHR：当前方位角与放样点位的方位角之差＝实际水平角－计算的水平角 当 dHR＝0°00′00″时，即表明放样方向正确	照准	PSM　-30　PPM　4.6 角度差调为零 HR：　155° 30′ 20″ dHR：　0° 00′ 00″ 距离　坐标　换点
5. 按 F2（距离）键 HD：实测的水平距离 dH：对准放样点尚差的水平距离 dz＝实测高差－计算高差	F1	PSM　-30　PPM　4.6 HD：　169.355　m dH：　-9.322　m dZ：　0.336　m 测量　角度　坐标　换点

（续表）

操 作 过 程	操 作	显 示
6. 按 F1（模式）键进行精测	F1	PSM −30 PPM 4.6 HD*: 169.355 m dH : −9.322 m dZ : 0.336 m 测量 角度 坐标 换点
7. 当显示值 dHR,dH 和 dZ 均为 0 时,则放样点的测设已经完成②		PSM −30 PPM 4.6 HD* 169.355 m dH : 0.000 m dZ: 0.000 m 测量 角度 坐标 换点 PSM −30 PPM 4.6 角度差调为零 HR : 155° 30′ 20″ dHR : 0° 00′ 00″ 距离 坐标 换点
8. 按 F3（坐标）键,即显示坐标值,可以和放样点值进行核对	F3	PSM −30 PPM 4.6 N : 236.352 m E : 123.622 m Z : 1.237 m 测量 角度 换点
9. 按 F4（换点）键,进入下一个放样点的测设	F4	输入放样点 点名: 回退 调用 字母 坐标

注：① 若文件中不存在所需的坐标数据,则无需输入点名,直接按 F3（坐标）键输入放样坐标。
② 通过按"距离"和"角度"可以对放样角度、距离进行切换。

4. 设置新点

当需要测量一个新点作为测站点进行放样时,可以使用坐标放样中的"新点"功能。

建立新点方法：极坐标法、后方交会法。

（1）极坐标法

将仪器安置在已知点上,用侧视法（极坐标法）测定新点的坐标。

表 6-1-12

操 作 过 程	操 作	显 示
1. 进入坐标放样菜单(1/2)，按 F4 (P↓)，进入坐标放样菜单(2/2)	F4	坐标放样 （1/2） F1:输入测站点 F2:输入后视点 F3:输入放样点 ▼ 坐标放样 （2/2） F1:选择文件 F2:新点 F3:格网因子 ▲
2. 按 F2 (新点)键	F2	新点 F1:极坐标法 F2:后方交会法
3. 按 F1 (极坐标法)键	F1	选择一个文件 FN ： 回退 调用 字母
4. 按 F2 (调用)键显示坐标文件①	F2	文件调用 →&DATA01 .PTS 15K DATA02 .PTS 20K DATA03 .PTS 20K 查找 上页 下页
5. 按[▲]或[▼]键可使文件表上下滚动，选定一个文件②③	[▲]或[▼]	文件调用 →&DATA01 .PTS 15K DATA02 .PTS 20K DATA03 .PTS 20K 查找 上页 下页
6. 按 F4 (回车)键，文件被确认，进入到新点点名输入界面	F4	极坐标法 点名： DTAT 02 编码： 回退 查找 字母
7. 输入新点的点名以及编码，按 ENT (回车)键，进入棱镜高输入界面	输入点名 ENT	输入棱镜高 镜高： 0.000 m 回退

（续表）

操　作　过　程	操　作	显　　示
8. 输入棱镜高，按 ENT（回车）键确认	输入棱镜高 ENT	PSM -30　PPM　4.6 V ：95° 30′ 55″ HR：155° 30′ 20″ HD　　　　　m VD　　　　　m 测量
9. 照准新点，按 F1（测量）键进行距离测量	照准 F1	PSM -30　PPM　4.6 V ：95° 30′ 55″ HR：155° 30′ 20″ HD*：[N]　　　m VD ：　　　　m 测量 PSM -30　PPM　4.6 N：　178.22　m E：　3.6.560　m Z：　15.379　m 记录?　　　[否]　[是]
10. 按 F4（是）键④。点名与坐标值存入坐标数据文件，显示下一个新点输入菜单，点号自动加1	F3	极坐标法 点名：　DTAT 03 编码： 回退　查找　字母

注：① 如需直接输入文件名，可按 F1（输入）键，输入文件名。
② 如文件已选定，则在该文件名的左边显示一个符号"&"。
③ 按 F2（查找）键，可查看箭头所标定文件的数据内容。
④ 当内存空间存满时就会显示出错信息。

（2）后方交会法

在新站上安置仪器，用最多可达 7 个已知点的坐标和这些点的测量数据计算新坐标（如图6-1-23），后方交会的观测见表 6-1-13：

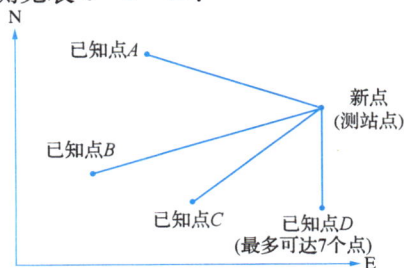

图 6-1-23

后方交会法

表 6－1－13　后方交会法观测

操　作　过　程	操　作	显　　　示
1. 进入坐标放样菜单（1/2），按 F4（P↓）键，进入坐标放样菜单（2/2）	F4	坐标放样　（2/2） F1:选择文件 F2:新点 F3:格网因子 ▲
2. 按 F2（新点）键	F2	新点 F1:极坐标法 F2:后方交会法
3. 按 F2（后方交会法）键	F2	选择一个文件 FN　: 回退　查找　字母
4. 输入新点保存文件的文件名，按 ENT（回车）键确认	输入 FN ENT	后方交会 点名 : DTAT 02 编码 : 回退　查找　字母　跳过
5. 输入新点名①，按 ENT（回车）确认	输入点名 ENT	后方交会法 F1:距离后方交会法
6. 按 F1（距离后方交会）键	F1	输入仪器高 仪高 :　　　　1.350　m 回退
7. 输入仪器高，按 ENT（回车）键确认	输入仪高 ENT	NO 1 # 点名 : 回退　查找　字母　坐标

（续表）

操 作 过 程	操 作	显 示
8. 输入已知点 A 的点名②	输入点名 ENT	FN: FN SOUTH N:　　　　　103.210　m E:　　　　　21.963　m Z:　　　　　1.012　m >OK?　　　[否]　[是]
9. 按 F4（是）键，进入到棱镜高输入界面，输入棱镜高，按 ENT（回车）确认	F4 输入棱镜高 ENT	输入棱镜高 镜高：　　1.220　m 回退 PSM −30　PPM　4.6 V ：　95° 30′ 55″ HR：　155° 30′ 20″ HD：　[N]　　　　　m VD：　　　　　　　m 测量
10. 照准已知点 A，按 F1（测量）键，进入已知点 B 输入显示屏	照准 A F1	NO 2 # 点名： 回退　调用　字母　坐标
11. 按 8～10 步骤对已知点 B 进行测量③，则显示后方交会残差	照准 B F1	后法交会残差 dHD：　　　　−0.001m dZ ：　　　　0.004m 下步　　　　　计算
12. 按 F1（下步）键，可对其他已知点进行测量，最多可达到 7 个点	F1	NO 3 # 点名： 回退　调用　字母　坐标
13. 按 8～10 步骤对已知点 C 进行测量	照准 C F1	后方交会残差 dHD：　　　　−0.003m dZ ：　　　　0.010m 下步　　　　　计算

(续表)

操 作 过 程	操 作	显 示
14. 按 F4 (计算)键,显示新点坐标	F4	PSM −30　PPM　4.6 N:　　　　　156.560　m E:　　　　　262.203　m Z:　　　　　 23.112　m 记录?　　　　[否]　[是]
15. 按 F4 (是)键④。 新点坐标被存入坐标数据文件,并将所计算的新点坐标作为测站点坐标。 显示新点菜单	F4	新点 F1:极坐标法 F2:后方交会法

注:① 如果无需存储新点数据,可按 F3 (跳过)键。

② 如果需要键入已知坐标,可按 F3 (坐标)键。

③ 残差。

dHD(两个已知点之间的平距)＝测量值−计算值。

dZ＝(由已知点 A 算出的新点 Z 坐标)−(由已知点 B 算出的新点 Z 坐标)

④ 如在第 5 步按 F3 (跳过)键,此时新点数据不被存入到坐标数据文件,仅仅是将新点计算值替换为测站点坐标。

5. 查阅坐标数据

放样模式下可以查阅点号名,也可以查看该点的坐标。例: 运行放样模式见表6−1−14。

表 6−1−14　运行放样模式

操 作 过 程	操 作	显 示
1. 在坐标放样菜单 1/2 下按 F3 键,再按 F2 (调用)键,箭头标明已选择的数据	F3 F2	输入放样点 点名 :　　SOUTH 19 回退　查找　字母　坐标 FN: FN SOUTH →　DATA01 　　DATA02 　　DATA03 查阅　查找　上页　下页
2. 按下列光标键,可使点号表向上或向下滚动。 [▲]或[▼]:逐一增加或减少	[▲]或[▼]	FN: FN SOUTH 　　DATA01 →　DATA02 　　DATA03 查阅　查找　上页　下页

（续表）

操　作　过　程	操　作	显　　示
3. 按 F1（查阅）键，显示选定 点号的坐标。 按[▲]或[▼]键，仍可向上 向下卷动点号数据	F1	点名：DATA 03　　　 编码 　N:　　　125.560　m 　E:　　　31.203　m 　Z:　　　23.112　m
4. 按 ESC 键，显示返回点号表	ESC	FN: FN SOUTH 　　DATA01 　　DATA02 →　DATA03 　查阅　查找　上页　下页
5. 按 ENT（回车）键和 F4 （是）键，所选择的点号被确 认为放样点点号	ENT F4	FN: FN SOUTH 　N:　　　178.222　m 　E:　　　306.560　m 　Z:　　　15.379　m >OK?　　　　[否]　[是]

▶ 6.2　基槽开挖线放样与基底抄平 ◀

▐▶ 6.2.1　多层建筑基础施工测量

1. 基槽开挖边线放线

先按基础剖面图给出的设计尺寸，计算基槽的开挖宽度，如图 6-2-1 所示。

$$L = A + nh$$

式中：A——基底宽度，可由基础剖面图查取；

　　　h——基槽深度；

　　　n——边坡坡度的分母。

然后根据计算结果，在地面上以轴线为中线往两边各量出 $L/2$，拉线并撒上白灰，即为开挖边线。如果是基坑开挖，则只需按最外围墙体基础的宽度及放坡确定开挖边线。

2. 基槽开挖深度控制

为了控制基槽开挖深度，当基槽开挖接近槽底时，在基槽壁上自拐角开始，每隔 3～5 m 测设一根比槽底设计高程提高 0.3～0.5 m 的水平桩，作为挖槽深度、修平槽底和打基础垫层的依据。

土方和基础施工
测量规定

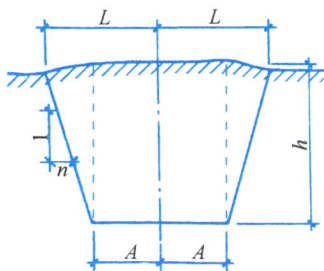

图 6-2-1　基槽开挖

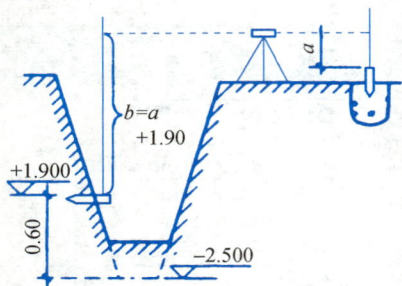

图 6-2-2　基槽水平桩测设

水平桩可以是木桩也可以是竹桩,测设时,以画在龙门板或周围固定地物的±0.000 标高线为已知高程点,用水准仪进行测设,小型建筑物也可用连通水管法进行测设。水平桩上的高程误差应在±10 mm 以内。

如图 6-2-2 所示,设龙门板顶面标高为±0.000,槽底设计标高为−2.500 m,水平桩高于槽底 0.6 m,即水平桩高程为−1.900 mm。用水准仪后视龙门板顶面上的水准尺,读数 $a=1.280$ m,则水平桩上标尺的应有读数为

$$0+1.280m-(-1.900)m=3.180 m$$

测设时沿槽壁上下移动水准尺,当读数为 3.180 m 时,沿尺底水平地将桩打进槽壁,然后检校该桩的标高,如超限便进行调整,直至误差在规定范围以内。

3. 基槽抄平

测量上将测设同一高程的一系列点称为抄平。基槽抄平的具体操作步骤为:

(1) 在适当位置架设水准仪;

(2) 在已经测设好的标准的垫层面高程处立一标杆(作为后视);

(3) 用水准尺在适当处(每隔 3~4 m)立前视,出现若干前视,使前视读数与后视读数一致;

(4) 打上竹签或标高符号。

4. 基础垫层中线的投测

在基础垫层打好后,根据龙门板上的轴线钉或轴线控制桩,用经纬仪或用拉细绳挂垂球的方法,把轴线投测到垫层面上,如图 6-2-3 所示。并用墨线弹出墙中心线和基础边线,作为砌筑基础的依据。由于整个墙身砌筑均以此线为准,所以要进行严格校核。

5. 垫层面标高的测设

垫层面标高的测设是以槽壁水平桩为依据在槽壁弹线,或在槽底打入小木桩进行控制。如果垫层需支架模板,可以直接在模板上弹出标高控制线。

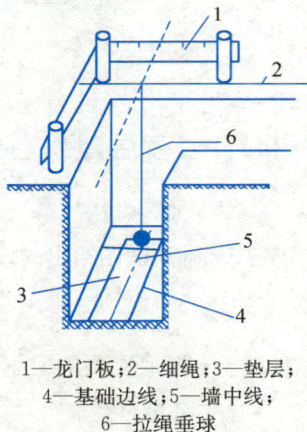

1—龙门板;2—细绳;3—垫层;
4—基础边线;5—墙中线;
6—拉绳垂球

图 6-2-3　垫层中线的投测

6. 基础墙标高的控制

墙中心线投在垫层上,用水准仪检测各墙角垫层面标高后,即可开始基础墙(±0.000 以下的墙)的砌筑,基础墙的高度是用基础皮数杆来控制的。基础皮数杆是用一根木杆制成,在杆上事先按照设计尺寸将每皮砖和灰缝的厚度——画出,每五皮砖注上皮数(基础皮数杆的层数从±0.000 向下注记),并标明±0.000 和防潮层等的标高位置,见图6-2-4。

7. 基础面标高的检查

基础施工结束后,应检查基础面的标高是否符合设计要求(也可检查防潮层)。可用水准仪测出基础面上若干点的高程与设计高程比较,允许误差为±10 mm。

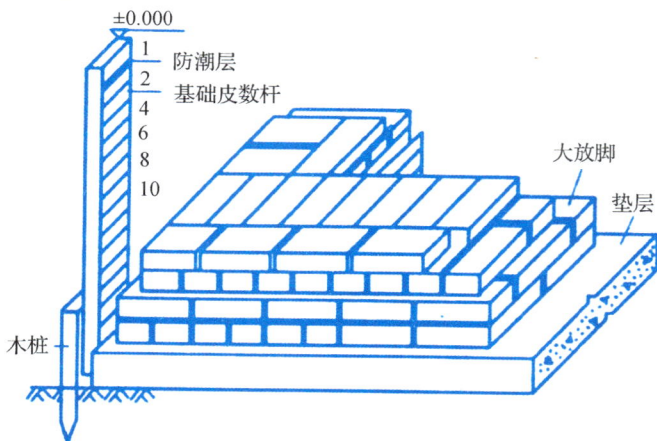

图 6-2-4　基础皮数杆

▌▶ 6.2.2　高层建筑桩位放样与基坑标定

1. 高层建筑施工测量的特点

高层建筑层数多、高度大、结构复杂、设备和装修标准较高以及建筑平面、立面造型新颖多变,其施工测量较之多层民用建筑施工测量有如下特点:

(1) 高层建筑施工测量应在开工前制订合理的施测方案,选用合适的仪器设备和严密的施工组织与人员分工,并经有关专家论证和上级有关部门审批后方可实施。

(2) 高层建筑施工测量的主要问题是控制竖向偏差(垂直度),故施工测量中要求轴线竖向投测精度高,应结合现场条件、施工方法及建筑结构类型选用合适的投测方法。

(3) 高层建筑施工放线与抄平精度要求高,测量精度至毫米,并应使测量误差控制在总的偏差值以内。

(4) 高层建筑由于工程量大,工期长且大多为分期施工,不仅要求有足够精度与足够密度的施工控制网(点),而且还要求这些施工控制点稳固,且能保存到工程竣工,有些还应能移交以后供继续建设时使用。

(5) 高层建筑施工项目多,又为立体交叉作业,且受天气变化、建材的性质、不同的施工方法等影响,施工测量时受到的干扰大,故施工测量必须精心组织,充分准备,快、准、稳地配合各个工序的施工。

(6) 高层建筑一般基础基坑深、自身荷载大、周期较长,为了保证施工期间周围环境与自身的安全,应按照国家有关规范要求,在施工期间进行相应项目的变形监测。

2. 桩位放样

高层建筑在软土地基区域常用桩基,一般为钢管桩或钢筋混凝土方桩。由于高层建筑的上部荷重主要由钢管桩或混凝土方桩承受,所以对桩位要求较高,一般要求钢管桩或混凝土方桩的定位偏差不得超过 $D/2$(D 为圆桩直径或方桩边长)。因此,桩位放样必须按照建筑施工控制网,实地测设出控制线,再按设计的桩位图中桩位间的尺寸进行校核,以防定错,桩位图见图 6-2-5。

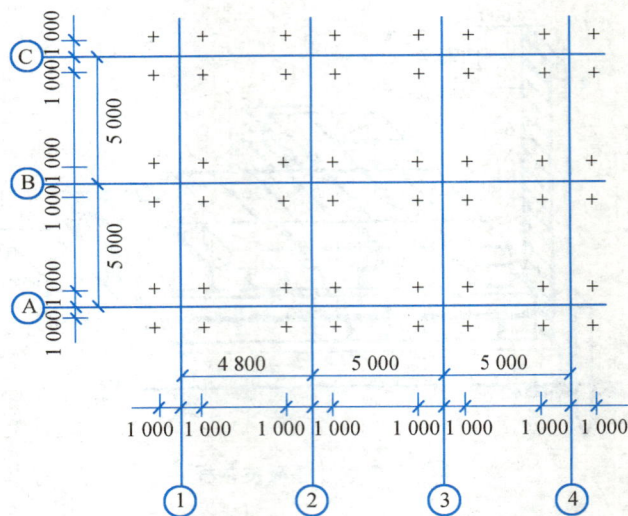

图 6-2-5 桩位图

3. 建筑物基坑标定

高层建筑由于采用箱形基础和桩基础较多,基坑较深,有时深达 20 多米。在开挖深基坑时,应当根据规范和设计所规定的平面和高程精度要求,完成基坑土方工程。

基坑轮廓线的标定和土方工程的定线,可以沿着建筑物的设计轴线进行定点,最好是根据施工控制网进行定线。

根据设计图纸,常用的方法有以下几种:

(1) 投影交会法

根据建筑物轴线控制桩(端点桩),利用经纬仪投影交会出建筑物所有的外围轴线桩,然后根据设计图纸用钢尺定出其开挖基坑的边界线。

(2) 主轴线法

施工建筑方格网一般都确定一条或两条主轴线。主轴线的形式有"L"形、"T"形或"十"字形等布设形式。这些主轴线是建筑物施工的主要控制依据。因此,当建筑放样时,按照建筑物柱列线或轮廓线与主轴线的关系,在建筑现场上定出主轴线后,即可根据主轴线逐一定出建筑物的轮廓线。

(3) 极坐标法

高层建筑平面、立面造型新颖多变,给建筑物的放样定位带来一定的复杂性,采用极坐标法可以较好地解决定位问题。具体做法是:首先按照设计要素(如轮廓坐标、曲线半径等与施工控制点的关系),计算其方位角(角度)及边长,在按制点上按其计算所得的方位角(角度)及边长,逐一测设点位,将建筑物的所有轮廓点位定出后,应检查其点位位置及其关系是否满足设计要求。

总之,根据施工现场的条件和建筑物几何图形繁简程度,选择最合适的定位放样方法,然后根据测设出的建筑物外围轴线定出其开挖基坑的边界线。

▶▶ 6.2.3　高层建筑基础施工测量

这方面内容类似于多层建筑基础施工测量,它包括基础放线和±0.000以下标高控制。当高层建筑基坑垫层浇筑后,在垫层上测定建筑物各条轴线、边界线、墙宽线等,称为基础放线(俗称摆底),这是具体确定建筑物位置的关键,施测时应严格保证精度,严防出错。同时也要保证±0.000以下标高控制的测设精度。

1. 基础放线

(1) 轴线控制桩的检测

根据建筑物施工控制网(点),检测各轴线控制桩确实无碰动和位移后方可使用。对于较复杂的建筑物轴线,应特别注意防止用错轴线控制桩。

(2) 建筑物四大角和主轴线的投测

根据经检测后基槽边上的轴线控制桩,用经纬仪正倒镜居中法向基础垫层上投测建筑物四大角、四轮廓线和主轴线,经闭合校核后,再详细放出细部轴线。

(3) 基础细部线位的测设

根据基础图,以各轴线为准,用墨线弹出基础施工中所需要的中线、边界线、墙宽线、柱列线及集水坑线等。

2. 基础标高控制(±0.000以下标高控制)

高层建筑基础较深,有时又在不同标高上,为了控制基础和±0.000以下各层的标高,在基坑开挖过程中,应在基坑四周护坡钢板或混凝土桩竖直侧面上各漆一条宽10 cm的竖向白漆带。用水准仪根据附近已知水准点或±0.000标高线,以二等水准测量精度测定竖向白漆条的顶标高;然后用钢尺在白漆带上量出±0.000以下,各负(一)整米数的水平线;最后将水准仪安置在基坑内,校核四周护坡钢板或混凝土桩上各白漆带底部同一标高的水平线,若其误差在±5 mm以内,则认为合格。在施测基础标高时,应后视两条白漆带上的水平线以作校核。

3. 基础验线

基础放线和标高控制经有关技术部门和建筑单位验线,并形成基槽验线记录后,方可正式交付施工使用,其允许偏差见表6-2-1。验线记录表格见表6-2-2。

表6-2-1　基础放线定位尺寸限差(允许偏差)

项　　目	限　　差	项　　目	限　　差
长度 L(宽度 B)≤30 m	±5 mm	60 m<L(B)≤90 m	±15 mm
30 m<L(B)≤60 m	±10 mm	L(B)>90 m	±20 mm

表6-2-2　基槽验线记录样表

工程名称	某学院食堂工程	日期	2014.08.30
施工单位	某建筑公司	放线内容	基槽
依据标准	基础平面图,甲方提供定位控制桩、水准点		

基槽平面、剖面简图

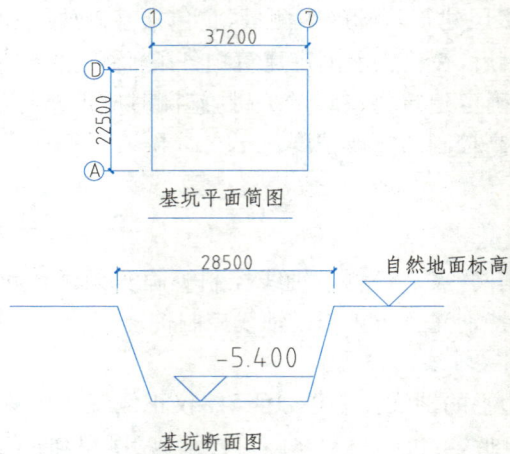

基坑平面简图

自然地面标高

-5.400

基坑断面图

边：1 轴 A—D	0	角：D/7	0
D 轴 1—7	-1 mm	A/7	$-10''$
7 轴 A—D	-1 mm	D/1	$-10''$
A 轴 1—7	$+1$ mm	A/1	$-10''$

施工单位 检查结果	符合要求。 　　　　　　　　　　　　　　　　　检查日期　2013.08.30				
	专业技术负责人	×××	专业质检员	×××	施测人	×××
监理或建设 单位结论	同意进行下道工序施工。 监理工程师：××× （建设单位项目负责人）				

▶ 6.3　主体工程轴线投测与高程传递 ◀

▶ 6.3.1　多层民用建筑墙体施工测量

1. 防潮层抄平与墙体定位

当基础墙砌筑到±0.000 标高下一层砖时，应用水准仪测设防潮层的高程，其测量高程限差为 15 mm。防潮层做好之后，根据轴线控制桩或龙门板的轴线钉，用经纬仪将墙体轴线和墙边线投测到防潮层上，其投点限差为 5 mm。

（1）基础墙砌筑到防潮层后，利用轴线控制桩或龙门板上的轴线和墙边线标志，用经纬仪或拉细绳挂垂球的方法将轴线投测到基础面上或防潮层上。

（2）用墨线弹出墙中线和墙边线。

（3）检查外墙轴线交角是否等于90°。

（4）将墙轴线延伸并画在外墙基础上，如图6-3-1所示，作为向上投测轴线的依据。

（5）将门、窗和其他洞口的边线，也在外墙基础上标定出来。

2. 墙体各部位标高控制

在墙体施工中，墙身各部位标高通常也是用皮数杆控制。

（1）在墙身皮数杆上，画皮数杆要按照建筑剖面图和有关大样图的标高尺寸进行，在皮数杆上应标明±0.000、砖层、窗台、过梁、预留孔及楼板等位量，杆上将每皮砖厚及灰缝尺寸分皮一一画出，每五皮注上皮数，杆上注记从±0.000向上增加。如图6-3-2所示。

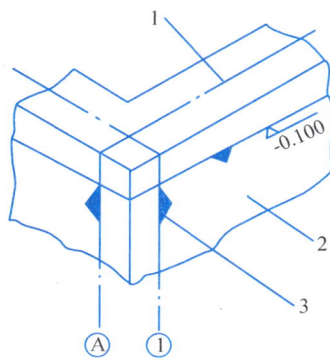

1—墙中心线；2—外墙基础；
3—轴线位置
图6-3-1　墙体定位

（2）墙身皮数杆的设立与基础皮数杆相同，使皮数杆上的±0.000 m标高与房屋的室内地坪标高相吻合。在墙的转角处，每隔10～15 m设置一根皮数杆。

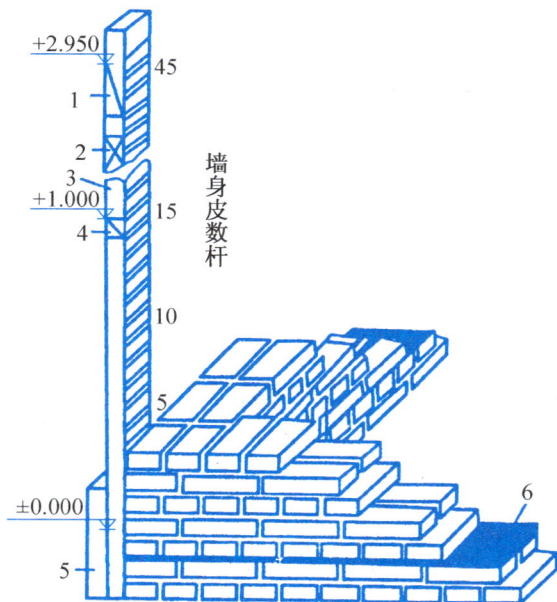

1—二层地面楼板；2—窗口过梁；3—窗口；
4—窗口出砖；5—木桩；6—防潮层
图6-3-2　墙体皮数杆的设置

为了便于施工，采用里脚手架时，皮数杆立在墙外边；采用外脚手架时，皮数杆立在墙里边。

（3）当墙砌到窗台时，在内墙面上高出室内地坪15～30 cm的地方，用水准仪标定出一条标高线，并用墨线在内墙面的周围弹出标高线的位置。这样在安装楼板时，就可以用这条标高线来检查楼板底面的标高。使得底层的墙面标高都等于楼板的底面标高之后，再安装楼板。同时，标高线还可以作为室内地坪和安装门窗等标高位置的依据。

（4）楼板安装好后，二层楼的墙体轴线是根据底层的轴线，用垂球先引测到底层的墙面上，然后再用垂球引测到二层楼面上。

（5）第二层以上墙体施工中，为了使皮数杆在同一水平面上，要用水准仪测出楼板四角的标高，取平均值作为地坪标高，并以此作为立皮数杆的标志。

框架结构的民用建筑，墙体砌筑是在框架施工后进行的，故可在柱面上画线，代替皮数杆。

3. 墙体高程的抄平工作

墙体的抄平工作有利于门的安装、窗台标高的确定（窗的安装）、地面装饰面砖的高程确定、上一层梁及楼面板的安装高度确定。

墙体在施工过程中应满足在一水平线上,在每一层墙体施工至 150～600 mm 高程时,测量人员及时进场,做一次墙体的抄平工作。

▶ 6.3.2 多层民用建筑物轴线投测与高程传递

1. 建筑物的轴线投测

在多层建筑墙身砌筑过程中,为了保证建筑物轴线位置正确,可用吊垂球或经纬仪将轴线投测到各层楼板边缘或柱顶上。

(1) 吊垂球法

将较重的垂球悬吊在楼板或柱顶边缘,当垂球尖对准基础墙面上的轴线标志时,线在楼板或柱顶边缘的位置即为楼层轴线端点位置,画出标志线。各轴线的端点投测完后,用钢尺检校各轴线的间距,符合要求后,继续施工,并把轴线逐层自下向上传递。

吊垂球法简便易行,不受施工场地限制,一般能保证施工质量。但当有风或建筑物较高时,投测误差较大,应采用经纬仪投测法。

(2) 经纬仪投测法

在轴线控制桩上安置经纬仪,严格整平后,瞄准基础墙面上的轴线标志,用盘左、盘右分中投点法,将轴线投测到楼层边缘或柱顶上。将所有端点投测到楼板上之后,用钢尺检核其间距,相对误差不得大于 1/2 000。检查合格后,才能在楼板分间弹线,继续施工。

2. 建筑物的高程传递

在多层建筑施工中,要由下层向上层传递高程,以便楼板、门窗口等的标高符合设计要求。高程传递的方法有以下几种:

(1) 利用皮数杆传递高程

一般建筑物可用墙体皮数杆传递高程。具体方法参照 6.3.1 的"墙体各部位标高控制"。

(2) 利用钢尺直接丈量

对于高程传递精度要求较高的建筑物,通常用钢尺直接丈量来传递高程。对于二层以上的各层,每砌高一层,就从楼梯间用钢尺从下层的"＋0.500"标高线向上量出层高,测出上一层的"＋0.500"标高线。这样用钢尺逐层向上引测。

(3) 吊钢尺法

用悬挂钢尺代替水准尺,用水准仪读数,从下向上传递高程。

▶ 6.3.3 高层建筑物轴线投测

高层建筑施工到±0.000 后,随着结构的升高,要将首层轴线逐层向上竖向投测,作为各层放线和结构竖向控制的依据。这是高层建筑施工测量的主要内容。进入 21 世纪后,城市高层建筑愈来愈多,愈来愈高,施工中对高层建筑竖向偏差(垂直度)的控制要求也更加严格,故高层建筑轴线向上投测的方法及其精度应与之相适应,以确保高层建筑竖向偏差值在规定的要求以内。具体限差要求见表 6-3-1 和 6-3-2。

高层建筑
施工测量

表 6-3-1　施工放线限差(允许偏差)

项　目		限　差/mm
外廊主轴线长 L	$L \leqslant 30$ m	±5
	30 m $< L \leqslant$ 60 m	±10
	60 m $< L \leqslant$ 90 m	±15
	$L >$ 90 m	±20
细部轴线		±2
承重墙、梁、柱边线		±3
非承重墙边线		±3
门窗洞口线		±3

表 6-3-2　轴线竖向投测限差(允许偏差)

项　目		限　差/mm
每层(层间)		±3
建筑总高(全)高 H/m	$H \leqslant 30$ m	±5
	30 m $< H \leqslant$ 60 m	±10
	60 m $< H \leqslant$ 90 m	±15
	90 m $< H \leqslant$ 120 m	±20
	120 m $< H \leqslant$ 150 m	±25
	$H >$ 150 m	±30

注：建筑全高 H 竖向投测偏差不应超过 3H/10 000，且不应大于上表值；对于不同的结构类型或者不同的投测方法，竖向允许偏差要求略有不同。

因此，无论采用何种方法向上投测轴线，都必须在基础工程完成后，根据施工控制网，校核建筑物轴线控制桩，合格后将建筑物轮廓线和各细部轴线准确地弹测到±0.000 首层平面上，作为向上级投测轴线的依据。目前，高层建筑的轴线投测方法分为外控法和内控法两种，下面分别介绍这两种方法。

1. 外控法

当拟建建筑物外围施工场地比较宽阔时，常用外控法。它是在高层建筑物外部，根据建筑物的轴线控制桩，使用经纬仪将轴线向上投测，故称经纬仪竖向投测法。类似于多层民用建筑轴线投测。但由于高层建筑施工特点和场地情况不同，安置经纬仪的位置需改变，可分下列三种投测方法：延长轴线法、侧向借线法和正倒镜逐渐趋近法(挑直法)。

(1) 延长轴线法

经纬仪延长轴线法，此法适用于建筑场地四周宽阔，能将建筑物轮廓轴线延长到远离建筑物的总高度以外，或接近的多层建筑物的楼顶上，并可在轴线的延长线上安置经纬仪，以首层轴线为准，向上逐层投测。具体操作方法如下：

① 在建筑物底部投测中心轴线位置

高层建筑的基础工程完工后，将经纬仪安置在轴线控制桩 A_1、A_1'、B_1 和 B_1' 上，把建筑物主轴线精确地投测到建筑物的底部，并设立标志，见图 6-3-3 中的 a_1、a_1'、b_1 和 b_1'，以供

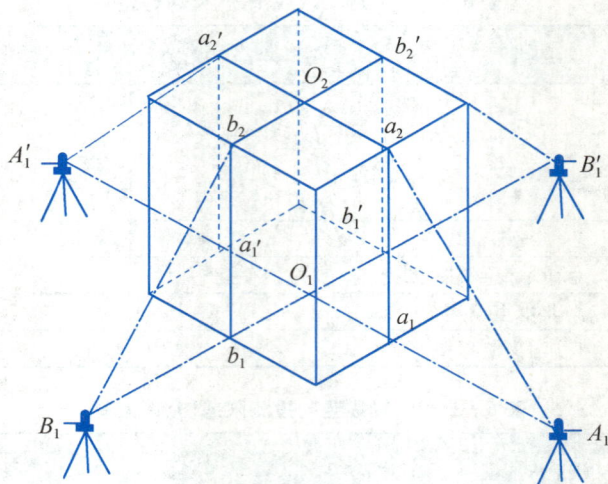

图 6 - 3 - 3　经纬仪投测中心轴线

下一步施工与向上投测之用。

② **向上投测中心线**

随着建筑物不断升高,要逐层将轴线向上传递,如图 6 - 3 - 3 所示,将经纬仪安置在中心轴线控制桩 A_1、A_1'、B_1 和 B_1' 上,严格整平仪器,用望远镜瞄准建筑物底部已标出的轴线 a_1、a_1'、b_1 和 b_1' 点,用盘左和盘右分别向上投测到每层楼板上,并取其中点作为该层中心轴线的投影点,如图 6 - 3 - 3 中的 a_2、a_2'、b_2 和 b_2'。

③ **增设轴线引桩**

当楼房逐渐增高,而轴线控制桩距建筑物又较近时,望远镜的仰角较大,操作不便,投测精度也会降低。为此,要将原中心轴线控制桩引测到更远的安全地方,或者附近大楼的屋面。

具体做法是:将经纬仪安置在已经投测上去的较高层(如第 10 层)楼面轴线 $a_{10}a_{10}'$ 上,如图 6 - 3 - 4 所示,瞄准地面上原有的轴线控制桩 A_1 和 A_1' 点,用盘左、盘右分中投点法,将轴线延长到远处 A_2 和 A_2' 点,并用标志固定其位置,A_2、A_2' 即为新投测的 A_1A_1' 轴控制桩。

更高各层的中心轴线,可将经纬仪安置在新的引桩上,按上述方法继续进行投测。

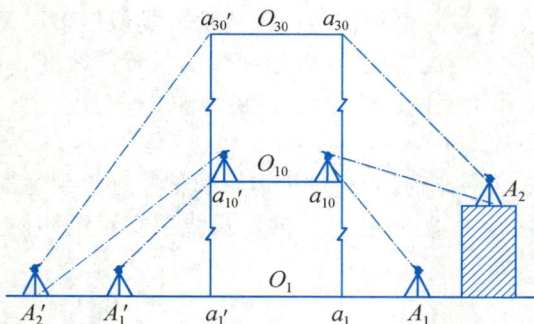

图 6 - 3 - 4　经纬仪引桩投测

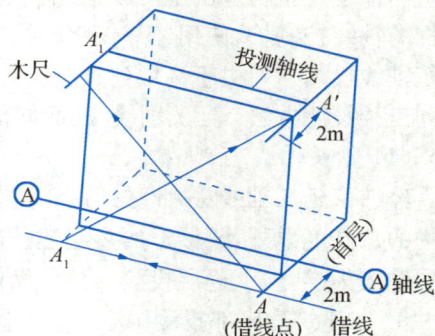

图 6 - 3 - 5　侧向借线法示意图

（2）侧向借线法

此法适用于场地四周范围较小，高层建筑物四廓轴线无法延长，但可以将轴线向建筑物外侧平行移出（俗称借线）的情况。移出的尺寸应视外脚手架的情况而定，尽可能不超过 2 m，见图 6-3-5 中 AA_1 直线即为轴线Ⓐ的借线。

将经纬仪先后安置在借线点 A，A_1 上，对中整平，以首层的借线点 A_1，A 为后视，向上投测并指挥施工楼层上的人员，在垂直于视线方向水平移动木尺，以木尺上视线方向为准，向内量出借线尺寸（即向外平移量），即可在施工楼层上定上 $A'A_1'$ 轴线位置。此法的投测精度与上述延长轴线法基本相同。

（3）正倒镜逐渐趋近法（挑直法）

此法适用于建筑物四廓轴线虽然可以延长，但不能在延长线上安置经纬仪的情况。如图 6-3-6 所示，用经纬仪正倒镜逐渐趋近法在施工楼层上投测⑥轴线。

① 先在施工楼层上估计⑥轴线点 6_A 向上投测的点 $6'_{A上}$ 位置。

② 将经纬仪安置在点 $6'_{A上}$ 上，对中整平，后视⑥轴线上另一点 6s，用正倒镜取中法延长直线，在施工楼层上定出点 $6'_{B上}$。

③ 将经纬仪安置在点 $6'_{B上}$，对中整平，后视点 $6'_{A上}$，仍用上法，定出⑥轴线的点 $6'_N$。实量⑥轴线上点 $6'_N$ 至场点 6_N 的间距 δ，参照图 6-6(b)，根据相似三角形相应边成正比的原理，可用下式计算两次仪器站（即点 $6'_{A上}$ 和点 $6'_{B上}$）偏离施工楼层面上正确⑥轴线的垂距 δ_1，δ_2 为

$$\delta_1 = \delta \frac{d_1}{D}$$

$$\delta_2 = \delta \frac{D - d_2}{D}$$

式中：D——⑥轴线上轴线点 6_N 至点 6s 的水平距离；

　　　d_1——⑥轴线上点 6s 至Ⓐ轴线的水平距离；

　　　d_2——⑥轴线上点 6_N 至Ⓑ轴线的水平距离。

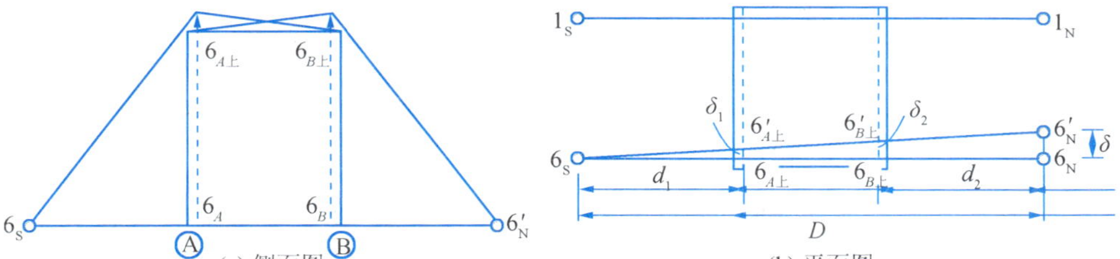

图 6-3-6　正倒镜逐渐趋近法（挑直法）

根据计算得 δ_1、δ_2，在施工楼层面上将点 $6'_{A上}$ 改正至点 $6_{A上}$ 位置，将点 $6'_{B上}$ 改正至点 $6_{B上}$ 位置。然后，再安置经纬仪在改正后的点 $6_{A上}$ 和点 $6_{B上}$，对中整平，仍按照上述办法进行，逐渐趋近，直至 6s、6_N、$6_{A上}$ 及 $6_{B上}$ 四个点在同一直线上为止。

（4）外控法注意事项

综上所述，外控法轴线竖向投测应注意如下几点：

① 投测前经纬仪应严格检验与校正,操作时仔细对中与整平,以减少仪器竖轴误差的影响。

② 应用正倒镜取中法向上投测或延长轴线,以消除仪器视准轴误差和横轴不水平误差的影响。

③ 轴线控制桩或延长轴线的桩位要稳固,标志要明显,并能长期保存,投测时应尽可能以首层轴线为准直接向施工楼层投测,以减少逐层向上投测造成的误差积累。

④ 当仅用延长轴线法或侧向借线法向上投测轴线时,建议每隔 5 层或 10 层,用正倒镜逐渐趋近法(挑直法)校测一次,以提高投测精度,减少竖向偏差的积累。

2. 内控法

当施工现场窄小,无法在建筑物外面轴线上安置经纬仪进行投测,特别是在建筑物密集的城市市区建造高层建筑时,均使用此法。

内控法是在建筑物内±0.000 平面设置轴线控制点,并预埋标志,以后在各层楼板相应位置上预留 200 mm×200 mm 的传递孔,在轴线控制点上直接采用吊线坠法或激光铅垂仪法,通过预留孔将其点位垂直投测到任一楼层。

(1) 内控法轴线控制点的设置

在基础施工完毕后,在±0.000 首层平面上,适当位置设置与轴线平行的辅助轴线。辅助轴线距轴线 500~800 mm 为宜,并在辅助轴线交点或端点处埋设标志。如图 6-3-7 所示。

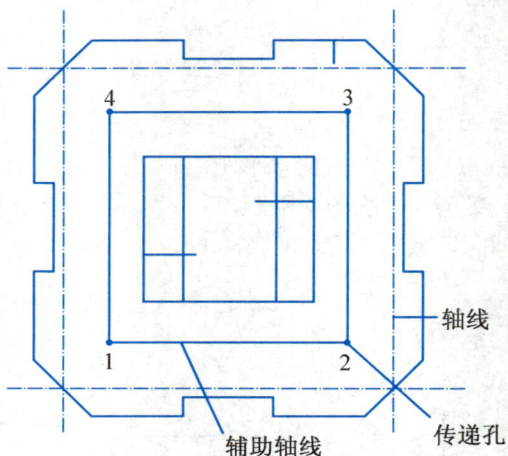

图 6-3-7　内控法轴线控制点的设置

(2) 吊线坠法

此法是悬吊特制的较重的线坠,以首层靠近建筑物轮廓的轴线交点为准,直接向各施工楼层悬吊引测轴线。施测中,如果采取措施得当,此法可做到既经济,又简单直观。其投测精度对于 3~4 层高的楼层,只要认真操作,由下一层向上一层悬吊铅直线的偏离误差不会大于±3 mm。若采取依次逐层悬吊线坠投测,例如投测至第 16 层,其累积的总偏差一般不会大于±12 mm,此精度能满足规范要求。

吊线坠法是利用钢丝悬挂重垂球的方法,进行轴线竖向投测。这种方法一般用于高度在 50～100 m 的高层建筑施工中,垂球的重量约为 10～20 kg,钢丝的直径约为 0.5～0.8 mm。投测方法如下:

如图 6-3-8 所示,在预留孔上安置十字架,挂上垂球,对准首层预埋标志。当垂球线静止时,固定十字架,并在预留孔四周做出标记,作为以后恢复轴线及放样的依据。此时,十字架中心即轴线控制点在该楼面上的投测点。

用吊线坠法实测时,要采取一些必要措施,如用铅直的塑料管套着坠线或将垂球沉浸于油中,以减少摆动。

(3) 激光铅垂仪法

① 激光铅垂仪简介

激光铅垂仪是一种专用的铅直定位仪器。适用于高层建筑物、烟囱及高塔架的铅直定位测量。

激光铅垂仪的基本构造如图 6-3-9 所示,主要由氦氖激光管、精密竖轴、发射望远镜、水准器、基座、激光电源及接收屏等部分组成。

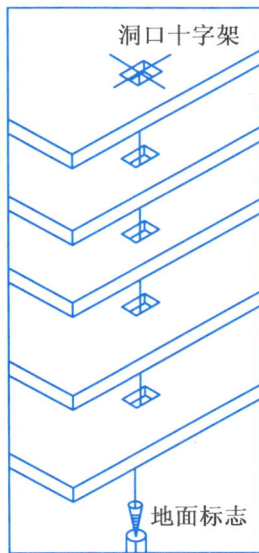

图 6-3-8　吊线坠法

图 6-3-9　激光铅垂仪

激光器通过两组固定螺钉固定在套筒内。激光铅垂仪的竖轴是空心筒轴,两端有螺扣,上、下两端分别与发射望远镜和氦氖激光器套筒相连接,二者位置可对调,构成向上或向下发射激光束的铅垂仪。仪器上设置有两个互成 90°的管水准器,仪器配有专用激光电源。

② 激光铅垂仪投测轴线

图 6-3-10 为激光铅垂仪进行轴线投测的示意图,其投测方法如下:

a. 在首层轴线控制点上安置激光铅垂仪,利用激光器底端(全反射棱镜端)所发射的激光束进行对中,通过调节基座整平螺旋,使管水准器气泡严格居中。

b. 在上层施工楼面预留孔处,放置接受靶。

c. 接通激光电源,启动激光器发射铅直激光束,通过发射望远镜调焦,使激光束会聚成红色耀目光斑,投射到接受靶上。

d. 移动接受靶,使靶心与红色光斑重合,固定接受靶,并在预留孔四周做出标记。此时,靶心位置即轴线控制点在该楼面上的投测点。

3. 注意事项

在超高层建筑施工中,大多采用内控法进行轴线竖向投测。但由于内控点构成的边长均较短,一般为 20～50 m,虽然在轴线投测至施工楼层后,对每一楼层上边角和自身尺寸进

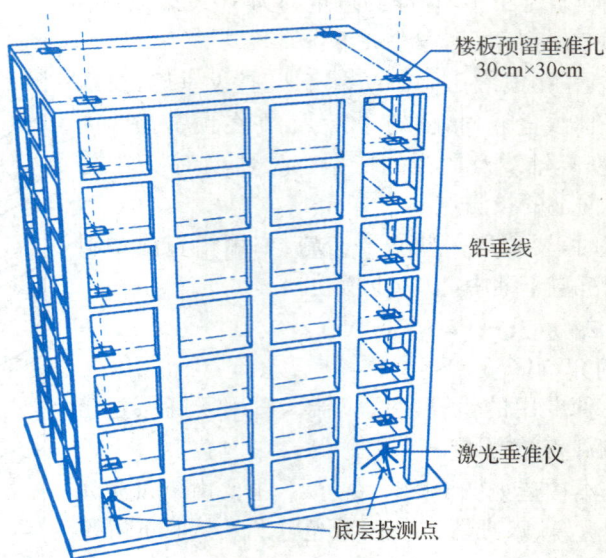

楼板预留垂准孔
30cm×30cm

铅垂线

激光垂准仪

底层投测点

图 6-3-10　激光铅垂仪投测轴线

行检测,但检查不了内控点(网)在施工楼层上的位移与转动。因此,近年来在一些超高层建筑轴线竖向投测中,采用内、外控法互相结合的方法进行轴线投测,取得了良好的效果。例如我国上海金茂大厦(高度 420.50 m),就是采用内外控相结合的方法,效果较好。

在高层建筑轴线投测中,无论采用何种方法,都会遇到阳光照射,使建筑物有阴、阳面,导致建(构)筑物向阴面倾斜(弯曲),特别是钢结构的高层建筑。因此,轴线投测宜选择阴天进行,并在实践中注意摸索规律,采取合适的措施,减少外界的影响。

6.3.4　高层建筑物高程传递

高层建筑高程传递的目的是根据现场水准点或±0.000 线,将高程向上传递至施工楼层,作为施工中各楼层测设标高的依据。高程传递也有多种方法,类似于多层民用建筑高程传递,也应事先校测施工现场已知水准点或±0.000 标高线的正确性。目前常用下列方法。

1. 钢尺测量法

首先根据附近水准点,用水准测量方法在建筑物底层内墙上测设一条+0.500 的标高线,作为底层地面施工及室内装修的标高依据;然后用钢尺从底层+0.500 的标高线沿墙体或柱面直接垂直向上测量,在支承杆上标出上层楼面的设计标高线和高出设计标高+0.500 的标高线。为了减少逐层读数误差的影响,可采用数层累计读数的测法,如每三层楼换一次钢尺。

2. 水准仪配合钢尺法

见图 6-3-11,具体测设方法为:

(1) 在高层建筑的垂直通道(楼梯间、电梯间、垃圾道、垂准孔等)中悬吊钢尺,钢尺下端扶一重锤。

(2) 用钢尺代替水准尺,在下层与上层各架一次水准仪,根据底层+0.500 的标高线将

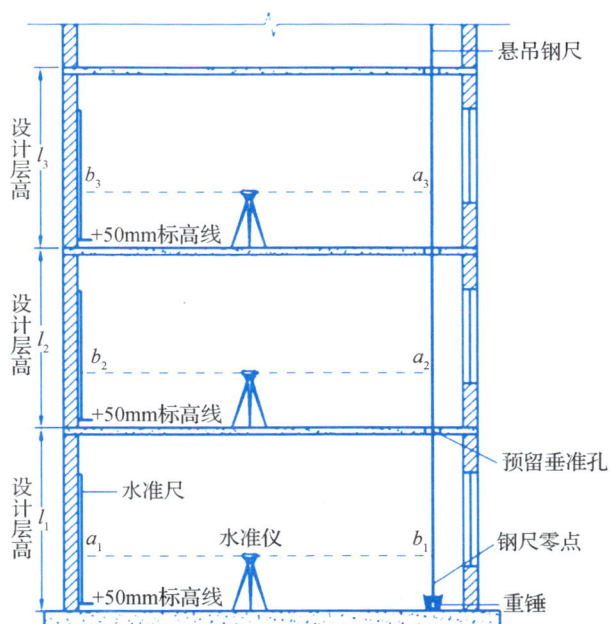

图 6 - 3 - 11　水准仪配合钢尺法

高程向上传递,从而测设出各楼层的设计标高线和高出设计标高＋0.500 的标高线。

3. 全站仪天顶测距法

对于超高层建筑,悬吊钢尺有困难的,可以在底层投测点或电梯井安置全站仪,通过对天顶方向测距的方法引测高程。如图 6 - 3 - 12 所示。具体测设如下:

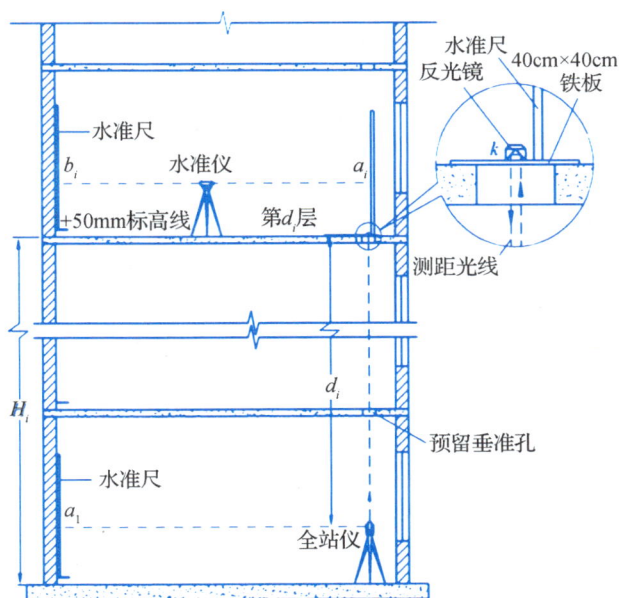

图 6 - 3 - 12　全站仪天顶测距法

（1）将全站仪望远镜水平放置，读取竖立在底层＋0.500 标高的水准尺读数，测出全站仪的仪器标高。

（2）将全站仪望远镜指向天顶，在需传递高程的第 i 层楼面垂准孔放置一块预制的圆孔铁板，并将棱镜平放在圆孔上。测出全站仪至棱镜的垂直距离，获得第 i 层楼面铁板的顶面标高 H。

（3）通过安装在第 i 层楼面的水准仪测设出设计标高线和高出设计标高＋0.500 的标高线。

4. 注意事项

（1）水准仪使用前应先检验与校正，施测时尽可能保持前后视距相等；钢尺应检定，应施加尺长改正和温度改正（钢结构不加温度改正），当钢尺向上铅直丈量时，应施加标准拉力。

（2）采用预制构件的高层结构施工时，要注意每层的偏差不要超限，同时更要注意控制各层的标高，防止误差积累使建筑物总高度偏差超限。因此，在高程传递至施工楼层后，应根据偏差情况，在下一层施工时对层高进行适当调整。

（3）为保证竣工时±0.000 和各层标高的正确性，在高层建筑施工期间应进行沉降、位移等项目的变形观测，施工期间基坑与建筑物沉降的影响、钢柱负荷后对层高的影响等，应请设计单位和建设单位加以明确。

▶ 6.4　构件安装测量与工业建筑施工测量 ◀

6.4.1　工业建筑控制网与柱列轴线放样

1. 概述

工业建筑以厂房为主体，一般工业厂房多采用预制构件，在现场以装配的方法施工。厂房的预制构件有柱子、吊车梁和屋架等。因此，工业建筑施工测量的工作主要是保证这些预制构件安装到位。工业建筑的定位放线，精度要求较民用建筑的定位放线高，常需在建筑方格网内加矩形控制网作定位放线的控制。具体任务为：厂房矩形控制网测设、厂房柱列轴线放样、杯形基础施工测量及厂房预制构件安装测量等。

建筑物施工控制网的布设

2. 厂房矩形控制网测设

工业厂房一般都应建立厂房矩形控制网，作为厂房施工测设的依据。下面介绍根据建筑方格网，采用直角坐标法测设厂房矩形控制网的方法。

见图 6-4-1，H、I、J、K 四点是厂房的房角点，从设计图中已知 H、J 两点的坐标。S、P、Q、R 为布置在基础开挖边线以外的厂房矩形控制网的四个角点，称为厂房控制桩。厂房矩形控制网的边线到厂房轴线的距离为 4 m，厂房控制桩 S、P、Q、R 的坐标可按厂房角点的设计坐标加减 4 m 算得。测设方法如下：

（1）计算测设数据

根据厂房控制桩 S、P、Q、R 的坐标，计算利用直角坐标法进行测设时，所需测设数据，计算结果标注在图 6-4-1 中。

（2）厂房控制点的测设

① 从 F 点起沿 FE 方向量取 36 m，定出 a 点；沿 FG 方向量取 29 m，定出 b 点。

② 在 a 与 b 上安置经纬仪，分别瞄准 E 与 F 点，顺时针方向测设 90°，得两条视线方向，沿视线方向量取 23 m，定出 R、Q 点。再向前量取 21 m，定出 S、P 点。

③ 为了便于进行细部的测设，在测设厂房矩形控制网的同时，还应沿控制网测设距离指标桩，如图 6-4-1 所示，距离指标桩的间距一般等于柱子间距的整倍数，但不超过所用钢尺的长度。

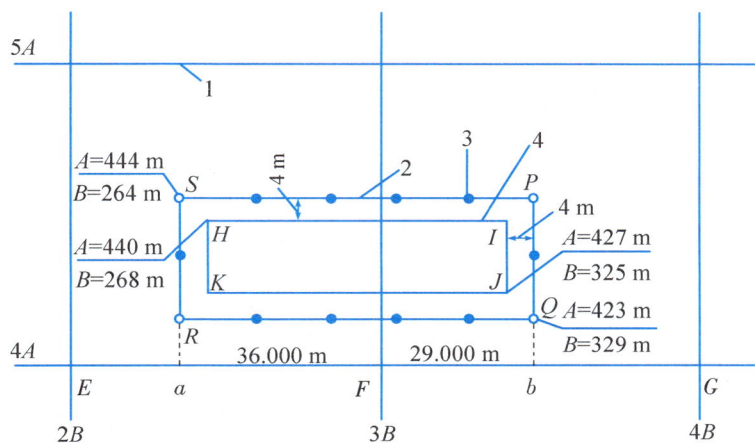

1—建筑方格网；2—厂房矩形控制网；3—距离指标桩；4—厂房轴线

图 6-4-1　厂房矩形控制网的测设

（3）检查

① 检查 $\angle S$，$\angle P$ 是否等于 90°，其误差见表 6-4-1，且不得超过 ±10″。

② 检查 SP 是否等于设计长度，其误差不得超过 1/10 000。

以上这种方法适用于中小型厂房，对于大型或设备复杂的厂房，应先测设厂房控制网的主轴线，再根据主轴线测设厂房矩形控制网。

表 6-4-1　工业厂房矩形控制网的主要技术要求与限差

等级	类别	厂房类别	边长/m	测角中误差/(″)	边长相对精度	主轴线交角的允许偏差/(″)	角允许偏差/(″)
Ⅰ	田字形网	大型	100～300	±5	1/50 000～1/30 000	±3～±5	±5
Ⅱ	单一矩形网	中、小型	100～300	±8	1/20 000～1/10 000	—	±7～±10

3.厂房柱列轴线测设

根据厂房平面图上所注的柱间距和跨距尺寸，用钢尺沿矩形控制网各边量出各柱列轴线控制桩的位置，见图 6-4-2 中的 1′、2′……，并打入大木桩，桩顶用小钉标出点位，作为柱

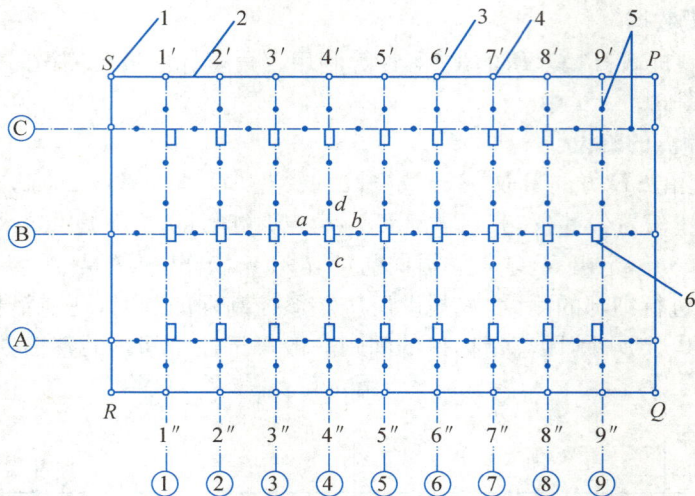

1—厂房控制桩；2—厂房矩形控制网；3—柱列轴线控制桩；

4—距离指标桩；5—定位小木桩；6—柱基础

图 6 - 4 - 2　厂房柱列轴线和柱基测量

基测设和施工安装的依据。丈量时应以相邻的两个距离指标桩为起点分别进行，以便检核。

6.4.2　厂房基础施工测量

1. 柱基定位和放线

（1）如图 6 - 4 - 2 所示，安置两台经纬仪，在两条互相垂直的柱列轴线控制桩上，沿轴线方向交会出各柱基的位置（即柱列轴线的交点），此项工作称为柱基定位。

（2）在柱基的四周轴线上，打入四个定位小木桩 a、b、c、d，如图 6 - 4 - 2 所示，其桩位应在基础开挖边线以外，比基础深度大 1.5 倍的地方，作为修坑和立模的依据。

（3）按照基础详图所注尺寸和基坑放坡宽度，用特制角尺，放出基坑开挖边界线，并撒出白灰线以便开挖，此项工作称为基础放线。

（4）在进行柱基测设时，应注意柱列轴线不一定都是柱基的中心线，而一般立模、吊装等习惯用中心线，此时，应将柱列轴线平移，定出柱基中心线。

依此方法，测设出厂房全部柱基。

2. 基坑抄平

当基坑将要挖到设计高程时，一般离设计高程 0.3～0.5 m，应在基坑的四壁或坑底边沿和中央。设置若干个水平桩，使用水准仪在水平桩上引测同一高程值的标高线，作为基坑修坡和清底的高程依据。

此外，还应在基坑内测设出垫层的高程，即在坑底打下几个小木桩，使木桩顶面恰好位于垫层的设计高程上。

3. 基础模板定位

打好垫层以后，根据坑边定位桩，用拉线的方法，吊垂球把柱基定位线投到垫层上，并弹墨线标明，用红漆画出标志，作为柱基立模板和布置基础钢筋网的依据。立模时，将模板底线对准垫层上的定位线,并用垂球检查模板是否竖直。然后用水准仪将柱基顶面设计高程测设在模板内壁,再立杯底模板,应注意使实际浇筑的杯底顶面比原设计的高程略低 3～5 cm,以便拆模后填高修平杯底。

4. 杯口中线投点与抄平

在柱基拆模后,根据厂房矩形控制网的轴线控制桩,用经纬仪正倒镜居中法将柱列轴线投测到杯口顶面上,并弹出墨线,用红漆画出"▶"标志,作为安装柱子时确定轴线的依据。如果柱列轴线不通过柱子的中心线,应在杯形基础顶面上加弹柱中心线,以便吊装柱子时使用。

用水准仪,在杯口内壁测设一条一般为－0.600 m 的标高线(一般杯口顶面的标高为－0.500 m),并画出"▼"标志,如图 6－4－3 所示,作为杯底找平的依据。

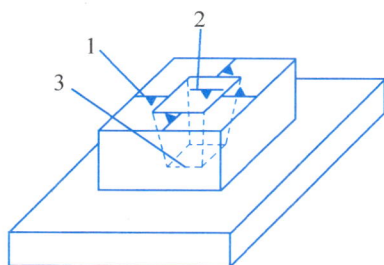

1—柱中心线;2——0.600 m 标高线;
3—杯底
图 6－4－3　杯形基础

5. 工业建筑定位放线的检验测量

应在浇筑基础混凝土前后各进行一次定位放线检验测量,检测项目主要有:

(1) 先检验基础放线时所依据的各种控制(包括主轴线、矩形控制网、龙门板控制柱、高程控制网点、水平桩等)有无变位或损坏。

(2) 根据检验过的控制网点,用经纬仪或拉线悬垂球的方法,测定基础轴线的位置。

(3) 用钢尺测定地脚螺栓及各种预埋件、预留孔的中心位置。

(4) 用水准仪测定地脚螺栓第一丝扣的标高。

(5) 浇筑混凝土前,必须用垂球检验地脚螺栓的垂直度,允许误差不得超过螺栓长度的千分之一,检验合格后,应立即将螺栓焊牢在基础的钢筋网架上。

基础中心线及标高检验测量的允许偏差见表 6－4－2 和 6－4－3。

以上检验应在施工前及施工过程中按精度要求进行,如发现不符,应立即通知施工人员修整。

表 6－4－2　基础中心线及标高测设的限差

测量内容	基础定位/mm	垫层面/mm	模板/mm	螺栓/mm
中心线端点测设	±5	±2	±1	±1
中心线投点	±10	±5	±3	±2
标高测设	±10	±5	±3	±3

注:测设螺栓及模板标高时,应考虑预留高度。

表 6－4－3　基础中心线及标高的竣工测量限差

测 量 内 容		测量差/mm
基础中心线竣工测量	连续生产线上设备基础	±2
	预埋螺栓基础	±2
	预留螺栓孔基础	±3
	基础杯口	±3
	烟囱、烟道、沟槽	±5

（续表）

测　量　内　容		测量差/mm
基础标高竣工测量	杯口底标高	±3
	钢柱、设备基础面标高	±2
	地脚螺栓标高	±3
	工业炉基础面标高	±3

6.设备基础的定位程序

设备基础施工程序有两种情况：一种是设备基础与柱基础同时施工，采用这种施工方案的多数为大型设备基础，这时可直接根据厂房矩形控制网定位；另一种是厂房柱子基础和厂房部分建成后才进行设备基础施工，采用这种施工方法，必须将厂房外面的控制网在厂房砌筑砖墙之前，将其引进厂房内部，建立一个内控制网，作为设备基础施工和设备安装的依据。

▶ 6.4.3　柱的施工测量

1.现浇混凝土柱的施工测量

采用现浇法施工混凝土柱基础、柱身及上面每层平台时，配合施工要进行下列测量工作：

(1) 基础中心投点及标高的测设

当基础混凝土凝固拆模以后，根据厂房矩形控制网边上的轴线控制桩或定位桩，用经纬

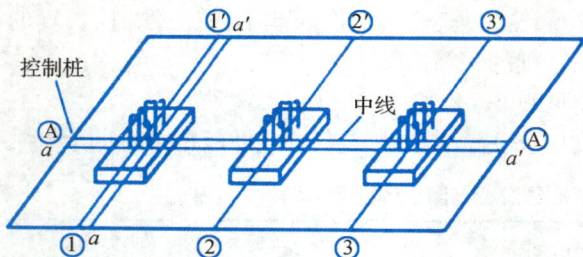

图 6-4-4　现浇柱基础

仪将中线投测到基础顶面上，弹出十字形中线供柱身支模及校正之用，有时基础中的预留钢筋恰好在中线上，投测时不通视，可采用借线法投测。如图 6-4-4 所示，将经纬仪侧移安置在 a 点，先测出与柱中线平行的 aa' 直线，然后再根据 aa' 直线，恢复到柱中线位置。

在基础露出的预留钢筋上用水准仪测设出某一标高线，作为柱身控制标高的依据。每根柱除给出中线外，为便于支模，还应弹出柱的断面边线。

(2) 柱身支模垂直度检测与校正

柱身模板支好后，必须用经纬仪检查柱子垂直度，并将柱身模板校正。如果现场通视较好，直接能看到柱身上、下、中线，可采用经纬仪投线法进行检测与校正。见图 6-4-5，经纬仪安置在 A 点，对准柱身模板下端中线，然后仰视望远镜观察模板上端中线。如上端中线偏离视线，校正上端模板，直至上端中线与视线重合。如果现场通视困难，可采用平行线投点法进行检测与校正。如图 6-4-5 中的 3 号柱子，先作柱中线 AA' 的平行线 BB'，平行线至柱中线的间距一般可取 1 m。另做一木尺，在木尺上用墨线标出 1 m 标志，由一人在模板上端持木尺，把木尺零点端对齐柱中线，水平地伸向观测方向。经纬仪安置在 B 点，照准 B'，仰起望远镜观看木尺，若视线正好照准木尺上 1 m 标志，表示模板在这个方向上垂直。

如果木尺上 1 m 标志偏离视线,则要校正模板上端,使木尺上 1 m 标志与视线重合为止。垂直度检测应满足表中的要求。有时由于现场通视困难,不能应用平行线投点法校正一整排或一整列柱子,则可先按上法校正好一排或一列中首末两根柱子,中间的其他柱子可根据柱行间或列间的设计距离,丈量其长度加以校正。

需要注意的是当再校正横轴方向时,原先检查校正好的纵轴方向是否发生倾斜。有时当条件所限或柱身支模垂直度检校精度要求不高时,可采用吊线坠法进行校正,如图 6 - 4 - 5 所示。

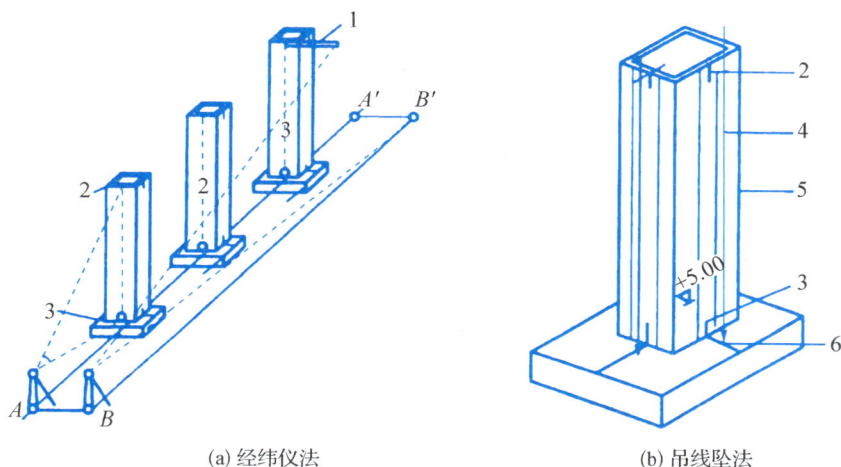

(a) 经纬仪法　　　　　　　　　(b) 吊线坠法

1—木尺;2—上端中线;3—下端中线;4—垂线;5—模板;6—基础中线

图 6 - 4 - 5　柱身支模垂直度检测与校正

(3) 柱顶及平台模板抄平

柱身模板垂直度校正好后,应选择不同行列的二、三根柱子,从柱子下面已测设好的标高点,用钢尺沿柱身竖直向上量距,测二至三个同一高程的点于柱子上端模板上。然后在平台模板上安置水准仪,将上述引测至柱子上端模板上的任一标高点作为后视,测定柱顶模板标高,并闭合于柱子上端模板上另一标高点,以作校核。

平台模板支好后,必须用水准仪检查平台模板的标高及水平情况。

2. 预制柱的安装测量

(1) 柱子安装应满足的基本要求

柱子中心线应与相应的柱列轴线一致,其允许偏差为±5 mm。牛腿顶面和柱顶面的实际标高应与设计标高一致,其允许误差:±(5～8) mm,柱高大于 5 m 时为±8 mm。柱身垂直允许误差:当柱高≤5 m 时为±5 mm;当柱高 5～10 m 时为±10 mm;当柱高超过10 m 时为柱高的 1/1 000,但不得大于 20 mm。

(2) 柱子安装前的准备工作

柱子安装前的准备工作有以下几项:

① 在柱基顶面投测柱列轴线

② 柱身弹线

柱子安装前,应将每根柱子按轴线位置进行编号。见图6 - 4 - 6,在每根柱子的三个侧

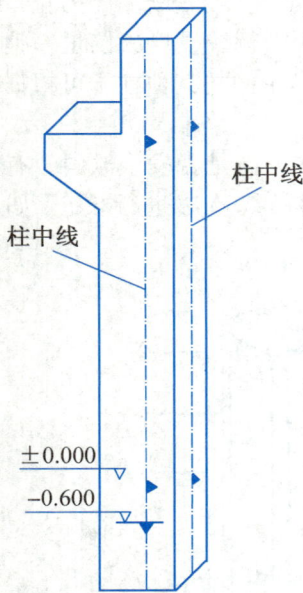

图 6-4-6　柱身弹线

面弹出柱中心线,并在每条线的上端和下端近杯口处画出"▶"标志。根据牛腿面的设计标高,从牛腿面向下用钢尺量出—0.600 m的标高线,并画出"▼"标志。

③ 杯底找平

先量出柱子的—0.600 m标高线至柱底面的长度,再在相应的柱基杯口内,量出—0.600 m标高线至杯底的高度,并进行比较,以确定杯底找平厚度,根据找平厚度用水泥砂浆在杯底进行找平,使牛腿面符合设计高程。

(3) 柱子的安装测量

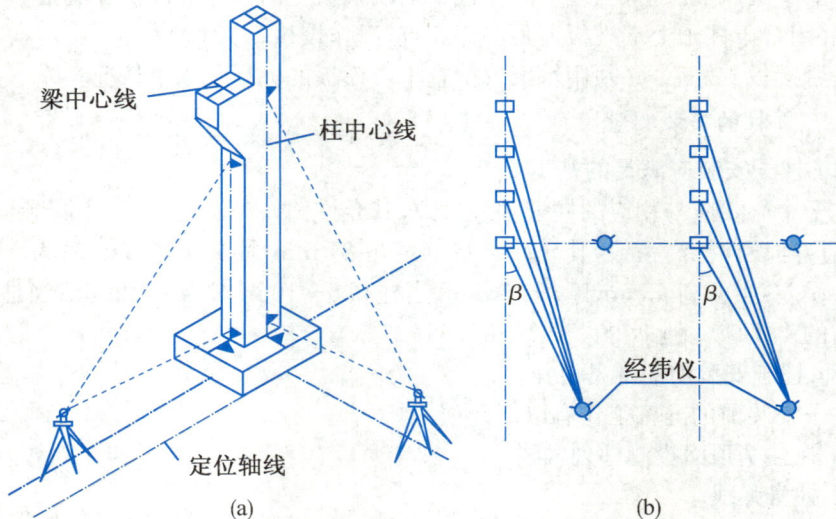

柱子安装测量的目的是保证柱子平面和高程符合设计要求,使柱身铅直。

① 柱子安装轴线和标高控制

预制的钢筋混凝土柱子插入杯口后,应使柱子三面的中心线与杯口中心线对齐,如图 6-4-7(a)所示,用木楔或钢楔临时固定。其允许偏差为±5 mm。

钢柱安装就位时,首先根据基础面上的标高点修整基础面,再根据基础面设计标高与柱底到牛腿面的高度计算垫板厚度,安放垫板要用水准仪配合抄平,使其符合设计标高要求,就位时,应使柱中线与基础面上的中线对齐。

柱子立稳后,立即用水准仪检测柱身上的±0.000标高线,其容许误差为±3 mm。

② **柱子垂直度校正测量**

如图 6-4-7(a)所示,用两台经纬仪,分别安置在柱基纵、横轴线上,离柱子的距离不小于柱高的 1.5 倍,先用望远镜瞄准柱底的中心线标志,固定照准部后,再缓慢抬高望远镜观察柱子偏离十字丝竖丝的方向,指挥用钢丝绳拉直柱子,直至从两台经纬仪中观测到的柱子中心线都与十字丝竖丝重合为止。

柱子的安装测量

(a)　　　　　　　　　(b)

图 6-4-7　柱子垂直度校正

用水准仪检查各柱下部±0.000 的标高线是否在同一水平面上,并与龙门板±0.000 标记核对,如不符,应指挥吊装工予以调整。

③ 固定柱子

柱子经以上校正测量后,允许偏差在表 6－4－4 规定的范围内,视为合格,即可用细石混凝土立即灌浆,以固定柱子位置。

表 6－4－4　工业厂房结构安装测量的限差

测　量　内　容		测量限差/mm
柱子安装测量	钢柱垫板标高	±2
	钢柱±0.000 标高检查	±2
	预制钢筋混凝土柱±0.000 标高检查	±3
	混凝土柱、钢柱垂直度检查	±3
吊车梁安装测量 (钢梁、混凝土梁)	吊车梁中心线投点(牛腿上)	±3
	安装后梁面垫板标高	±2
	梁间距	±3
吊车轨道安装测量	轨道跨距丈量	±2
	轨道中心线(加密点)投点	±2
	轨道安装标高	±2

在杯口与柱子的缝隙中浇入混凝土,以固定柱子的位置。

在实际安装时,一般是一次把许多柱子都竖起来,然后进行垂直校正。这时,可把两台经纬仪分别安置在纵横轴线的一侧,一次可校正几根柱子,见图 6－4－7(b),但仪器偏离轴线的角度应在 15°以内。

(4) 柱子安装测量的注意事项

经纬仪必须严格校正。操作时,应使照准部水准管气泡严格居中。校正时,除注意柱子垂直外,还应随时检查柱子中心线是否对准杯口柱列轴线标志,以防柱子安装就位后,产生水平位移。在校正变截面的柱子时,经纬仪必须安置在柱列轴线上,以免产生差错。在日照下校正柱子的垂直度时,应考虑日照使柱顶向阴面弯曲的影响,为避免此影响,宜在早晨或阴天校正。

▶ 6.4.4　吊车梁施工测量

吊车梁安装测量主要是保证吊车梁中线位置和吊车梁的标高满足设计要求。

1. 吊车梁安装前的准备工作

吊车梁安装前的准备工作有以下几项:

(1) 在柱面上量出吊车梁顶面标高

根据柱子上的±0.000 标高线,用钢尺沿柱面向上量出吊车梁顶面设计标高线,作为调整吊车梁顶面标高的依据。

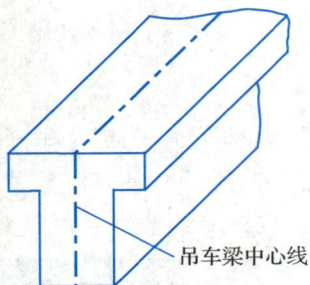

图 6-4-8 在吊车梁上弹出
梁的中心线

（2）在吊车梁上弹出梁的中心线

如图 6-4-8 所示，在吊车梁的顶面和两端面上，用墨线弹出梁的中心线，作为安装定位的依据。

由于柱子安装误差和吊车梁制作高度误差，吊车梁在吊装时还需作标高调整。标高校正（通过牛腿面垫板）应在吊装过程中完成，避免二次起吊。

（3）在牛腿面上弹出梁的中心线

吊车梁在柱子牛腿面上有两条安装线：一条是吊车梁横轴方向的中线，另一条是吊车梁纵轴方向的中线。横轴方向的中线可沿上、下柱的中线连线，可根据柱截面宽度取中确定。纵轴方向中线要根据柱子安装线来确定。

根据厂房中心线，在牛腿面上投测出吊车梁的中心线，投测方法如下：

如图 6-4-9(a) 所示，利用厂房中心线 A_1A_1，根据设计轨道间距，在地面上测设出吊车梁中心线（也是吊车轨道中心线）$A'A'$ 和 $B'B'$。在吊车梁中心线的一个端点 A'（或 B'）上安置经纬仪，瞄准另一个端点 A'（或 B'），固定照准部，抬高望远镜，即可将吊车梁中心线投测到每根柱子的牛腿面上，并用墨线弹出梁的中心线。

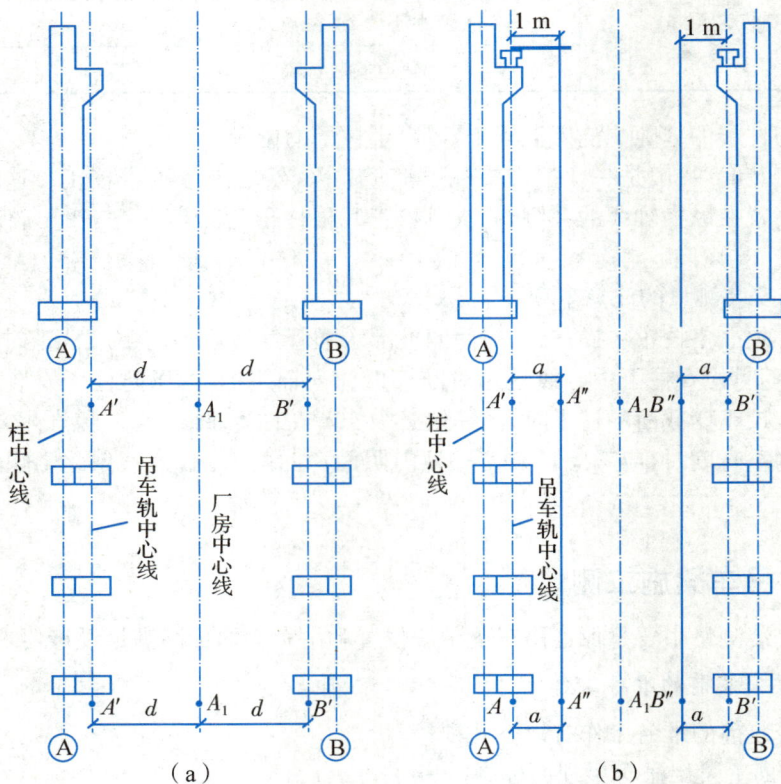

（a）　（b）

图 6-4-9 吊车梁的安装测量

2. 吊车梁的安装测量

安装时,使吊车梁两端的梁中心线与牛腿面梁中心线重合,使吊车梁初步定位。采用平行线法,对吊车梁的中心线进行检测,校正方法如下:

(1) 见图 6-4-9(b),在地面上,从吊车梁中心线向厂房中心线方向量出长度 a(1 m),得到平行线 $A''A''$ 和 $B''B''$。

(2) 在平行线一端点 A''(或 B'')上安置经纬仪,瞄准另一端点 B''(或 A''),固定照准部,抬高望远镜进行测量。

(3) 此时,另外一人在梁上移动横放的木尺,当视线正对准尺上一米刻划线时,尺的零点应与梁面上的中心线重合。如不重合,可用撬杠移动吊车梁,使吊车梁中心线到 $A''A''$(或 $B''B''$)的间距等于 1 m。

(4) 吊车梁安装就位后,先按柱面上定出的吊车梁设计标高线对吊车梁面进行调整,然后将水准仪安置在吊车梁上,每隔 3 m 测一点高程,并与设计高程比较,误差应在 3 mm 以内。

▶ 6.4.5　屋架安装测量

1. 屋架安装测量

屋架形式有三角形、梯形、拱形、多腹杆及折线形等,结构材料有钢屋架、钢筋混凝土屋架、预应力钢筋混凝土屋架及组合屋架等。虽然屋架几何形状和结构材料不同、跨度不等,但吊装过程的安装测量方法基本相同。

(1) 屋架弹线

现以折线形钢筋混凝土屋架为例,简要介绍屋架弹线的基本内容和方法。图 6-4-10 为预应力折线形屋架几何尺寸图。屋架弹线的内容包括跨度轴线弹线、中线弹线及节点安装线弹线等。

① 跨度轴线弹线

跨度轴线弹线的目的是便于与柱顶安装线一致。当屋架两端构造相同时,先量出屋架下弦的全长 L_1,则屋架轴线至屋架端头的距离 b 为

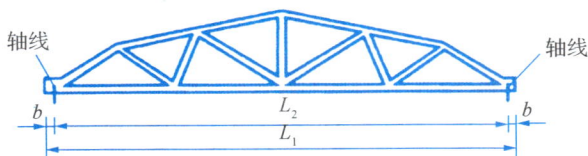

图 6-4-10　预应力折线形屋架

$$b = \frac{1}{2}(L_1 - L_2)$$

式中:L_2——屋架轴线长度。

从屋架端头分别向中间量取 b,即为屋架轴线位置。

② 中线弹线

屋架应在两端立面和上弦顶面标出中线,量尺时可按屋架截面实际宽度取中,再将各中点连线,沿端头及一上弦弹出通长中线,作为搭接屋面板和垂直校正的依据。当屋架有局部侧向翘曲时,应按设计尺寸取直弹线,以保证屋架平面的正确位置。

③ 节点安装线的弹法

节点安装线指的是与屋架侧面相连接的垂直支撑、水平系杆、天窗架、大型板等构件的

安装线、垂直支撑、水平系杆等是与屋架侧面连接的构件,其安装线以屋架两端跨度轴线为依据,向中间量尺划分,并标在屋架侧面。天窗架、大型屋面板等是与屋架上弦顶面相连接的构件,其安装线可从屋架中央向两端量尺划分,应标在上弦顶面。

为了正确安装屋架及其相应连接构件,宜对屋架进行编号并标出朝向。

(2) 屋架安装校正

① 屋架安装

屋架安装时要将屋架支座中线(跨度轴线)在纵、横两个方向与柱顶安装线对齐。为了保证屋架安装精度,屋架对中时也要考虑柱顶位移,同吊车梁纠正柱子位移的方法一样,把柱顶安装线(或中线)的偏差纠正过来。

屋架安装后,对混凝土屋架,其下弦中心线对定位轴线的允许偏差为 5 mm。

② 屋架垂直检查与校正

屋架垂直度的允许偏差不大于屋架高度的 1/250,其检查校正方法有垂线法、经纬仪校正法及吊弹尺校正法等。现简要介绍经纬仪校正法的具体做法。

如图 6-4-11,在地面上作厂房柱横轴中线平行线 AB,将经纬仪置于 A 点,照准 B 点,抬高望远镜,一人在屋架上 B' 端持木尺水平伸向观测方向,将尺零端与观测视线对齐,在屋架中线位置读出尺的读数,即视线至屋架中线的距离,设为 500 mm。再抬高望远镜,照准屋架上另一端 A' 处,也在 A' 处持水平尺伸向观测视线方向,将尺的零端与视线对齐,设读出视线至屋架线的距离为 560 mm,则两端读数平均值为 (500 mm + 560 mm)/2 = 530 mm。

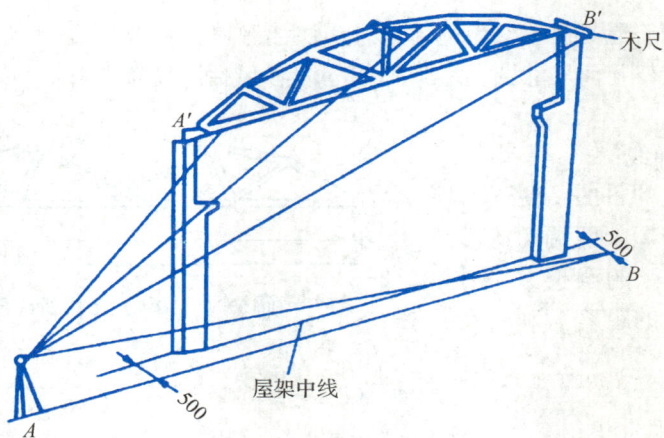

图 6-4-11　屋架的安装校正

一人在屋架上弦中央位置持尺,将尺的 530 mm 对齐屋架中线,转动望远镜再观测木尺,若尺的零端与视线对齐,则表示屋架垂直。否则应摆动上弦,直至尺的零端与视线对齐为止。此法检查校正精度高,适用于大跨度屋架的校正,受风力干扰小,但易受场地限制。

2. 刚架安装测量

(1) 刚架的弹线方法

门式刚架是梁柱一体的构件,有双铰、三铰等形式,见图 6-4-12。柱子部分和悬臂部分都是变截面,一般是预制成两个"厂"型,吊装后进行拼接。

刚架柱子部分应在三个侧面按规定尺寸弹出线,悬臂部分应在顶面和顶端弹出中线,要从刚架铰接中心向两侧量取标出屋面板等构件的节点安装线。对特殊型号的刚架要标出轴线标号。

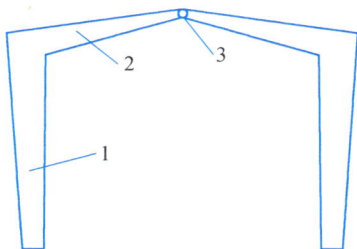

1—柱;2—悬臂;3—铰
图 6-4-12　门式刚架

(2) 刚架安装校正

门式刚架重点是校正横轴的垂直度,并保证悬臂拼接后中线连线的水平投影在一条直线上。图 6-4-13 为刚架安装校正示意图。

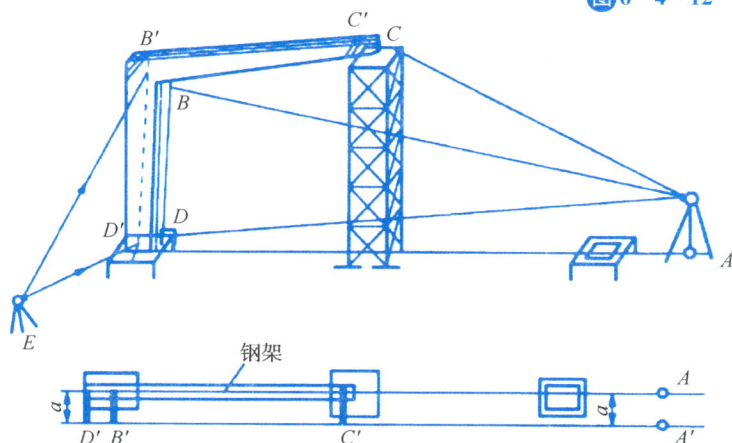

图 6-4-13　刚架安装校正

刚架立好后要进行校正。校正时,将经纬仪安置在中线控制桩 A 点,对中、整平,照准刚架底部下线 D 后,仰视刚架柱上部中线 B,再观测刚架悬臂顶端中线 C 处,若它们都与视线重合,则表示刚架垂直。若 B 处与 C 处中线偏离视线,则需校正刚架使 B、C 处中线与视线重合。如果经纬仪安置在 A 点有困难,可采用平行线法,从 A 点先平移一段距离 a,得 A' 点,安置仪器在 A' 点,同时在刚架 C、B、D 处分别横置木尺,使木尺平直伸出中线以外的长度等于 a,得 C'、B'、D' 点,观测时,视线先瞄准木尺顶端 D',再分别仰视木尺顶端 B'、C',若木尺顶端 B'、C' 与视线重合,则表示刚架垂直。

为了提高校正精度,采用正倒镜居中法进行校正。此外,还应在 E 点安置仪器,校正刚架的柱子垂直。

▶ 6.5　竣工测量 ◀

▐▶ 6.5.1　编制竣工总平面图的目的

工业与民用建筑工程是根据设计总平面图施工的。在施工过程中,由于种种原因,建(构)筑物竣工后的位置与原设计位置不完全一致,所以,需要编绘竣工总平面图。

编制竣工总平面图的目的一是全面反映竣工后的现状,二是为以后建(构)筑物的管理、维修、扩建、改建及事故处理提供依据,三是为工程验收提供依据。

竣工总平面图的编绘包括竣工测量和资料编绘两方面内容。

▶ 6.5.2 竣工测量

建(构)筑物竣工验收时进行的测量工作,称为竣工测量。

每一个单项工程完成后,必须由施工单位进行竣工测量,并提出该工程的竣工测量成果,作为编绘竣工总平面图的依据。

1. 竣工测量的内容

(1) 工业厂房及一般建筑物

测定各房角坐标、几何尺寸,各种管线进出口的位置和高程,室内地坪及房角标高,并附注房屋结构层数、面积和竣工时间。

(2) 地下管线

测定检修井、转折点、起终点的坐标,井盖、井底、沟槽和管顶等的高程,附注管道及检修井的编号、名称、管径、管材、间距、坡度和流向。

(3) 架空管线

测定转折点、结点、交叉点和支点的坐标,支架间距、基础面标高等。

(4) 交通线路

测定线路起终点、转折点和交叉点的坐标,路面、人行道、绿化带界线等。

(5) 特种构筑物

测定沉淀池的外形和四角坐标、圆形构筑物的中心坐标、基础面标高、构筑物的高度或深度等。

2. 竣工测量的方法与特点

竣工测量的基本测量方法与地形测量相似,区别在于以下几点:

(1) 图根控制点的密度

一般竣工测量图根控制点的密度,要大于地形测量图根控制点的密度。

(2) 碎部点的实测

地形测量一般采用视距测量的方法,测定碎部点的平面位置和高程;而竣工测量一般采用经纬仪测角、钢尺量距的极坐标法测定碎部点的平面位置,采用水准仪或经纬仪视线水平测定碎部点的高程;亦可用全站仪进行测绘。

(3) 测量精度

竣工测量的测量精度,要高于地形测量的测量精度。地形测量的测量精度要求满足图解精度,而竣工测量的测量精度一般要满足解析精度,应精确至厘米。

(4) 测绘内容

竣工测量的内容比地形测量的内容更丰富。竣工测量不仅测地面的地物和地貌,还要测地下各种隐蔽工程,如上、下水及热力管线等。

▌▶ 6.5.3　竣工总平面图的编绘

1. 编绘竣工总平面图的依据

(1) 设计总平面图,单位工程平面图,纵、横断面图,施工图及施工说明。

(2) 施工放样成果、施工检查成果及竣工测量成果。

(3) 更改设计的图纸、数据、资料(包括设计变更通知单)。

2. 竣工总平面图的编绘方法

(1) 在图纸上绘制坐标方格网

绘制坐标方格网的方法、精度要求,与地形测量绘制坐标方格网的方法、精度要求相同。

(2) 展绘控制点

坐标方格网画好后,将施工控制点按坐标值展绘在图纸上。展点对邻近的方格而言,其容许误差为±0.3 mm。

(3) 展绘设计总平面图

根据坐标方格网,将设计总平面图的图面内容,按其设计坐标,用铅笔展绘于图纸上作为底图。

(4) 展绘竣工总平面图

凡是按设计坐标进行定位的工程,应以测量定位资料为依据,按设计坐标(或相对尺寸)和标高展绘。对原设计进行变更的工程,应根据设计变更资料展绘。凡是有竣工测量资料的工程,若竣工测量成果与设计值之比差,不超过规定的定位容许误差时,按设计值展绘;否则,按竣工测量资料展绘。

3. 竣工总平面图的整饰

(1) 竣工总平面图的符号应与原设计图的符号一致。有关地形图的图例应使用国家地形图图示符号。

(2) 对于厂房,应使用黑色墨线,绘出该工程的竣工位置,并应在图上注明工程名称、坐标、高程及有关说明。

(3) 对于各种地上、地下管线,应使用各种不同颜色的墨线,绘出其中心位置,并应在图上注明转折点及井位的坐标、高程及有关说明。

(4) 对于没有进行设计变更的工程,用墨线绘出的竣工位置,与按设计原图用铅笔绘出的设计位置应重合,但其坐标及高程数据与设计值比较可能稍有出入。

随着工程的进展,逐渐在底图上,将铅笔线都绘成墨线。

(5) 对于直接在现场指定位置进行施工、以固定地物定位施工及多次变更设计而无法查对的工程等,只好进行现场实测,这样测绘出的竣工总平面图,称为实测竣工总平面图。

思 考 题

6-1 测设点的平面位置有哪几种方法？

6-2 简述建筑物定位的方法。

6-3 龙门板、轴线控制桩的作用是什么？如何进行测设？

6-4 简述杯形基础的测设方法。

6-5 基础施工测量的主要内容有哪些？

6-6 高层建筑的轴线投测方法有哪些？

6-7 高层建筑的高程传递方法有哪些？

6-8 如何进行柱子的竖直校正？

6-9 简述柱子吊装测量的方法与精度要求。对变截面的柱子应注意些什么？

1. 了解变形观测的内容；
2. 理解沉降观测的基本理论；
3. 掌握变形观测的方法。

工程安全和建筑物的质量，关乎百姓利益，变形观测过程中要严守规范，追求严谨、认真、一丝不苟的做事态度。

▶ 7.1 变形观测概述 ◀

建筑物在施工和使用过程中，受建筑地基的工程地质条件、地基处理方法、建筑物上部结构的荷载等多种因素的综合影响将产生不同程度的变形。

为保证建筑物在施工、使用和运行中的安全，以及为建筑物的设计、施工、管理及科学研究提供可靠的资料，在建筑物施工和运行期间，需要对建筑物的稳定性进行观测，这种观测称为建筑物的变形观测。

建筑物变形观测的主要内容有建筑物沉降观测、建筑物倾斜观测、建筑物裂缝观测和位移观测等。

高层建筑、重要厂房、高耸建筑物及地质不良地段的建筑物在施工和运营过程中，由于自然条件及建筑物本身的荷重、结构及动荷载的作用，会产生沉降、倾斜、挠度、裂缝及位移的变形现象，这些变形在一定的限度内，应视为是正常现象，但如果超过了规定的限度，就会影响建筑物的正常使用，严重时还会危及建筑物的安全。因此，为了保证建筑物的安全及正常使用，研究变形的原因和规律，为建筑物的设计、施工、管理和科学研究提供可靠的资料，在施工和运营管理阶段都要进行长期的系统的变形观测。

一般来讲，建筑物的变形主要是由自然条件及其变化（如建筑物地基的工程地质、水文地质、土壤的物理性质、大气温度、风振、地震等）以及建筑物本身的原因（如建筑物本身的荷重、建筑结构、机械振动等）引起的。因此，建筑物的变形观测应该从基础施工开始，贯穿整个施工阶段，一直持续到变形趋于稳定或停止。

下列建筑在施工和使用期间应进行变形观测：

（1）地基基础设计等级为甲级的建筑；

（2）复合地基或软弱地基上的设计等级为乙级的建筑；

（3）加层、扩建建筑；

（4）受邻近基坑开挖施工影响或受场地地下水等环境变化影响的建筑；

（5）需要积累经验或进行设计反分析的建筑。

▶ 7.2 建筑物的沉降观测 ◀

在建筑物的施工过程中，随着上部结构的逐渐完成，地基荷载逐步增加，建筑物会发生下沉现象，所以应定期对建筑物上设置的沉降观测点进行水准测量，测得其与水准基点之间的高差变化值，分析这些变化值的变化规律，从而确定建筑物的下沉量及下沉规律，这就是建筑物的沉降观测。建筑物的下沉是逐步产生的，并将延续到竣工交付使用后相当长的一段时期。因此，建筑物的沉降观测应按照沉降产生的规律进行。

建筑物沉降观测是用水准测量的方法，周期性地观测建筑物上的沉降观测点和水准基点之间的高差变化值。

▶ 7.2.1 水准基点的布设

水准基点是沉降观测的基准点，建筑物的沉降观测是利用水准测量的方法多次测定沉降观测点和水准基点之间的高差值，以此来确定其沉降量。因此，水准基点的构造和布设必须保证稳定不变和便于长久保存，其布设应满足以下要求：

（1）要有足够的稳定性

水准基点必须设置在沉降影响范围以外，冰冻地区水准基点应埋设在冰冻线以下0.5 m。

（2）要具备检核条件

为了保证水准基点高程的正确性，水准基点最少应布设三个，以便相互检核。

（3）要满足一定的观测精度

水准基点和观测点之间的距离应适中，相距太远会影响观测精度，一般应在100 m范围内。

▶ 7.2.2 沉降观测点的布设

沉降观测点的布设应能全面反映建筑物的地基变形特征，并结合地质情况及建筑结构特点确定。沉降观测点的布设应满足以下要求：

1. 沉降观测点的位置

（1）建筑物的四角、核心筒四角、大转角处及沿外墙每10～20 m处或每隔2～3根柱基上。

（2）高低层建筑物、新旧建筑物、纵横墙等交接处的两侧。

（3）建筑物裂缝、后浇带和沉降缝两侧，基础埋深相差悬殊处，人工地基与天然地基接壤处，不同结构的分界处及填挖方分界处。

　　(4) 宽度大于等于 15 m 或小于 15 m 而地质复杂及膨胀土地区的建筑物,应在承重内隔墙中部设内墙点,在室内地面中心及四周设地面点。

　　(5) 邻近堆置重物处、受震动有显著影响的部位及基础下的暗沟处。

　　(6) 框架结构建筑的每个或部分柱基上或纵横轴线上。

　　(7) 筏形基础、箱形基础底板或接近基础的结构部分之四角处及其中部位置。

　　(8) 重型设备基础和动力设备基础的四角、基础形式或埋深改变处及地质条件变化处两侧。

　　(9) 电视塔、烟囱、水塔、油罐、炼油塔、高炉等高耸建筑物,应设在沿周边与基础轴线相交的对称位置上,点数不少于 4 个。

2. 沉降观测点的埋设形式

如图 7 - 2 - 1 所示。

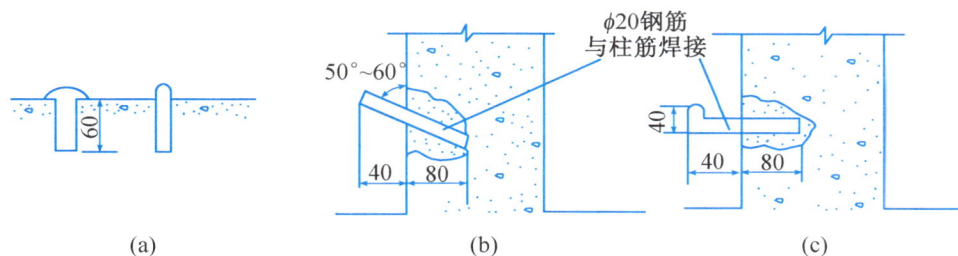

图 7 - 2 - 1　沉降观测点的埋设形式

沉降观测的标志可根据不同的建筑结构类型和建筑材料,采用墙(柱)标志、基础标志和隐蔽式标志(用于宾馆等高级建筑物)等形式。各类标志的立尺部位应加工成半球形或有明显的突出点,并涂上防腐剂。标志的埋设位置应避开有碍设标与观测的障碍物(如雨水管、窗台线、暖气片、暖水管、电气开关等),并应视立尺需要离开墙(柱)面和地面一定距离。

▉▶ 7.2.3　沉降观测

1. 观测周期

观测的时间和次数,应根据工程的性质、施工进度、地基地质情况及基础荷载的变化情况而定。

　　(1) 在埋设的沉降观测点稳固后,建筑物主体开工前,进行第一次观测。

　　(2) 在建筑物主体施工过程中,一般每盖 1～2 层观测一次。如中途停工时间较长,应在停工时和复工时进行观测。

　　(3) 当发生大量沉降或严重裂缝时,应立即或几天一次连续观测。

　　(4) 建筑物封顶或竣工后,一般每月观测一次,如果沉降速度减缓,可改为 2～3 个月观测一次,直至沉降稳定为止。

2. 观测方法

观测时先后视水准基点,接着依次前视各沉降观测点,最后再次后视该水准基点,两次后视读数之差不应超过 ±1 mm。另外,沉降观测的水准路线(从一个水准基点到另一个水准基点)应为闭合水准路线。

3. 精度要求

沉降观测的精度应根据建筑物的性质而定。

一般对于高层建筑物的沉降观测应采用 DS₁ 型精密水准仪,按国家二等水准测量方法进行,其水准路线的闭合差不应超过 $\pm 1.0\sqrt{n}$ mm(n 为测站数),同一后视点两次后视读数之差不应超过 ± 1 mm;对于多层建筑物的沉降观测,可采用 DS₃ 型水准仪,用普通水准测量的方法进行,其水准路线的闭合差不应超过 $\pm 2.0\sqrt{n}$ mm(n 为测站数),同一后视点两次后视读数之差不应超过 ± 2 mm。

4. 工作要求

沉降观测是一项长期、连续的工作,为了保证观测成果的正确性,应尽可能做到四定,即固定观测人员,使用固定的水准仪和水准尺,使用固定的水准基点,按固定的实测路线和测站进行。

▶▶▶ 7.2.4 沉降观测的成果整理

1. 整理原始记录

每次观测结束后,应检查记录的数据和计算是否正确,精度是否合格,然后,调整高差闭合差,推算出各沉降观测点的高程,并填入"沉降观测记录表"中(表 7-2-1)。

表 7-2-1 沉降观测记录表

观测次数	观测时间	各观测点的沉降情况						3…	施工进展情况	荷载情况 /(t/m²)
		1			2			…		
		高程/m	本次下沉/mm	累积下沉/mm	高程/m	本次下沉/mm	累积下沉/mm	…		
1	2012.01.10	50.454	0	0	50.473	0	0	…	一层平口	
2	2012.02.23	50.448	−6	−6	50.467	−6	−6		三层平口	40
3	2012.03.16	50.443	−5	−11	50.462	−5	−11		五层平口	60
4	2012.04.14	50.440	−3	−14	50.459	−3	−14		七层平口	70
5	2012.05.14	50.438	−2	−16	50.456	−3	−17		九层平口	80
6	2012.06.04	50.434	−4	−20	50.452	−4	−21		主体完	110
7	2012.08.30	50.429	−5	−25	50.447	−5	−26		竣工	
8	2012.11.06	50.425	−4	−29	50.445	−2	−28		使用	
9	2013.02.28	50.423	−2	−31	50.444	−1	−29			
10	2013.05.06	50.422	−1	−32	50.443	−1	−30			
11	2013.08.05	50.421	−1	−33	50.443	0	−30			
12	2013.12.25	50.421	0	−33	50.443	0	−30			

注:水准点的高程 BM1 为 49.538 mm,BM2 为 50.123 mm,BM3 为 49.776 mm。

2. 计算沉降量

计算内容和方法如下：

（1）计算各沉降观测点的本次沉降量

沉降观测点的本次沉降量＝本次观测所得的高程－上次观测所得的高程

（2）计算累积沉降量

累积沉降量＝本次沉降量＋上次累积沉降量

将计算出的沉降观测点本次沉降量、累积沉降量和观测日期、荷载情况等记入"沉降观测记录表"中（表7－2－1）。

3. 绘制沉降曲线

如图7－2－2所示，沉降曲线分为两部分，即时间与沉降量关系曲线和时间与荷载关系曲线。

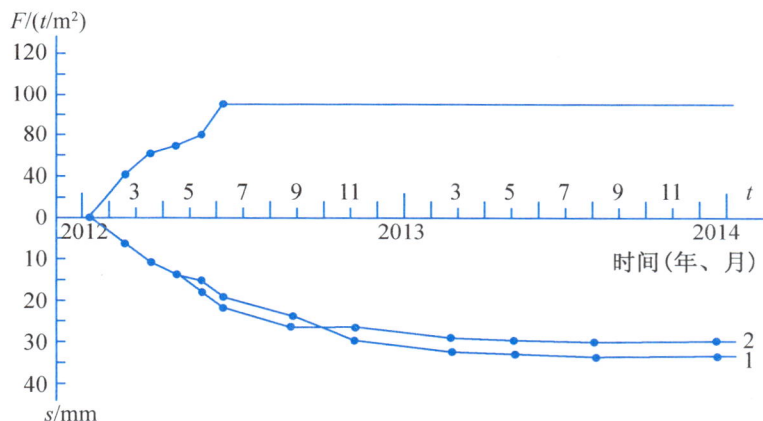

图7－2－2　沉降曲线图

（1）绘制时间与沉降量关系曲线

首先，以沉降量 s 为纵轴，以时间 t 为横轴，组成直角坐标系。然后，以每次累积沉降量为纵坐标，以每次观测日期为横坐标，标出沉降观测点的位置。最后，用曲线将标出的各点连接起来，并在曲线的一端注明沉降观测点号码，这样就绘制出了时间与沉降量关系曲线，如图7－2－2所示。

（2）绘制时间与荷载关系曲线

首先，以荷载为纵轴，以时间为横轴，组成直角坐标系。再根据每次观测时间和相应的荷载标出各点，将各点连接起来，即可绘制出时间与荷载关系曲线，如图7－2－2所示。

▶ 7.3　建筑物的倾斜观测 ◀

在施工和使用过程中，由于某些因素的影响，建筑物的基础可能会产生不均匀沉降，导致建筑物的上部主结构产生倾斜，倾斜严重时还会影响建筑物的安全使用。此时应进行倾斜观测。

用测量仪器测定建筑物的基础和主体结构倾斜变化的工作，称为倾斜观测。

7.3.1　一般建筑物主体的倾斜观测

建筑物主体的倾斜观测，应测定建筑物顶部观测点相对于底部观测点的偏移值，再根据建筑物的高度，计算建筑物主体的倾斜度，即

$$i = \tan\alpha = \frac{\Delta D}{H} \tag{7-1}$$

式中：i——建筑物主体的倾斜度；

　　　ΔD——建筑物顶部观测点相对于底部观测点的偏移值（m）；

　　　H——建筑物的高度（m）；

　　　α——倾斜角（°）。

由式（7-1）可知，倾斜测量主要是测定建筑物主体的偏移值 ΔD。偏移值 ΔD 的测定一般采用经纬仪投影法。具体观测方法如下：

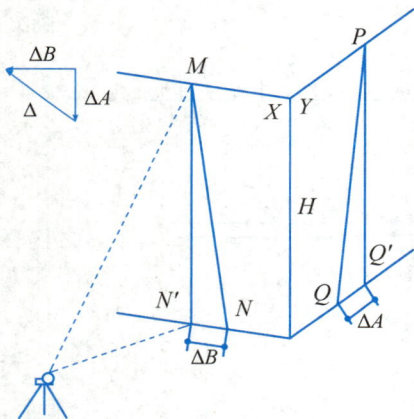

图7-3-1　一般建筑物的倾斜观测

（1）如图7-3-1所示，将经纬仪安置在固定测站上，该测站到建筑物的距离是建筑物高度的1.5倍以上。瞄准建筑物 X 墙面上部的观测点 M，用盘左、盘右分中投点法，定出下部的观测点 N。用同样的方法，在与 X 墙面垂直的 Y 墙面上定出上观测点 P 和下观测点 Q。M、N 和 P、Q 即为所设观测标志。

（2）相隔一段时间后，在原固定测站上安置经纬仪，分别瞄准上观测点 M 和 P，用盘左、盘右分中投点法，得到 N' 和 Q'。如果 N 与 N' 及 Q 与 Q' 不重合，如图7-3-1所示，说明建筑物发生了倾斜。

（3）用尺子量出在 X，Y 墙面的偏移值 ΔA，ΔB，然后用矢量相加的方法，计算出该建筑物的总偏移值 ΔD，即

$$\Delta D = \sqrt{\Delta A^2 + \Delta B^2} \tag{7-2}$$

根据总偏移值 ΔD 和建筑物的高度 H 用式（7-1）即可计算出其倾斜度 i。

7.3.2　圆形建（构）筑物主体的倾斜观测

圆形建（构）筑物（如水塔、烟囱、电视塔）的倾斜观测，是在互相垂直的两个方向上，测定其顶部中心与底部中心的偏移值 ΔD，然后用式（7-1）计算出倾斜度。现在以烟囱为例介绍此类圆形建（构）筑物主体倾斜的观测方法。具体观测方法如下：

（1）见图7-3-2，在烟囱底部横放一根标尺，在标尺中垂线方向上安置经纬仪，经纬仪

到烟囱的距离为烟囱高度的 1.5 倍。

（2）用望远镜将烟囱顶部边缘两点 A，A' 及底部边缘两点 B，B' 分别投到标尺上，得读数 y_1，y_1' 及 y_2，y_2'。烟囱顶部中心 O 对底部中心 O' 在 y 方向上的偏移值 Δy 为

$$\Delta y = \frac{y_1 + y_1'}{2} - \frac{y_2 + y_2'}{2}$$

（3）用同样的方法，可测得在 x 方向上，顶部中心 O 的偏移值 Δx 为

$$\Delta x = \frac{x_1 + x_1'}{2} - \frac{x_2 + x_2'}{2}$$

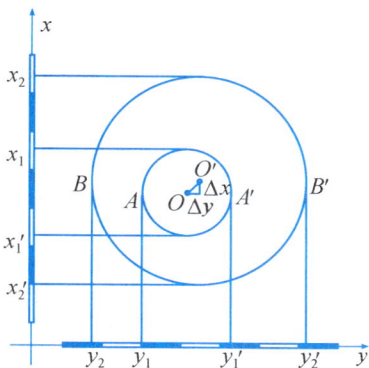

图 7-3-2　圆形建（构）筑物的倾斜观测

（4）用矢量相加的方法，计算出顶部中心 O 对底部中心 O' 的总偏移值 ΔD，即

$$\Delta D = \sqrt{\Delta x^2 + \Delta y^2} \tag{7-3}$$

根据总偏移值 ΔD 和圆形建（构）筑物的高度 H，用式（7-1）即可计算出其倾斜度 i。

另外，亦可采用激光铅垂仪或悬吊垂球的方法，直接测定建（构）筑物的倾斜量。

▶ 7.3.3　建筑物基础倾斜观测

建筑物的基础倾斜观测一般采用精密水准测量的方法，定期测出基础两端点的沉降量差值 Δh，如图 7-3-3 所示，再根据两点间的距离 L，即可计算出基础的倾斜度：

$$i = \frac{\Delta h}{L} \tag{7-4}$$

对整体刚度较好的建筑物的倾斜观测，亦可采用基础沉降量差值，推算主体偏移值。如图 7-3-4 所示，用精密水准测量测定建筑物基础两端点的沉降量差值 Δh，再根据建筑物的宽度 L 和高度 H，推算出该建筑物主体的偏移值 ΔD，即

$$\Delta D = \frac{\Delta h}{L} H \tag{7-5}$$

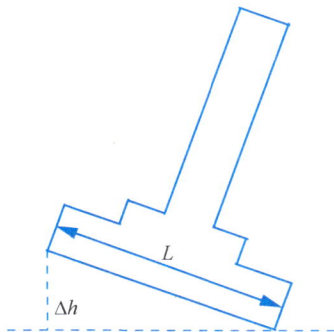

图 7-3-3　基础倾斜观测

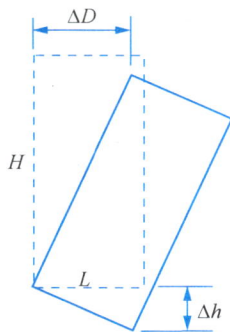

图 7-3-4　基础倾斜观测测定建筑物的偏移值

▶ 7.4 建筑物的裂缝观测与位移观测 ◀

▶ 7.4.1 裂缝观测

建筑物基础的不均匀沉降、温度的变化和外界各种荷载的作用,可能使建筑物内部的应力大大超过允许的限度,使建筑物的结构出现裂缝。建筑物上裂缝发展情况的观测工作即为裂缝观测。

当建筑物出现裂缝时,应及时进行裂缝观测。常用的裂缝观测方法有以下两种:

1. 石膏板标志

将厚 10 mm,宽约 50～80 mm 的石膏板(长度视裂缝大小而定)固定在裂缝的两侧。当裂缝继续发展时,石膏板也随之开裂,从而可观察裂缝继续发展的情况。

2. 白铁皮标志

(1) 如图 7-4-1 所示,用两块白铁皮,一片取 150 mm×150 mm 的正方形,固定在裂缝的一侧。

(2) 另一片为 50 mm×200 mm 的矩形,固定在裂缝的另一侧,使两块白铁皮的边缘相互平行,并使其中的一部分重叠。

(3) 在两块白铁皮的表面涂上红色油漆。

(4) 如果裂缝继续发展,两块白铁皮将逐渐拉开,露出正方形上因覆盖而没有油漆的部分,其宽度即为裂缝加大的宽度,可用尺子量出。

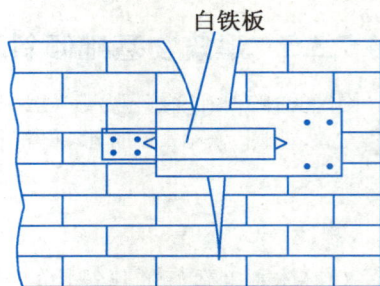

图 7-4-1 建筑物的裂缝观测

▶ 7.4.2 建筑物位移观测

根据平面控制点测定建筑物的平面位置随时间而移动的大小及方向,称为位移观测。位移观测首先要在建筑物附近埋设测量控制点,再在建筑物上设置位移观测点。位移观测的方法有以下两种:

1. 基准线法

某些建筑物只要求测定某特定方向上的位移量,如大坝在水压力方向上的位移量,这种情况可采用基准线法进行水平位移观测。

观测时,先在位移方向的垂直方向上建立一条基准线,如图 7-4-2 所示。A、B 为控制点,P 为观测点。只要定期测量观测点 P 与基准线 AB 的角度变化值 $\Delta\beta$,即可测定水平位移量,$\Delta\beta$ 测量方法如下:

在 A 点安置经纬仪,第一次观测水平角 $\angle BAP=\beta_1$,第二次观测水平角 $\angle BAP'=\beta_2$,两次观测水平角的角值之差 $\Delta\beta$ 为

$$\Delta\beta = \beta_2 - \beta_1$$

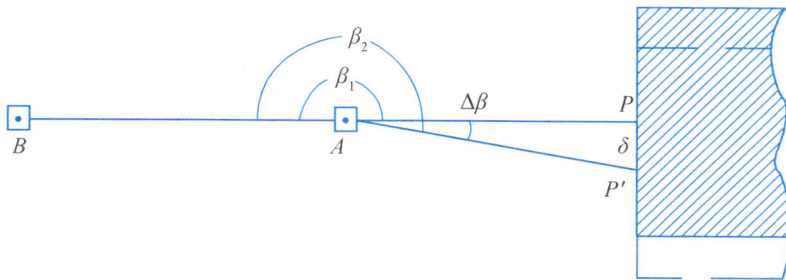

图7-4-2　基准线法

其位移量可按下式计算：

$$\delta = D_{AP} \frac{\Delta\beta''}{\rho''} \tag{7-6}$$

2. 导线法

基线法对于直线形建筑物的位移观测具有速度快、精度高、计算简单的优点，但只能测定一个方向的位移。对于非直线型（如曲线型）建筑物的位移观测，有时需要同时测定建筑物上某观测点在两个方向上的位移（即在水平面内的位移）。导线法是能满足此要求的最简单的方法之一。

由于变形观测具有重复观测的特点，用于变形观测的导线在布设、观测、计算等方面都具有其自身的特点。例如，在重力拱坝的水平廊道中布设的导线是两端不测定向角的导线，导线边长较短，导线点数较多，为减少方位角的传算误差，提高测角效率，可采用隔点设站观测的方法。

思　考　题

7-1　进行建筑物沉降观测时对水准点的布设有何要求？

7-2　沉降观测有何技术要求？

7-3　倾斜观测一般采用什么观测方法？

7-4　建筑物水平位移观测的方法通常有哪些？

项目 8 道路桥梁测量

项目目标

1. 熟悉圆曲线的测设;
2. 了解缓和曲线的测设;
3. 熟悉路线纵横断面测量和施工测量;
4. 熟悉桥梁墩、台定位的常用方法。

素质目标

1. 港珠澳跨海大桥等超级工程的建设,施工测量难点多,学生面对挑战时要勇于创新、找方法、解难题、能吃苦、严谨做事,未来的国家建设需要大家参与;
2. 无人机、测量机器人等新技术、新设备的运用,解决了工程复杂化问题,应培养学生团队协作、吃苦耐劳和勇于奉献的精神,帮助学生树立大局意识。

▶ 8.1　道路基本知识 ◀

▶▶ 8.1.1　道路的组成

道路是一种线性结构物,它包括线性组成和结构组成两大部分。

1. 线性组成

道路的中线是一条三维空间曲线,叫路线。线性就是指道路中线在空间的几何形状和尺寸。

在道路线性设计中,为了便于确定道路中线的位置、形状、尺寸,我们是从路线平面、路线纵断面和空间曲线三个方面来研究路线的,如图 8-1-1。道路中线在水平面上的投影叫路线平面,反映路线在平面上的形状、位置及尺寸的图形叫路线平面图。用一曲面沿道路中

图 8-1-1　道路平面线形

线竖直剖切展成的平面叫路线纵断面,反映道路中线在断面上的形状、位置及尺寸的图形叫路线纵断面图。空间线性通常是用线性组合、透视图法、模型法来进行研究的。

2. 结构组成

(1) 路基

路基是道路行车部分的基础,是由土、石按照一定尺寸、结构要求所构成的带状土工结构物。路基必须稳定坚实。路基的结构、尺寸用横断面图表示。

(2) 路面

路面又叫行车部分,是在路基表面的行车部分,是用各种材料分层铺筑的结构物,以供车辆在其上以一定速度,安全、舒适地行驶。路面使行车部分加固,使之具有一定的强度、平整度和粗糙度。

(3) 桥涵

道路在跨越河流、沟谷和其他障碍物时所使用的结构物叫桥涵。桥涵是道路的横向排水系统之一。

(4) 排水系统

为了确保路基稳定,免受自然水的侵蚀,道路还应修建排水设施。道路排水系统按其排水方向的不同,可分为纵向排水系统和横向排水系统。

(5) 隧道

隧道是为道路从地层内部或水下通过而修筑的建筑物,由洞身和洞门两部分组成。

(6) 防护工程

陡峭的山坡或沿河一侧的路基边坡受水流冲刷,会威胁路段的稳定。为保证路基的稳定,加固路基边坡所修建的人工构造物就称防护工程。

(7) 沿线设施

沿线设施是道路沿线交通安全、管理、服务以及环保设施的总称,主要有交通安全设施、交通管理设施、防护设施、停车设施、路用房屋及其他沿线设施等。

▶ 8.1.2　道路线性工程

1. 道路的平面

(1) 平面线形

道路平面线形常采用直线、圆曲线和缓和曲线等三种线形。缓和曲线的线形有回旋曲线、三次抛物线曲线和双扭曲线,常用的是回旋曲线。

平面线形设计主要是路线平面几何要素的设计,包括直线、圆曲线、缓和曲线及三者的线形组合设计。

(2) 超高

车辆在曲线路段上行驶时要受到离心力的作用,为抵消离心力而在曲线段横断面上设置的外侧高于内侧的单向横坡叫作超高。当汽车在设有超高的弯道上行驶时,汽车自重分力将抵消一部分离心力,从而提高了弯道上行车的安全性和舒适性。

(3) 加宽

汽车在曲线段上行驶时,其后轮轨迹偏向曲线内侧。为适应行车需要,在弯道内侧相应增加路面、路基宽度,叫作弯道加宽。

(4) 视距

为了保证行车安全,司机应能看到行车路线上前方一定距离的公路,以便在发现障碍物或迎面来车时,及时采取停车、避让、错车或超车等措施,行车视距是在完成这些操作过程中所必需的最短时间里汽车的行驶路程。在道路平面设计中保证足够的行车视距,是确保行车安全、快速的重要措施。我国公路规定了停车、会车和超车的三种视距。

2. 道路的纵断面

(1) 纵断面线形

道路纵断面线形常采用直线、竖曲线。竖曲线又分为凸型和凹型两种。竖曲线常采用圆曲线。直线和竖曲线是纵断面线形的基本要素。

(2) 路线纵坡

路线纵断面上同一坡段两点间的高差与其水平距离的比值(用百分率表示)叫路线纵坡。纵坡的大小直接影响路线的长度、使用质量的好坏、行车安全以及运输成本和工程的经济性。

(3) 竖曲线

纵断面上两相邻纵坡线的交点为变坡点。为保证行车安全、舒适以及视距的需要,在变坡处应设置竖曲线。竖曲线的作用是:缓和纵向变坡处行车动量变化而产生的冲击作用;确保道路纵向行车视距;将竖曲线与平曲线恰当组合,有利于路面排水和改善行车的视线诱导和舒适感。

3. 道路的横断面

(1) 公路横断面

公路横断面是中线上各点的法向切面,由横断面设计线与地面线构成。路基横断面组成包括:行车道、路肩、边坡、边沟、截水沟、护坡道、中间带以及专门设计的取土坑、弃土堆、植树带和其他特殊设施等。

(2) 城市道路横断面

城市道路横断面组成有:机动车车行道、非机动车车行道、人行道、路缘带、分隔带、绿化带和设施带等。

▶ 8.2 道路中线测量 ◀

道路中线测量是通过直线和曲线的测设,将道路中线的平面位置具体地敷设到地面上去,并标定其里程,供设计和施工之用。其主要内容包括:路线交点和转点测设、转角的测定、中线里程桩的设置以及曲线主点和辅点的测设。

路线的转折点称为交点,用符号 JD 表示,它是布设线路、详细测设直线和曲线的控制点。当相邻两交点的距离较远时,应在中间加设内分点,称转点。有时因为地形障碍使相邻交点之间互不通视,也应在其中间或延长线上设置转点,以便进行观测。

1. 交点的侧设

对于等级较低的公路路线,其交点通常是在现场直接标定。对于高等级公路或地形复杂地段,则先进行纸上定线或航测定线,然后按以下方法进行交点的测设。

(1) 穿线交点法

这种方法是利用地形图上的测图导线点与纸上路线之间的角度和距离的关系,在实地将路线中线的直线段测设出来,然后将相邻直线延长相交,定出地面交点桩的位置。此法适应于地形不太复杂,且定测中线距初测导线不远的情况。施测时按放点、穿线、交点三个步骤进行:

① 放点

简单易行的放点方法有极坐标法和支距法两种。

图 8-2-1 为极坐标法放点。P_1、P_2、P_3、P_4 是设计图纸中线上的四点,欲放到实地上。4、5 两点是图上与实地相对应的导线点。用量角器和比例尺在图上分别量出或由坐标反算方位角计算出 β_1、β_2、β_3、β_4 及距离 l_1、l_2、l_3、l_4 的数值。实地放点时,如在 4 点安置经纬仪,即以 4 点为极点拨角 β_1 定出方向,从 4 点起沿方向线丈量 l_1 定出 P_1。用同样的方法定出 P_2,迁站至 5 点定出 P_3、P_4 点。

图 8-2-2 为支距法放点。在图上以各导线点 14、15……点为垂足,作导线边的垂线,交路线中线各点 P_1、P_2 等为欲放的临时点,量出相应的 l_1、l_2……在实地用经纬仪或方向架测设直角的标定方向,在视线上量具,放出 P_i 各点。上述放出的点位临时点,这些点尽可能选在地势较高、通视条件较好的位置,以利于下一步的穿线或放置转点。

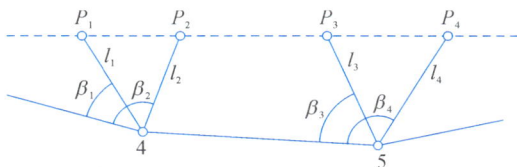

图 8-2-1　极坐标法放点

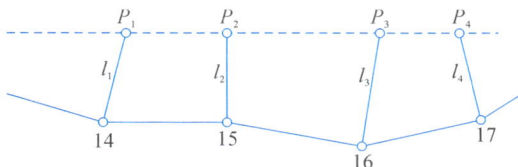

图 8-2-2　支距法放点

② 穿线

用上述方法放在实地的临时点,理论上应在同一条直线上,但由于放点时图解数据和测设的误差及地形的影响,使放出的点并不在同一条直线上,如图 8-2-3 所示。这时可根据实地情况,采用目估法或经纬仪法穿线,通过比较和选择,定出一条尽可能多地穿过或靠近临时点的直线 AB,在 A、B 或其方向线上打下两个以上的方向桩,随即取消临时点,这种确定直线位置的方法工作叫作穿线。

图 8-2-3　穿线

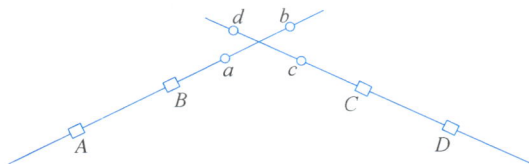

图 8-2-4　交点

③ 定交点

如图 8-2-4,当两条相交的直线 AB 和 CD 在实地确定后,即可进行交点。将经纬仪置于 B 点,瞄准 A 点,倒镜在 JD 附近视线方向上打上两个骑马装,采用正倒镜分中法在两

桩上定出 a、b 两点，钉以小钉，挂上细线。仪器迁至 C 点，同法定出 c、d 点，挂上细线，两线交点处打下木桩，并钉以小钉得到交点(JD)。

（2）拨角法放线

根据纸上定线的各交点坐标，通过反算求出两交点间的距离和方位角，再由方位角算出转角。将经纬仪安置于中线起点或确定的交点上，在现场拨角，量具，定出交点位置。如图 8-2-5 所示，在 C_1 安置经纬仪，根据反算数据拨角 β_1，量出距离 S_1，定出 JD_1，在 JD_1 安置经纬仪，拨角 β_2，量具 S_2，定出 JD_2，用同法可定出其余交点。

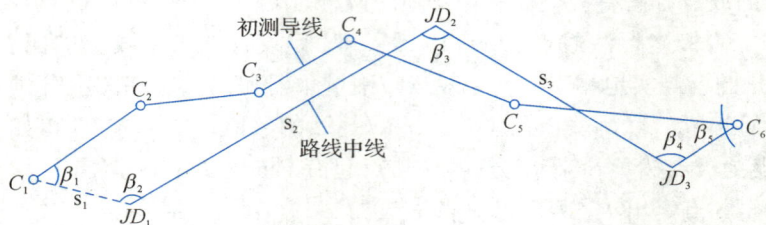

图 8-2-5　拨角法定线

这种方法较穿线法简单，工效高，但测设交点越多，距离越远，误差越大，因此在测设一定里程后，应和初测导线点连测一次。如图中当放出 JD_3 后，与导线点 C_6 连测，通过测水平角 β_4、β_5 和距离 S_4，即可算出角度闭合差和坐标闭合差，进行校核和调整。新交点又由导线点 C_6 放出，以减少误差积累。

（3）坐标放样法

交点坐标在地形图上确定以后，利用测图导线按全站仪坐标放样法将交点直接放样在地面上。这种方法外业工作更快，由于利用测图导线放点，故无误差积累现象。

2. 转点的测设

路线测量时，当相邻两交点间互不通视时，需要在其连线上或延长线上定出一点或数点，以供交点测角、量具或延长直线时瞄准之用，这样的点称为转点，其测设方法如下：

（1）在两交点间设转点

如图 8-2-6，设 A、B 为相邻两交点，互不通视，ZD' 为粗略定出转点的位置。将经纬仪置于 ZD'，用正倒镜分中法延长直线 $A—ZD'$ 于 B'。若 B' 与 B 重合或量取的偏差 f 在路线允许移动的范围内，则转点位置即为 ZD'，这时应将 B 移至 B'，并在桩顶钉以小钉表示交点位置。

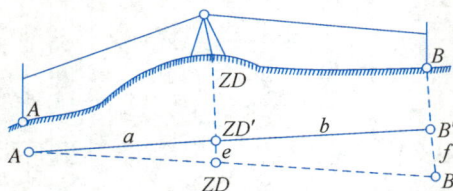

图 8-2-6　在两交点间设转点

当偏差超过容许范围或 B 不许移动时，则需重新设置转点。设 e 为 ZD' 应横向移动的距离，仪器在 ZD' 用视距测量方法测出距离 a、b，则

$$e = \frac{a}{a+b} \cdot f \tag{8-1}$$

将 ZD' 沿偏差 f 的相反方向横移 e 至 ZD。将仪器移至 ZD，延长直线 $A—ZD$ 看是否通过 B 或偏差小于容许值，否则应再次设置转点，直至符合要求为止。

（2）在两交点延长线上设转点

当两交点间不便设置转点或根据需要,也可将转点设在其延长线上。如图 8-2-7,设 A、B 互不通视,ZD' 为其延长线上转点的概略位置。将经纬仪置于 ZD',盘左照准 A,在 B 处标出一点;盘右再瞄准 A,在 B 处也标出一点,取两点的中点得到 B'。若 B 与 B' 重合或偏差在容许范围内,即可用 B' 代替 B 作为交点 ZD' 即作为转点。否则应调整 ZD' 的位置重新设转点。设 e 为 ZD' 应横向移动的距离,用视距测量方法测出距离 a、b,则

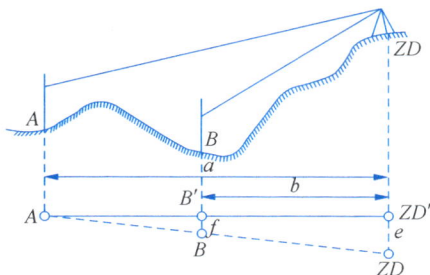

图 8-2-7　在两交点延长线上设转点

$$e = \frac{a}{a-b} \cdot f \qquad (8-2)$$

将 ZD' 沿偏差 f 的相反方向横移 e,即得到新转点 ZD。置仪器于 ZD,重复上述方法,直至偏差小于容许值为止。最后将转点和交点 B 用木桩标定在地面上。

8.3　路线转角的测定与里程桩的设置

8.3.1　路线转角的测定

在路线转折处,为了测设曲线,需要测定其转角。所谓转角,是指交点处后视线的延长线与前视线的夹角,以 α 表示。转角有左右之分,如图 8-3-1,位于延长线上右侧的,为右转角 α_y;位于延长线左侧的,为左转角 α_z。在路线测量中,转角通常是通过观测路线右角 β 计算求得。

当右角 $\beta < 180°$ 时,为右转角。此时,$\alpha_y = 180° - \beta$;

当右角 $\beta > 180°$ 时,为左转角。此时,$\alpha_y = \beta - 180°$。

右角的测定,应使用精度不低于 DJ$_6$ 型经纬仪,采用测回法观测一个测回,两个半测回所测角度值相差的限差视公路等级而定,高速公路、一级公路限差为 $\pm 20''$ 以内,二级及二级以下公路限差为 $\pm 60''$,如果限差在容许范围内可取平均值作为最后结果。

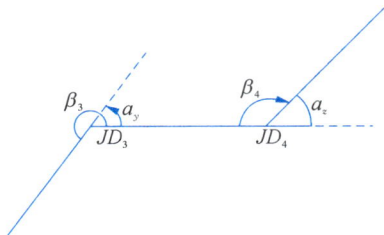

图 8-3-1　转角的测定

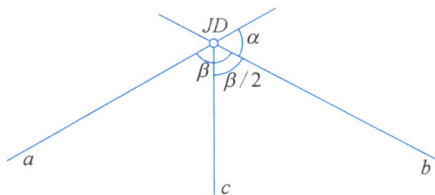

图 8-3-2　分角线的测设

由于测设曲线的需要,在右角测定后,保持水平度盘位置不变,在路线设置曲线的一侧

定出分角方向。如图 8-3-2,设测角时后视方向的水平度盘读数为 a,前视方向的读数为 b,则分角线方向的水平盘读数 c 应为

$$c = b + \frac{\beta}{2},$$

因 $\beta = a - b$,则

$$c = \frac{a+b}{2} \tag{8-3}$$

在实践中,无论是在路线右侧还是左侧设置分角线,均可按式(8-3)计算。当转动照准部使水平度盘读数为 c 时,望远镜所指方向有时会指在相反的方向,这时需倒转望远镜,在设置曲线一侧定出分角线方向。

为了保证测角的精度,还需进行路线角度闭合差的检核。当路线导线与高级控制点连接时,可按附合导线计算角度闭合差。若闭合差在限差之内,则可进行闭合差调整。当路线末与高级控制点连测时,可每隔一段距离观测一次真方位角,用来检核角度闭合差。为了及时发现测角错误,可在每日作业开始和收工前用罗盘仪各观测一次磁方位角,与以角度推算方位角相核对。

此外,在角度观测后,还须用视距测量方法测定相邻交点间的距离,以检核中线测量钢尺量具的结果。

8.3.2 里程桩设置

在路线交点、转点及转角测定后,即可进行道路中线测量,经过实地量距设置里程桩(由于路线里程桩一般设在道路中线上,故又称中桩),以标定道路中线的具体位置。

1. 里程桩与桩号

里程桩上写有桩号,表达该中桩至路线起点的水平距离。如某中桩距起点的距离为 7 811.24 m,则该中桩桩号记为 K7+811.24。

中桩的设置应按照规定满足桩距及精度要求。直线上的桩距 l_0 一般为 20 m,地形平坦时应不大于 50 m;曲线上的桩距一般为 20 m,且与圆曲线半径大小有关。中桩桩距应按表 8-3-1 的规定执行。

表 8-3-1 中桩间距表

直线/m		曲线/m			
平原微丘区	山岭重丘区	不设超高的曲线	$R>60$	$60 \geqslant R \geqslant 30$	$R<30$
$\leqslant 50$	$\leqslant 25$	25	20	10	5

2. 里程桩的设置

中桩桩号的书写应全线统一,不要横竖夹杂。桩号、桩名均朝向路线起点方向。为在野外找桩方便,所有中桩均应在标志背后用阿拉伯数字由 1～10 为一组循环编号。桩号字迹应书写端正,一般用红油漆书写。在干旱地区或急于施工路段,亦可用墨汁或记号笔书写。

中桩分整桩和加桩两种。整桩是指按规定间隔(一般为 20 m,50 m),桩号为整数设置的里程桩。如百米桩、公里桩均属于整桩,如图 8-3-3 所示。加桩分地形加桩、地物加桩、曲线加桩与关系加桩。地形加桩指于中线地面纵坡变化处、地面横坡有显著变化处以及土石分界处等地设置的桩;地物加桩为拟建桥梁、涵洞、管道、防护工程等人工构筑物处,与公路、铁路、田地、城镇等交叉处及需拆迁与处理的地物处设置的桩;曲线加桩,即于曲线主点(如曲线起点、中点、终点等)处设置的桩;关系加桩,即于路线起点、终点、比较线、改线起、终点和里程断链处、转点和交点上设置的桩。在书写曲线加桩和关系加桩时,应先写其缩写名称,后写桩号,如图 8-3-4 所示。曲线主点缩写名称有汉语拼音缩写和英语缩写两种,见表 8-3-2。目前我国公路主要采用汉语拼音的缩写名称。

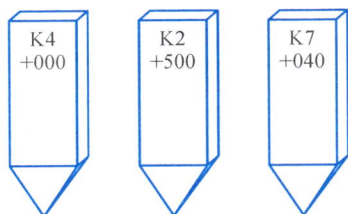

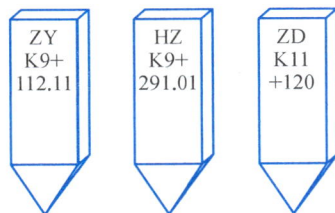

图 8-3-3　里程桩　　　　　　　　图 8-3-4　主点桩和关系桩

表 8-3-2　平曲线主点名称及缩写表

名称	简称	汉语拼音缩写	英语缩写
交点		JD	IP
转点		ZD	TP
圆曲线起点	直圆点	ZY	BC
圆曲线中点	曲中点	QZ	MC
圆曲线终点	圆直点	YZ	EC
公切点		GQ	CP
第一缓和曲线起点	直缓点	ZH	TS
第一缓和曲线终点	缓圆点	HY	SC
第二缓和曲线起点	圆缓点	YH	CS
第二缓和曲线终点	缓直点	HZ	ST

中线丈量可用钢尺、竹尺或皮尺进行。等级公路用钢尺或竹尺,简易公路用皮尺,丈量的同时钉设中桩。钉桩时,对起控制作用的交点桩、曲线主点桩、桥位桩,以及隧道定位桩等应钉设正桩(方木桩)和标志桩(板桩);正桩桩顶与地面齐平;其上钉一小钉表示点位。

若需保存较长时间,可用水泥加护正桩或采用混凝土桩。标志桩一般设在正桩一侧,与正桩相距 20~30 m。其上应写明桩号与里程。

▶ **8.4　圆曲线的测设** ◀

　　路线平面线形中的平曲线一般由圆曲线和缓和曲线组成。对于四级公路或当圆曲线的半径大于或等于其不设超高的最小半径时,平曲线中的缓和曲线可以省略而只设圆曲线。圆曲线又称单曲线,是由一定半径的圆弧线构成。它是路线弯道中最基本的平曲线形式。圆曲线的测设一般分两步进行。先测设曲线的主点,即曲线的起点、中点和终点。然后在主点间进行加密,按规定桩距测设曲线上的细部点,以便完整地标出曲线的平面位置。这项工作称为曲线的详细测设。

▐▶ 8.4.1　圆曲线测设元素的计算

　　如图 8-4-1,设交点 JD 的转角为 α,圆曲线半径为 R,则圆曲线的测设元素按下列公式计算:

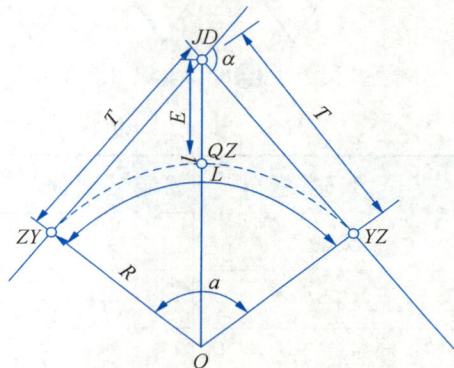

$$
\begin{aligned}
&\text{切线长}\quad && T = R \cdot \tan\frac{\alpha}{2} \\
&\text{曲线长}\quad && L = R \cdot \alpha \cdot \frac{\pi}{180°} \\
&\text{外矢距}\quad && E = R\left(\sec\frac{\alpha}{2} - 1\right) \\
&\text{曲线差}\quad && D = 2T - L
\end{aligned}
\right\} \qquad (8-4)
$$

图 8-4-1　圆曲线测设元素

▐▶ 8.4.2　圆曲线主点测设

1. 主点里程计算

　　交点 JD 的里程是由中线丈量中得到的,根据交点里程和圆曲线测设元素,即可推算圆曲线上各主点的里程并加以校核。由图 8-4-1 可知:

$$
\left.
\begin{aligned}
ZY\,\text{里程} &= JD\,\text{里程} - T \\
YZ\,\text{里程} &= ZY\,\text{里程} + L \\
QZ\,\text{里程} &= YZ\,\text{里程} - \frac{L}{2} \\
JD\,\text{里程} &= QZ\,\text{里程} + \frac{D}{2} \quad \text{(计算校核)}
\end{aligned}
\right\} \qquad (8-5)
$$

　　例 8-1　设交点 JD 里程为 K14+982.40,圆曲线元素为 $T = 32.55$ m,$L = 62.47$ m,$E = 5.71$ m,$D = 2.63$ m,试求曲线主点桩里程。

解：

JD	K14+982.40
$-T$	-32.55
ZY	K14+949.85
$+L$	$+62.47$
YZ	K15+012.32
$-L/2$	-31.23
QZ	K14+981.09
$+D/2$	$+1.31$
JD	K14+982.40　（计算无误）

2. 主点的测设

置经纬仪于 JD 上，望远镜照准后一方向线的交点或转点、量取切线长 T，得出曲线起点 ZY，插一测钎，然后量取 ZY 至最近一个直线桩的距离。如两桩号之差等于这段距离或相差在限值内，即可用方木桩在侧钎处打下 ZY 桩，否则应查明原因，以保证点位的正确性。同法，用望远镜照准前一方向线的交点或转点，量取切线长 T，得曲线终点 YZ，打下 YZ 桩。最后沿分角线方向量取外距 E，即得出曲线中点 QZ。主点是控制桩，在测设时应注意校核，并保证一定的精度。

▌▶ 8.4.3　圆曲线详细测设

在地形平坦、曲线长小于 40 m 时，测设圆曲线的三个主点已能满足要求。如果曲线较长，地形变化较大，这时，除测设主点桩和地形、地物加桩外，为满足曲线线型和工程施工的需要，在曲线上还需测设一定桩距的细部点，称为曲线的详细测设。曲线详细测设的桩距，一般为 20 m，当地势平坦且曲线半径大于 800 m 时，桩距可加大为 40 m；当半径小于 100 m 时，桩距应不大于 10 m；半径小于 30 m 或用回头曲线时，桩距应不大于 5 m。

按桩距在曲线上设桩，通常有两种方法：

（1）整桩号法　将曲线上靠近起点 ZY 的第一个桩的桩号凑整成桩距倍数的整桩号。然后，按桩距连续向曲线终点 YZ 设桩。这样设置的桩，其桩号均为整桩。

（2）整桩距法　分别从曲线起点 ZY 和终点 YZ 开始，以桩距连续向曲线中点 QZ 设桩。由于这样设置的桩均为零桩号，因此应注意加设百米桩和公里桩。

道路中线测量，一般采用整桩号法。

圆曲线详细测设的方法很多，具体可根据地形情况、工程要求、测设精度等灵活选用，下面主要介绍常用的切线支距法和偏角法。

1. 切线支距法

这种方法亦称为直角坐标法。它是以曲线起点 ZY 或终点 YZ 为坐标原点，以两端切线为 x 轴，过原点的曲线半径为 y 轴，根据曲线上各点的坐标 (x,y) 进行测设的。

如图 8-4-2，设 P_i 为曲线上欲测设的点位，该点至 ZY 点或 YZ 点的弧长为 l_i，φ_i 为 l_i 所对应的圆心角，R 为圆曲线半径，则 P_i 的坐标可按下式计算：

$$\left.\begin{array}{l} x_i = R \sin \varphi_i \\ y_i = R(1 - \cos \varphi_i) \end{array}\right\} \tag{8-6}$$

式中，
$$\varphi_i = \frac{l_i}{R} \frac{180°}{\pi} \tag{8-7}$$

切线支距法测设曲线，为了避免支距过长，一般由 ZY、YZ 点分别向 QZ 点施测。其测设步骤如下：

(1) 从 ZY（或 YZ）点开始用钢尺沿切线方向量取 P_i 的纵坐标 x_i，得垂足 N_i。

(2) 在各垂足点 N_i 上用方向架或经纬仪定出直角方向，量出横坐标 y_i，即可定出曲线点 P_i。

(3) 曲线细部点测设完后，要将用切线支距测设的 QZ 点与主点测设的 QZ 点进行比较，若比较差在限差以内，则曲线测设合格，否则，应查明原因，予以纠正。

这种方法适用于平坦开阔地区，偏角不大的曲线，具有误差不累积的优点，当偏角较大，y 值较大的，可采用下述辅助切线支距法进行测设。

如图 8-4-3 所示，为了在曲线中点加设辅助切线，可通过 QZ 点作分角线方向的垂线，与切线交于 M，N 点，然后以 QZ 点为原点，将整个曲线分为两半进行测设。

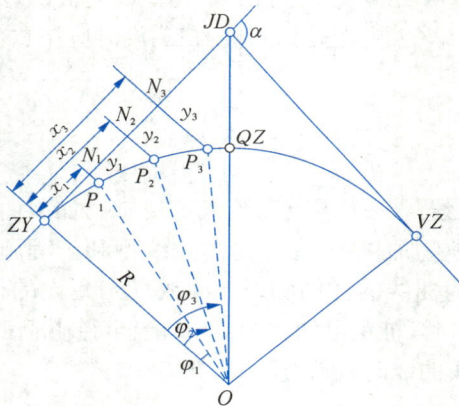

图 8-4-2　切线支距法测设圆曲线

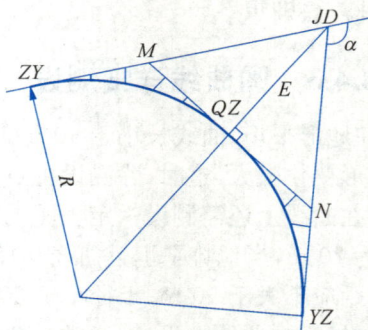

图 8-4-3　曲中点加设辅助切线

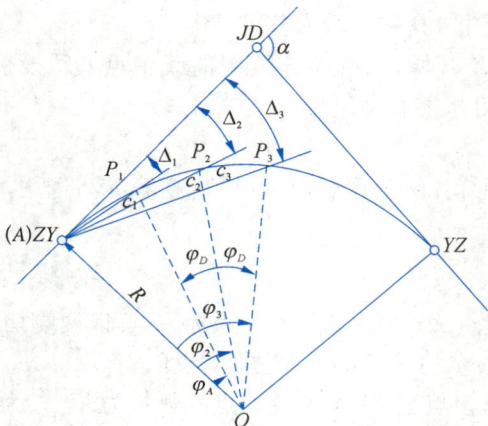

图 8-4-4　偏角法测设圆曲线

2. 偏角法

偏角法是以圆曲线起点 ZY 或终点 YZ 至曲线任一待定点 P_i 的弦线与切线 T 之间的弦切角（这里称偏角）Δ_i 和弦长 c_i 来确定 P_i 点的位置。

如图 8-4-4，根据几何原理，偏角 Δ_i 等于相应弧长 l_i 所对的圆心角之半，即

$$\Delta_i = \frac{\varphi_i}{2} \tag{8-8}$$

又因 $\varphi_i = \dfrac{l_i}{R} \dfrac{180°}{\pi}$，

因此，
$$\Delta_i = \frac{l_i}{R} \frac{90°}{\pi} \qquad\qquad (8-9)$$

弦长可按下式计算：
$$c_i = 2R\sin\frac{\varphi_i}{2} \qquad\qquad (8-10)$$

弧弦差
$$\delta_i = l_i - c_i = \frac{l_i^3}{24R^2} \qquad\qquad (8-11)$$

测设时，偏角 Δ，弦长 c，弧弦差 δ，均可根据选定的半径 R 和弧长 l，从曲线测设用表中查得或由计算器算得。

偏角法的测设程序如下：

(1) 计算测设数据

偏角法测设曲线，一般采用整桩号法，按规定的弧长 l_0（20 m，10 m 或 5 m）设桩。由于曲线起、终点多为非整桩号，除首尾段的弧长小于 l_0 外，其余桩距均为 l_0。设某曲线 $\alpha_y = 34°12'00'$，$R = 200$ m，主点桩号：ZY　K4+906.90，QZ　K4+966.59，YZ　K5+026.28，$l_0 = 20$ m，则桩号、弧长和偏角按表 8-4-1 计算。

表 8-4-1　切线支距法、偏角法测设圆曲线计算表

曲线要素	$\alpha = 34°12'00''$ $T = R \cdot \tan\frac{\alpha}{2} = 61.53$ m $L = R \cdot \alpha \cdot \frac{\pi}{180°} = 119.38$ m $E = R\left(\sec\frac{\alpha}{2} - 1\right) = 9.25$ m $D = 2T - L = 3.68$ m			主点里程桩号	$JD = K4+968.43$ ZY 里程 $= JD$ 里程 $-T = K4+906.90$ YZ 里程 $= ZY$ 里程 $+L = K5+026.28$ QZ 里程 $= YZ$ 里程 $-\frac{L}{2} = K4+966.59$ JD 里程 $= QZ$ 里程 $+\frac{D}{2} = K4+968.43$		
点名	中桩桩号	至 ZY(YZ) 弧长/m	圆心角 φ	切线支距		相邻桩偏角	中桩偏角值	备注
				x	y			
ZY	K4+906.90		0°0′00″	0.00	0.00		0°0′00″	
1	K4+920	13.10	3°45′10″	13.09	0.43	1°52′36″	1°52′36″	
2	+940	33.10	9°28′57″	32.95	2.73	2°51′54″	4°44′30″	
3	+960	53.10	15°12′43″	52.48	7.01	2°51′54″	7°56′24″	
QZ	K4+966.59	59.69	17°06′00″	58.81	8.84	0°56′36″	8°33′00″	
4	+980.00	46.28	13°15′30″	45.87	5.33	1°55′16″	10°28′16″	
5	K5+000	26.28	7°31′43″	26.20	1.72	2°51′54″	13°20′10″	
6	+020	6.28	1°47′57″	6.28	0.10	2°51′54″	16°12′04″	
YZ	K5+026.28		0°0′00″	0.00	0.00	0°56′36″	17°06′00″	

此外，当半径尺较小时，还可从曲线测设用表中查出弦弧差 δ，按已知的弧长，用公式

(8-11)换算为相应的弦长。有了偏角和弦长,即可定出曲线上各中线桩。

(2) 点位测设

将经纬仪置于曲线起点 $ZY(A)$,后视交点 JD,使水平度盘读数为 $00°00'00''$,转动照准部至读数为 Δ_1,望远镜视线定 AP_1 方向。沿此方向,从 A 量取首段弦长,得出整桩点 P_1;再转动照准部,使度盘读数为 Δ_2 定出 AP_2 方向。从 P_1 点起量取弧长为 l_0 的弦长 c_0 与视线 AP_2 方向相交得整桩点 P_2。同法,由 P_2 量出弦长 c_0 与 AP_3 方向相交得整桩点 P_3,由 P_3 定 P_4,以此类推,测设其他各点。

(3) 校核

在 QZ 点和 YZ 点上进行校核,曲线测设闭合差应不超过规定要求。否则,应查明原因,予以纠正。

▶ 8.5 带有缓和曲线的平曲线测设 ◀

▋▶ 8.5.1 缓和曲线

1. 缓和曲线的概念

汽车在行驶过程中,由直线进入圆曲线是通过司机转动方向盘,从而使前轮逐渐发生转向,其行驶轨迹是一条曲率连续变化的曲线。同时汽车在直线上的离心力为零,而在圆曲线上的离心力为一定值,直线与圆曲线直接相连离心力发生突变,对行车安全不利,也影响行车的稳定和舒适。尤其是汽车高速行驶时,这种现象更为明显。为了使路线的平面线形更加符合汽车的行驶轨迹,满足离心力逐渐变化这一要求,确保行车的安全和舒适,需要在直线与圆曲线之间插入一段曲率半径由无穷大逐渐变化到圆曲线半径的过渡性曲线,此曲线称为缓和曲线。

缓和曲线的作用是使曲率连续变化,旅客感到舒适;曲线上超高和加宽的逐渐过渡,行车平稳和路容美观;与圆曲线配合适当的缓和曲线,可提高驾驶员的视觉平顺性,增加线形美感。

缓和曲线的形式可采用回旋线、三次抛物线及双扭线等。目前我国公路设计中,以回旋线作为缓和曲线,故下文主要介绍回旋线。

2. 回旋线型缓和曲线公式

(1) 基本公式

如图 8-5-1,回旋线是曲率半径随曲线长度增长而成反比例均匀减小的曲线,即在回旋曲线上任意一点的曲率半径与曲线长度成反比。以公式表示为

$$r = \frac{c}{l} \qquad (8-12)$$

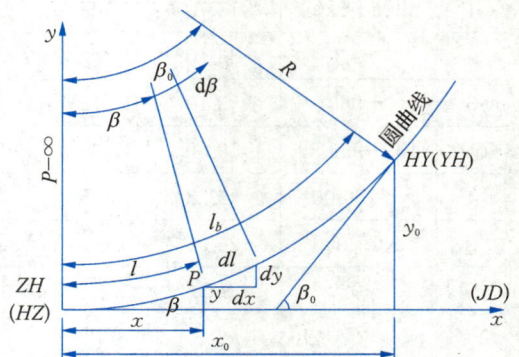

图 8-5-1 回旋线型缓和曲线

式中：r——回旋线上某点的曲率半径(m)；

　　l——回旋线上某点到原点的曲线长(m)；

　　c——常数。

为了使上式两边的量纲统一，引入回旋参数 A，令 $A^2 = c$，A 表征回旋线曲率变化的缓急程度。则回旋线基本公式为

$$rl = A^2 \tag{8-13}$$

在缓和曲线的终点 HY 点(或 YH 点)，$r = R$，$l = l_s$(缓和曲线全长)，则

$$R \cdot l_s = A^2 \tag{8-14}$$

(2) 切线角公式

如图 8-5-1，回旋线上任一点 P 的切线与 x 轴(起点 ZH 或 HZ)的夹角称为切线角，用 β 表示。该角值与 P 点至曲线起点长度 l 所对应的中心角相等。在 P 处取一微分弧段 dl，所对的中心角为 $d\beta$，于是

$$d\beta = \frac{dl}{r} = \frac{l\,dl}{A^2} \tag{8-15}$$

积分得到：

$$\beta = \frac{l^2}{2A^2} = \frac{l^2}{2Rl_s} \tag{8-16}$$

当 $l = l_s$ 时，β 以 β_0 表示，式(8-16)可以写成

$$\beta_0 = \frac{l_s}{2R}(\mathrm{rad}) \tag{8-17}$$

以角度表示则为

$$\beta_0 = \frac{l_s}{2R}\frac{180°}{\pi}(°) \tag{8-18}$$

β_0 即为缓和曲线全长 l_s 所对的中心角即切线角，亦称缓和曲线角。

(3) 缓和曲线的参数方程

如图 8-5-1，以缓和曲线起点为坐标原点，过该点的切线为 x 轴，过原点的半径为 y 轴，任取一点 P 的坐标为 (x, y)，则微分弧段 dl 在坐标轴上的投影为

$$\left.\begin{array}{l} dx = dl\cos\beta \\ dy = dl\sin\beta \end{array}\right\} \tag{8-19}$$

将式(8-19)中 $\cos\beta$、$\sin\beta$ 按幂级数展开，并将式(8-16)代入，积分，略去高次项得：

$$\left.\begin{array}{l} x = l - \dfrac{l^5}{40R^2 l_s^2} \\[3mm] y = \dfrac{l^3}{6Rl_s} \end{array}\right\} \tag{8-20}$$

式(8-20)称为缓和曲线的参数方程。

当 $l=l_s$ 时,得到缓和曲线终点坐标:

$$\left.\begin{aligned}x_0&=l_s-\frac{l_s^3}{40R^2}\\y_0&=\frac{l_s}{6R}\end{aligned}\right\}\qquad(8-21)$$

▶ 8.5.2　带有缓和曲线的平曲线主点测设

1. 内移值 p 值与切线值 q 的计算

如图 8-5-2,在直线与圆曲线之间插入缓和曲线时,必须将原有的圆曲线向内移动距离 p,才能使缓和曲线的起点位于直线方向上,这时切线增长 q。公路上一般采用圆心不动的平行移动方法,即未设缓和曲线时的圆曲线为 FG,其半径为 $(R+p)$;插入两段缓和曲线 AC 和 BD 后,圆曲线向内移,其保留部分为 CMD,半径为 R,所对应的圆心角为 $(\alpha-2\beta_0)$。

测设时必须满足的条件为 $\alpha \geqslant 2\beta_0$,否则应缩短缓和曲线和曲线长度或加大圆曲线半径使之满足条件。由图可知:

$$\left.\begin{aligned}p&=y_0-R(1-\cos\beta_0)\\q&=x_0-R\sin\beta_0\end{aligned}\right\}\qquad(8-22)$$

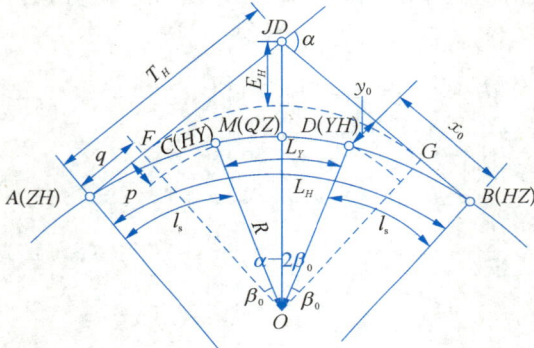

图 8-5-2　带有缓和曲线的平曲线

将式(8-22)中 $\cos\beta_0$、$\sin\beta_0$ 展开为幂级数,略去高次项,并按式(8-18)和式(8-21),将 β_0、x_0 和 y_0 代入可得:

$$\left.\begin{aligned}p&=\frac{l_s}{24R}\\q&=\frac{l_s}{2}-\frac{l_s^3}{240R^2}\end{aligned}\right\}\qquad(8-23)$$

由式(8-23)与式(8-20)可知,内移距 p 等于缓和曲线中点纵坐标 y 的两倍;切线增值约为缓和曲线长度之半,缓和曲线的位置大致是一半占用直线部分,另一部分占用圆曲线部分。

2. 平曲线测设元素

当测得转角 α,圆曲线半径 R 和缓和曲线长 l_s 确定后,即可按式(8-18)及式(8-23)计算切线角 β_0、内移值 p 和切线增值 q。在此基础上计算平曲线测设元素。如图 8-5-2,平曲线测设元素可按下列公式计算:

$$切曲差\qquad L_H=R\alpha\,\frac{\pi}{80°}+l_s$$

$$曲线长\qquad L_H=R(\alpha-2\beta_0)\frac{\pi}{180°}+2l_s$$

$$或\qquad L_H=R\alpha\,\frac{\pi}{180°}+l_s$$

$$圆曲线长\qquad L_Y=R(\alpha-2\beta_0)\frac{\pi}{180°}$$

$$外距\qquad E_H=(R+p)\sec\frac{\alpha}{2}-R$$

$$切曲差\qquad D_H=2T_H-L_H$$

$$(8-24)$$

3. 平曲线主点测设

根据交点的里程和平曲线测设元素,计算主点里程:

$$直缓点\qquad ZH=JD-T_H$$
$$缓圆点\qquad HY=ZH-l_s$$
$$圆缓点\qquad YH=HY+L_Y$$
$$缓直点\qquad HZ=YH+l_s$$
$$曲中点\qquad QZ=HZ-\frac{L_H}{2}$$
$$交点\qquad JD=QZ+\frac{D_H}{2}$$

$$(8-25)$$

主点 ZH、HZ 和 QZ 的测设方法,与本章第 4 节圆曲线主点测设方法相同。HY 和 YH 点可按式(8-21)计算,x_0、y_0 用切线支距法测设。

8.5.3　带有缓和曲线的平曲线的详细测设

1. 切线支距法

切线支距法是以直缓点 ZH 或缓直点 HZ 为坐标原点,以过原点的切线为 x 轴,利用缓和曲线和圆曲线上各点的 x、y 坐标测设曲线。

在缓和曲线上各点的坐标可按缓和曲线参数方程式(8-20)计算,即

$$\left.\begin{array}{l}x=l-\dfrac{l^5}{40R^2l_s^2}\\[2mm]y=\dfrac{l^3}{6Rl_s}\end{array}\right\}\qquad(8-26)$$

圆曲线上各点坐标的计算公式按图(8-19)写出:

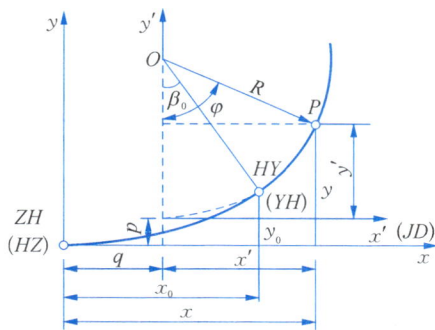

图 8-5-3　切线支距法

$$x = R\sin\varphi + q \left.\vphantom{\begin{matrix}a\\b\end{matrix}}\right\} \qquad (8-27)$$
$$y = R(1 - \cos\varphi) + p$$

式中：$\varphi = \dfrac{l}{R}\dfrac{180°}{\pi} + \beta_0$；

l——该点到 HY 点或 YH 点的曲线长，仅为圆曲线部分的长度。

在算出缓和曲线和圆曲线上各点的坐标后，即可按圆曲线切线支距法的测设方法进行设置。只要将 HY 或 YH 点的切线定出，如图 8-5-4，计算出 T_d 之长，HY 或 YH 点的切线即可确定。T_d 由下式计算：

$$T_d = x_0 - \frac{y_0}{\tan\beta_0} = \frac{2}{3}l_s + \frac{l_s^3}{360R^2} \qquad (8-28)$$

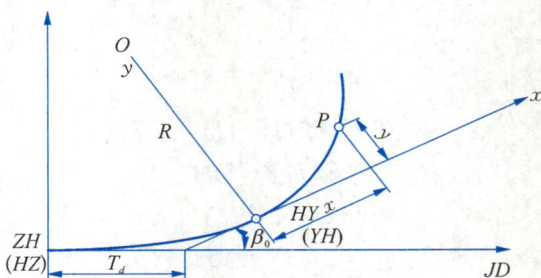

图 8-5-4　切线支距法测设带有缓和曲线的平曲线

2. 偏角法

用上述切线支距法算出缓和曲线和圆曲线上各点的坐标 x、y 后，偏角法测设平曲线时，可将经纬仪置于 ZH 或 HZ 点进行测设。如图 8-5-5，设平曲线上任意一点 P 的支距坐标为 x、y，则其偏角 δ 和弦长 c 的计算可由三角形得：

$$\delta = \operatorname{arccot}\frac{y}{x} \left.\vphantom{\begin{matrix}a\\b\end{matrix}}\right\} \qquad (8-29)$$
$$c = \sqrt{x^2 + y^2}$$

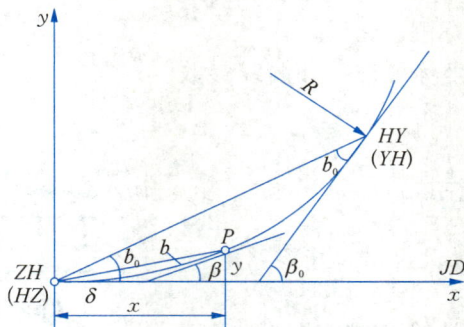

图 8-5-5　偏角法测设平曲线

计算出平曲线上各点的偏角 δ 和弦长 c 后,将经纬仪置于 ZH 或 HZ 点上,与偏角法测设圆曲线的方法相似进行测设。

▶ 8.6　路线纵、横断面测量 ◀

▶ 8.6.1　纵断面测量

纵断面测量是沿线路方向布设水准点,测定线路中线上各里程桩和加桩的地面高程,然后根据各里程桩及其高程绘制纵断面图□纵断面图显示了线路中线上地面的高低起伏和坡度变化情况,是路线纵坡设计、标高设计和填挖工程量计算的重要资料。纵断面测量通常是在线路中线的平面位置测设到地面上后,紧接着进行的。

纵断面测量包括高程控制测量(也称基平测量)和中桩高程测量(也称中平测量)。

1. 高程控制测量

高程控制测量的目的是沿线路方向设立水准点,又称为基平测量。对于已做过初测的路线,应首先对初测高程控制点逐一检测,其不符值在 $\pm 20\sqrt{L}$(mm)(式中 L 以 km 计)以内时,即可采用初测成果。当水准点被破坏或将受到施工影响时,应补设新点。

对于一次定测的路线,基平测量与初测阶段的高程测量要求相同。首先,沿线设置水准点,水准点间距一般地区 1~2 km,山区 0.5~1.0 km,在重要的建筑物、构筑物附近应增设水准点。水准点应埋设在路中线两侧,既要考虑施工时的方便,又要不受施工影响,一般在距中线 50~100 m 范围内为宜。水准点是路线施工的依据,故点位应选在稳定而坚固的地方埋设水泥桩或石桩,也可选在牢固的房基、桥墩、桥台、基岩等固定点上作标志。并按顺序编号。

水准点的高程,一般应与国家点联测。联测有困难时。也可采用假定高程,建立独立的高程系统。高程控制测量一般按四等水准测量的要求采用水准测量方法、往返施测或双仪器同向施测和全站仪(或测距仪)三角高程测量法对向施测。当要求更高时,可按三等水准的要求进行测量。要求较低时,按等外水准的要求进行测量。(具体的施测方法参见前面相应的章节)。

2. 中桩高程测量

水准点测设后,根据水准点的高程,在相邻水准点间,用附合水准测量的方法,测定路中线上各中桩的地面高程,这一工作即为中桩高程测量,又称中平测量。中平测量一般采用 S_3 级水准仪和塔尺进行水准测量或全站仪三角高程测量,限差均为 $\pm 50\sqrt{L}$(mm)。

图 8-6-1 所示为由水准点 BM_4 始,测定 K4+000 至 K4+240 中桩地面高程示意图。表 8-6-1 为相应的路线中桩高程测量记录计算表。

首先,置水准仪于 S_1 站,在水准点 BM_4 上立尺,读取后视读数为 4.267 m,记入表中后视栏,然后在测站视线范围内,依次在中桩 K4+000~K4+100 上立尺并读数分别为 4.32 m、2.73 m、1.43 m、2.56 m、0.81 m,称为中视读数,记入表中中视栏。当水准仪视线不能继续读

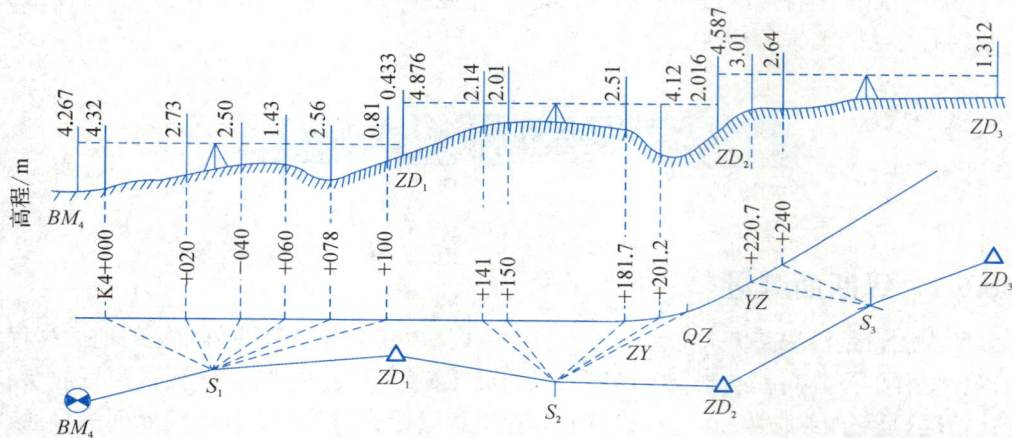

图 8－6－1 中桩高程测定

尺时(如读不到 K4＋141 桩上的尺),设转点 ZD_1,并在其上立尺,读取前视读数 0.433 m,记入表中前视栏,则该站中桩及转点的高程按下式计算:

视线高程＝后视点高程＋后视读数:$H_{S1} = H_{BM_4} + a = 231.472 + 4.267 = 235.739$ m

中桩高程＝视线高程－中视读数:$H_{K4+000} = H_{S1} - c = 235.739 - 4.320 = 231.42$ m

转点高程＝视线高程－前视读数:$H_{ZD1} = 235.739 - 0.433 = 235.306$ m

然后,将仪器搬至下一站 S_2,以 ZD_1 为后视,继续观测下去,最后附合到邻近的水准点上。计算该水准点高程并与该水准点已知高程相比较得高程闭合差。高程闭合差的容许值,不同的工程有不同的要求,可查相应的规范。当高程闭合差在容许误差的范围内时,说明此段测量符合要求。中平测量闭合差一般不必调整,可直接使用各观测结果。

表 8－6－1 路线中桩高程测量记录计算表(单位:m)

测点及桩号	水准尺读数			视线高程	高程	备注
	后视	中视	前视			
BM_4	4.267			235.739	231.472	
K4＋000		4.32			231.420	
＋020		2.73			233.010	
＋040		2.50			233.240	
＋060		1.43			234.310	
＋078		2.56			233.380	
＋100		0.81			234.930	
ZD_1	4.876		0.433	240.182	235.306	
K4＋141		2.14			238.040	
＋150		2.01			238.170	
ZH ＋181.7		2.51			237.670	

（续表）

测点及桩号	水准尺读数			视线高程	高程	备注
	后视	中视	前视			
QZ ＋201.2		4.12			236.060	
ZD₂	4.587		2.016	242.753	238.166	
YZ ＋220.7		3.01			239.740	
K4＋240		2.64			240.110	
ZD₃			1.312		241.441	

值得注意的一点是：转点 ZD 起着传递高程的作用，应保证其读数精确，要求读至 mm，并选在较稳固之处。在软土上选转点时，应安置尺垫并踏紧；有时也可选中桩作为转点。中间点由于不传递高程，且本身精度要求仅至 cm，为了提高观测速度，读数至 cm 即可。

3. 纵断面图的绘制

高程测量完毕后，根据观测的结果，按选定的比例尺，以水平距离（中桩号）为横轴，以高程为纵轴，绘制纵断面图。纵断面图是线路勘测和设计的基本资料，也是施工的主要依据。具有重要的意义。

图 8-6-2 为一张公路纵断面图。为了明显表示地势变化，图的高程（竖直）比例尺通常比里程（水平）比例尺大 10～20 倍，如里程比例尺为 1∶2 000，则高程比例尺应为 1∶200 或 1∶100。

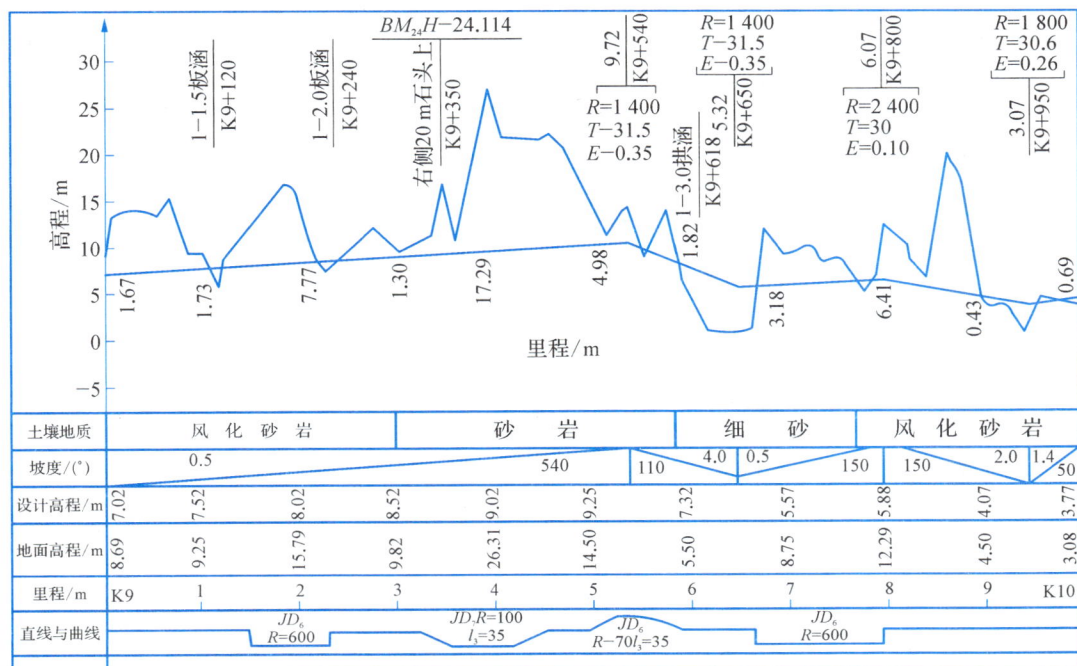

图 8-6-2　路线纵断面图

图 8-6-2 上半部从左至右绘有两条贯穿全图的线,一条是细的折线,表示中线方向的实际地面线,它是根据桩间距离和中桩高程按比例绘制的;另一条是粗线,表示路线纵向坡度的设计线。此外,在图 8-6-2 上还注有:水准点位置、编号和高程;桥涵里程、长度、结构与孔径;同其他路线交叉的位置与说明;竖曲线示意图及曲线要素;施工时的填挖高度等,有时还要注明土壤地质和钻孔资料。

图 8-6-2 所示的下半部为六格横栏数据表,填写的内容为:

(1) **直线与曲线**。是中线平面线型示意图。按中线测量资料绘制直线部分用居中直线表示,曲线部分用凸出的折线表示,上凸者表示路线右弯,下凸者表示路线左弯,并在凸出部分注明交点编号和圆曲线半径、缓和曲线长度,在不设曲线的交点位置,用锐角折线表示。

(2) **里程**。一般按比例标注百米桩和公里桩。

(3) **地面高程**。按中平测量结果填写相应里程桩的地面高程。

(4) **设计高程**。按中线设计纵坡计算的里程桩设计高程。

(5) **坡度**。指设计坡度,从左至右上斜者表示升坡(正坡)。向下斜者表示降坡(负坡);斜线上以百分数注记坡度的大小,斜线下注记坡长。水平路段坡度为零。

(6) **土壤地质情况说明**。标明路段的土壤地质情况。

纵断面图绘制步骤如下:

(1) **打格子表,填写有关测量资料**。用透明毫米方格纸按规定的尺寸绘制表格,填写里程、地面高程、直线与曲线等资料。

(2) **绘制地面线**。首先在图上确定起始高程的位置,在图上的适当位置绘出地面线。一般将高程的 10 m 整倍数置于毫米方格纸的 5 cm 粗横线上,以便绘图和阅图。然后根据中桩的里程和高程在图上按纵、横比例尺依次点出各中桩地面位置,用直线连接相邻点位即可绘出地面线。在山区高差变化较大,当纵向受到图幅限制时,可在适当的地段变更图上的高程起算位置,这时地面线将构成台阶形式。

(3) **计算设计高程**。根据设计纵坡坡度 i 和相应的水平距离 D,按下式便可从 A 点的高程推算 B 点的高程。

$$H_B = H_A + iD_{AB}$$

式中:升坡时 i 为正,降坡时 i 为负。

(4) **计算填挖尺寸**。同一桩号的设计高程与地面高程之差,即为该桩号填土高度(正号)或挖土深度(负号)。在图上填土高度应写在相应点纵坡设计线之上,挖土深度则相反。也有在图上专用一栏注明填挖尺寸的。

(5) **在图上注记有关资料**。如水准点、桥涵、竖曲线等。

4. 竖曲线的测设

在路线纵坡变化处,为了行车的平稳和视距的要求,用一段曲线来缓和,这种曲线称为竖曲线。竖曲线有凸型和凹型两种见图 8-6-3。

竖曲线一般为二次抛物线,这是因为在一般情况下,相邻纵坡坡度差 ω 都很小,而选用的竖曲线半径都很大,而即使采用圆曲线或其他曲线,所得到的计算结果也与二次抛物线相同,但二次抛物线计算简便。

如图 8-6-4,两相邻纵坡的坡度分别为 i_1、i_2,竖曲线半径为 R,两相邻纵坡的坡度差为：

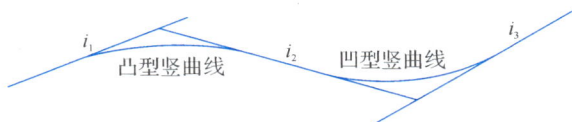

图8-6-3　竖曲线

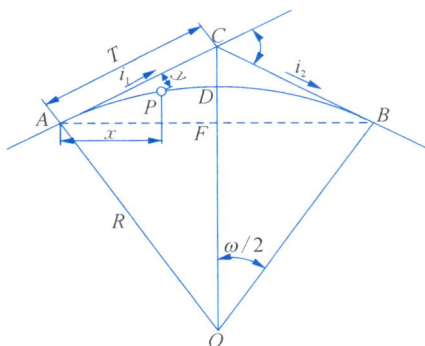

图8-6-4　竖曲线测设元素

$$\omega = i_1 - i_2 \tag{8-30}$$

则竖曲线测设元素为

曲线长

$$L = \omega R \tag{8-31}$$

切线长

$$T = R \tan \frac{\omega}{2} \tag{8-32}$$

外矢距

$$E = \frac{T^2}{2R} \tag{8-33}$$

竖曲线上任一点 P 距切线的纵距(亦称高程改正值)计算公式：

$$y = \frac{x^2}{2R} \tag{8-34}$$

式中：x——竖曲线上任一点 P 至竖曲线起点或终点的水平距离；

　　　y 值在凹型竖曲线中为正号，在凸型竖曲线中为负号。

▐▶ 8.6.2　横断面测量

横断面测量资料用于边坡设计和放样及土方量计算。横断面的宽度，应根据地形地质情况和设计需要确定。

1. 横断面方向的确定

(1) 直线上横断面方向的测定

直线段横断面定向一般采用方向架测定。如图8-6-5,将方向架置于桩点上,以其中一方向对准路线前方(或后方)某一中桩,则另一方向即为横断面的施测方向。

(2) 圆曲线上横断面方向的测定

圆曲线横断面方向为过桩点指向圆心的半径方向。一般在方向架上安装一个能转动的定向杆来施测。如图8-6-6所示,首先将方向架安置在ZY(或YZ)点,用AB杆瞄准切线方向,则与其垂直的CD杆方向即是过ZY(或Y2)点的横断面方向;转动定向杆EF瞄准桩1,并固紧其位置。然后,搬方向架于桩l,CD杆瞄准ZH(或者HZ),则定向杆EF方向即是桩1的横断面方向。若在该方向立一标杆,并以CD杆瞄准它时,则AB杆方向即为切线方向,可用上述测定桩1横断面方向的方法来测定桩2的横断面方向。

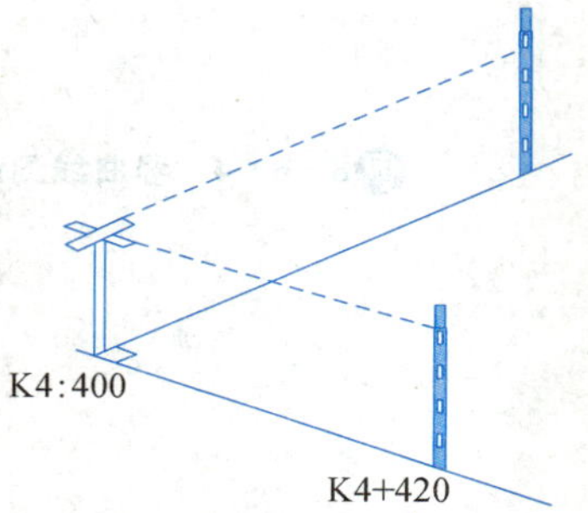

图8-6-5 直线上横断面方向测定

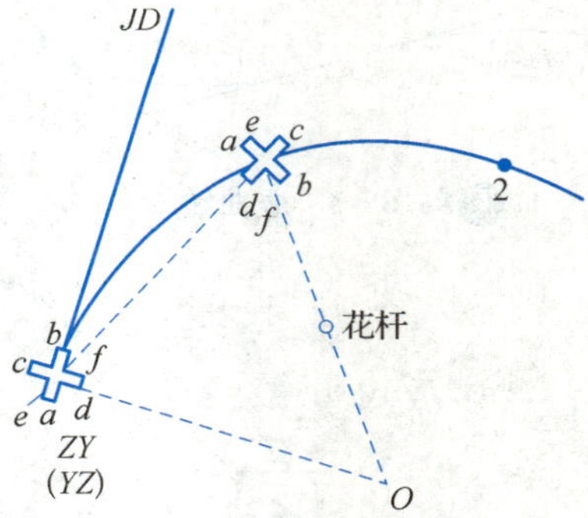

图8-6-6 圆曲线上横断面方向测定

(3) 缓和曲线上横断面方向的测定

在缓和曲线段,若获得桩点至前视(或后视)点的偏角便可获得该点的法线方向、即横断面方向。如图8-6-7所示,设缓和曲线上任一点D,前视E点偏角为δ_q,后视B点偏角为δ_h,δ_q、δ_h可从缓和曲线偏角表中查取。施测时可用经纬仪或方向圆盘置于D点,以0°0′00″照准前视点E(或后视点B),再顺时针转动经纬仪照准部或方向圆盘指标,使读数为90°+δ_q(或90°−δ_h),此时经纬仪视线方向或方向圆盘指标线方向即为所求D点的横断面方向。

2. 横断面测量方法

当横断面精度要求较低时,多采用标杆皮尺法。如图8-6-8所示,A、B、C为沿横断面方向选定的变坡点。施测时将标杆立于A点,皮尺拉平量出中桩至A点的距离,皮尺截于标杆的高度即为两点间的高差。同法,可得A至B,B至C,…段的距离与高差。直至需要的宽度为止。中桩另一边的测量同法进行。

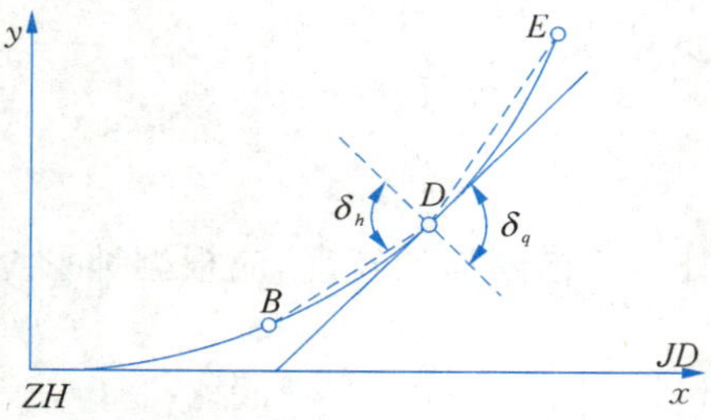

图8-6-7 缓和曲线上横断面方向测定

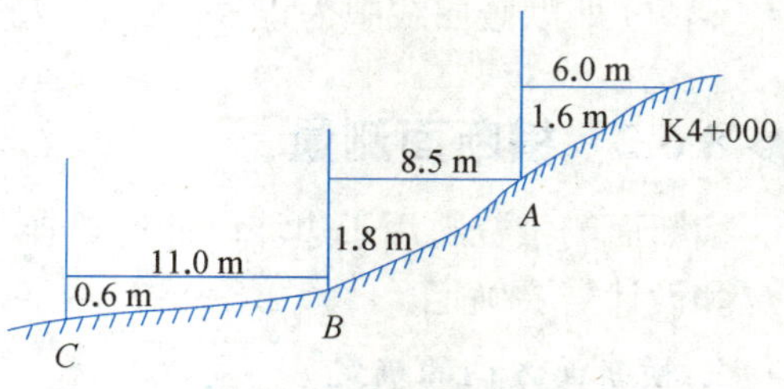

图8-6-8 标杆皮尺法

当横断面精度要求较高,横断面方向地面平坦时,多采用水准仪测量。施测时,把水准仪设置于适当位置,用水准仪后视中桩标尺,求得视线高程后,前视横断面方向上坡度变化点上的标尺读数,求得测点高程,而距离则用钢尺或皮尺量取。施测时若仪器安置得当,一个站点可测很多个横断面。

在地形复杂横坡较陡的地段,可采用经纬仪视距测量的方法。施测时,将经纬仪安置在中桩上,用视距法测出横断面方向各变坡点至中桩的水平距离和高差。

3. 横断面图的绘制

根据横断面测量的结果,对距离和高程取同一比例尺(通常取 1:100 或 1:200,当横断面很宽、地面又较平时,距离和高程也可采用不同的比例尺),在毫米方格纸上绘制横断面图。

绘图时,先在图纸上标定好中桩位置。由中桩开始,分左、右两侧逐一按各测点间的距离和高程绘于图纸上,并用直线连接相邻各点即得横断面地面线,如图 8-6-9 所示。经横断面设计后,设计的横断面图也绘于该图上(俗称戴帽子)。

根据设计横断面和地面线组成的图形,可量出各横断面的填方和挖方面积。当每一个横断面的填、挖方面积求得后,再按断面法计算整条线路的土石方量。

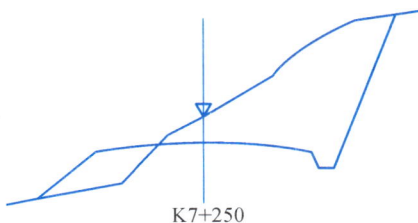

K7+250

图 8-6-9　横断面图

8.7　道路施工测量

道路施工测量主要包括恢复路线中线、路基边桩测设等工作。

8.7.1　路线中线的恢复

从路线勘测到开始施工这段时间里,往往会有一些中桩丢失,故在施工之前,应根据设计文件进行中线的恢复工作,并对原来的中线进行复核,以保证路线中线位置准确可靠。恢复中线所采用的测量方法与路线中线测量方法基本相同。此外,对路线水准点也应进行复核,必要时还应增设一些水准点以满足施工需要。

8.7.2　路基边桩的测设

路基边桩测设就是在地面上将每一个横断面的路基边坡线与地面的交点用木桩标定出来。边桩的位置由两侧边桩至中桩的距离来确定。常用的边桩测设方法如下:

1. 图解法

直接在横断面图上量取中桩至边桩的距离,然后在实地用皮尺沿横断面方向测量其位置。当填挖方不大时,采用此法较简便。

2. 解析法

路基边桩至中桩的距离通过计算求得。

（1）平坦地段路基边桩的测设

填方路基称路堤见图 8-7-1，路堤边桩与中桩的距离为

$$D = \frac{B}{2} + mh \qquad (8-35)$$

挖方路基称为路堑，如图 8-7-2 所示，路堑边桩与中桩的距离为

$$D = \frac{B}{2} + S + mh \qquad (8-36)$$

以上两式中，B 为路基设计宽度；$1：m$ 为路基边坡坡度；h 为填方高度或挖方深度；S 为路堑边沟顶宽。

以上是断面位于直线段时求算 D 值得方法。若断面位于曲线上有加宽时，在以上方法求出 D 值后，还应于曲线内侧的 D 值中加上加宽值。

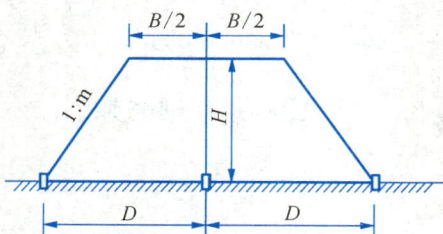

图 8-7-1 路堤边桩测设

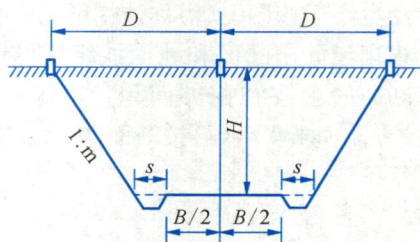

图 8-7-2 路堑边桩测设

（2）倾斜地段路基边桩的测设

在倾斜地段，边桩至中桩的距离随着地面坡度的变化而变化。如图 8-7-3，路堤边桩至中桩的距离为斜坡上侧：

$$D_S = \frac{B}{2} + m(H - h_S) \qquad (8-37)$$

斜坡下侧：

$$D_X = \frac{B}{2} + m(H + h_X) \qquad (8-38)$$

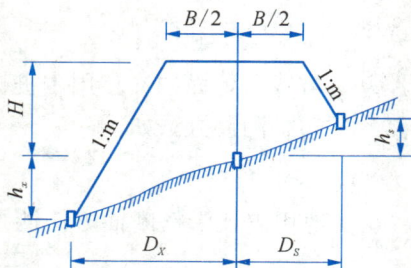

图 8-7-3 斜坡地段路堤边桩测设图

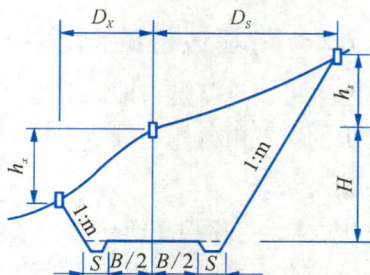

图 8-7-4 斜坡地段跨路堑边桩测设

如图 8-7-4，路堑边桩至中桩的距离为斜坡上侧：

$$D_S = \frac{B}{2} + S + m(H + h_S) \tag{8-39}$$

斜坡下侧:

$$D_X = \frac{B}{2} + S + m(H - h_X) \tag{8-40}$$

式中:B、S 和 m 为已知;

　　H——中桩处的填挖高度,亦为已知;

　　h_S、h_X——斜坡上、下侧边桩与中桩的高差,在边桩未定出之前则为未知数。

因此,在实际工作中采用逐渐趋近法测设边桩。先根据地面实际情况,并参考路基横断面,估计边桩的位置;然后测出该估计位置与中桩的高差,并以此作为 h_S、h_X 代入式(8-39)或式(8-40)计算 D_S、D_X,并据此在实地定出其位置。若估计位置与其相符,即得边桩位置。否则应按实测资料重新估计边桩位置,重复上述工作,直至相符为止。

▶ 8.8　桥梁施工测量 ◀

桥梁施工测量的主要内容包括平面控制测量、高程控制测量、墩、台定位和墩、台基础及其顶部放样等。

▶ 8.8.1　施工控制测量

1. 平面控制测量

桥梁平面控制以桥轴线控制为主,并保证全桥与线路连接的整体性,同时为墩、台定位提供测量控制点。为确保桥轴线长度和墩、台定位的精度,对于大桥、特大桥,不能使用勘测阶段建立的测量控制网来进行施工放样工作,必须布设专用的施工平面控制网。

布设控制网时,可利用桥址地形图,拟定布网方案,并在仔细研究桥梁设计图及施工组织计划的基础上,结合当地情况进行踏勘选点,点位布设应力求满足以下要求:

(1)图形应尽量简单,并能利用布设的点,用前方交会法,以足够的精度对桥墩进行放样。

(2)控制网一般布设成三角网、边角网和精密导线网,其边长与河宽有关,一般在0.5~1.5倍河宽的范围内变动。

(3)为使桥轴线与控制网紧密联系,在布网时应将河流两岸轴线上的两个点作为控制点,两点连线作为控制网的一条边,当桥梁位于直线上时。该边即为桥轴线。控制点与墩、台的设计位置相距不应太远,以方便墩、台的施工放样。

当桥梁位于曲线上时,应把交点桩、主点尽量纳入网中。当这些点不能作为主网的控制点时,应把它们作为附网的控制点,其目的是使控制网与线路紧密联系在一起,从而以比较高的精度获取曲线要素,为精确放样墩、台做准备。

(4)为便于观测和保存,所有控制点不应位于淹没地区和土壤松软地区,并尽量避开施工区,堆放材料及交通干扰的地方。

在布网方法上,桥梁平面控制网可以按常规地面测量方法布设,也可以应用 GPS 技术布网。

桥梁平面控制网按常规方法布设时,基本网形是三角形和四边形,并以跨江正桥部分为主。应用较多的有双三角形、大地四边形、双大地四边形以及三角形与四边形结合的多边形,如图 8-8-1 所示。根据观测要素的不同,桥梁控制网可布设成三角网、边角网、精密导线网等,现分述如下:

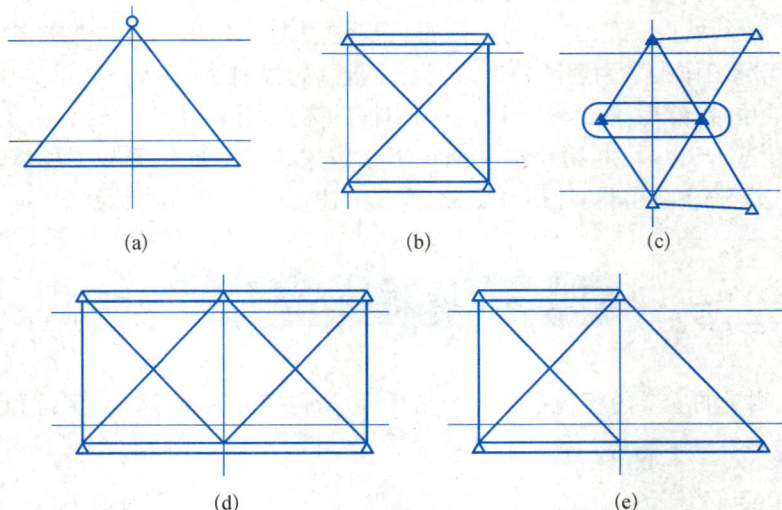

(a)　　　　　　(b)　　　　　　(c)

(d)　　　　　　(e)

图 8-8-1　桥位平面控制网形式

(1)三角网桥梁控制网中若观测要素仅为水平时,控制网就成为侧角网。由于测角网中至少应有一条起算边,为了检核,通常应高精度地量测两条边,每岸各一条,称为基线。以前,由于没有测距仪,基线丈量多使用因瓦线尺来丈量,现在可采用高精度的测距仪。

(2)侧边网和边角网由于全站仪既能量边,又能同时测角,所以在使用中等精度的全站仪观测时,布设测边网的情况是很少的。同时,由于测边网多余观测数很少,可靠性也低,所以,使用全站仪布设边角网是适宜的。

(3)精密导线网由于高精度测距仪的应用,桥梁控制网除了采用三角网和边角网的形式外,还可选择布设精密导线的方案。如图 8-8-2 所示,在河流两岸的桥轴线上各设立一个控制点,并在桥轴线上、下游沿岸布设最有利交会桥墩的精密导线点。这种布网形式的图形简单,可避免远点交会桥墩时交会精度差的缺陷,因此简化了桥梁控制网的测量工作。

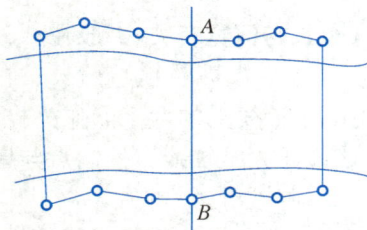

图 8-8-2　精密导线网

(4)引桥控制网大桥、特大桥正桥两端一般都通过引桥与线路衔接,因此在正桥控制网下需布设引桥控制网(附网),其布设形式可采用三角锁、精密导线或两者的混合形式,并在主网布设的同时布设。布设时路线交点必须是附网中的一个控制点,其余曲线主点最好也纳入网中。

在布设三角网后,需要进行外业测量和内业计算两部分工作。桥梁三角网的外业主要包括角度测量和边长测量。外业测量应根据桥梁等级及精度要求按照角度测量和距离丈量的方法施测。目前一般采用全站仪进行测角和量边。在进行测角和量边之前,必须把全站仪送到专门的检定机构去进行检验,检验全站仪的电子经纬仪的结构性能、测角精度及其测距仪的加、乘常数、周期误差、内符合精度及综合精度。各项检验结果符合要求后方可用于测角、量边等外业工作。

2. 高程控制测量

桥梁工程中,高程控制测量主要有两个作用:一是将与本桥有关的高程基准统一于一个基准面上;二是在桥址附近设立一系列基本高程控制点和施工高程控制点,以满足施工中高程放样的需要,同时还要满足桥梁建成后监测桥梁墩、台垂直变形的需要。建立高程控制网的常用方法是水准测量和测距三角高程测量。

(1) 高程控制网的布设形式及技术要求

高程控制网的主要形式是水准网。按工程测量技术规范规定,水准测量分为一、二、三等。桥梁本身的施工水准网要求比较高的精度施测,因为它直接影响桥梁各部分高程放样的精度。所以当桥长在 300 m 以上时,应采用二等水准测量的精度;当桥长在 1 000 m 以上时,需采用一等水准测量的精度;桥长在 300 m 以下时,施工水准测量可采用三等水准测量的精度。桥梁水准点还要与线路水准点联测成一个系统。

桥梁高程控制点由基本水准点组成。基本水准点既为桥梁高程施工放样之用,也为桥梁墩、台变形观测使用,因此基本水准点应选在地质条件好、地基稳定之处。当引桥长于1 km时,在引桥的始端或终端应建立基本水准点,基本水准点的标石应力求坚实稳定。

为了方便桥墩、台高程放样,在距基本水准点较远(一般>1 km)的情况下,应增设施工水准点。施工水准点可布设成附合水准路线。在精度要求低于三等时,施工高程控制点也可用测距三角高程来建立。

(2) 精密水准测量

基本水准点的联测采用精密水准测量方法进行,施工水准路线一般按三、四等水准测量方法进行。

精密水准测量应使用精密水准仪施测,它们在前面的章节中已做过介绍,不再重述。

精密水准测量应注意以下事项:

① 仪器前、后视距应尽量相等,其差值应小于规定的限值,以消除或减弱与距离有关的各种误差对观测高差的影响。

② 在相邻测站上,按奇、偶数观测的程序进行观测,即分别按"后、前、前、后"和"前、后、后、前"的观测程序在相邻测站上交叉进行,以消除或减弱与时间成比例均匀变化的误差对观测高差的影响。

③ 在一测段水准路线上,应进行往、返观测,以消除或减弱性质相同、符号也相同的误差的影响,如水准标尺垂直位移的影响等。同时,测站数应为偶数,以消除或减弱两水准标尺零点差和交叉误差的影响。

④ 一个测段的水准路线的往、返观测应在相同的气象条件下进行(如上午或下午),观

测应在成像稳定、清晰的条件下进行。

3. 桥轴线长度的测量

桥梁的中心线称为桥轴线。桥轴线两岸桥位控制桩之间的水平距离称为桥轴线长度。桥轴线长度是设计与测设墩、台位置的依据，因此，必须保证桥轴线长度的测量精度。下面给出桥轴线长度的测量方法。

(1) 直接丈量法

在桥梁位于干涸或浅水或河面较窄的河段，有良好的丈量条件，宜采用直接丈量法测量桥轴线长度。这种方法设备简单，精度可靠、直观。由于桥轴线长度的精度要求较高，一般采用精密丈量的方法。

(2) 光电测距法

光电测距具有作业精度高、速度快、操作和计算简便等优点，且不受地形条件限制。目前公路工程多使用中、短程红外测距仪和全站仪，测程可达 3 km，使用红外测距仪和全站仪能直接测定桥轴线长度。

在实测之前，应按规范中规定的检验项目对测距仪进行检验，以确保观测的质量。观测应选在大气稳定、透明度好的时间里进行。测距时应同时测定温度、气压及竖直角，用来对测得的斜距进行气象改正和倾斜改正。每一条边均应进行往返观测。如果反射棱镜常数不为零，还要进行修正。

▶ 8.8.2 桥梁施工测量

桥梁施工测量工作建立在平面控制测量的基础之上，主要包括桥梁墩、台定位，桥梁墩、台纵、横轴线的测设；桥梁基础的施工放样以及桥梁墩、台高程测设等。下面我们以直线桥梁为例，分别讲述它们的具体实施方法。

1. 桥梁墩、台定位

在桥梁施工测量中，测设墩、台中心位置的工作称桥梁墩、台定位。

直线桥梁的墩、台定位所依据的原始资料为桥轴线控制桩的里程和桥梁墩、台的设计里程。根据里程可以算出它们之间的距离，并由此距离定出墩、台的中心位置。

如图 8 - 8 - 3 所示，直线桥梁的墩、台中心都位于桥轴线的方向上。已经知道了桥轴线控制桩 A、B 及各墩、台中心的里程，由相邻两点的里程相减，即可求得其间的距离。墩、台定位的方法，可视河宽、河深及墩、台位置等具体情况而定。根据条件可采用钢尺量距、光电测距及交会等方法进行测设。

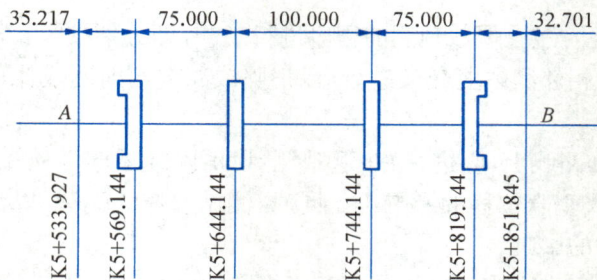

图 8 - 8 - 3　桥梁墩、台平面测设

(1) 钢尺量具直接测设

当桥梁墩、台位于无水河滩上或水面较窄。用钢尺可以跨越丈量时,可采用钢尺量距直接测设。测设所使用的钢尺必须经过检定,测设的方法与前述方法相同。

为保证测设精度,丈量时施加的拉力应与检定钢尺时的拉力相同,同时丈量的方向亦不应偏离桥轴线的方向。在测设出的点位上要用大木桩进行标定,在桩顶钉一小钉,以准确标出点位。

测设墩、台顺序最好从一端到另一端,并在终端与桥轴线的控制桩进行校核,也可从中间向两端测设。因为按照这种顺序,容易保证桥梁每一跨都满足精度要求。只有在不得已时,才从桥轴线两端的控制桩向中间测设,因为这样容易将误差积累在中间衔接的一跨上。直接测设定出墩、台位置后,应反复丈量其距离以作为校核。当校核结果证明定位误差不超过 1.5～2.0 mm 时,可以认为满足要求。

(2) 光电测距测设

用全站仪进行直线桥梁墩、台定位,简便、快速、精确,只要墩、台中心处可以安置反射棱镜,仪器与棱镜能够通视,即使其间有水流障碍亦可采用。

测设时最好将仪器置于桥轴线的一个控制桩上,瞄准另一控制桩。此时,望远镜所指方向为桥轴线方向,在此方向上移动棱镜,通过测距以定出各墩、台中心,这样的测设可有效地控制横向误差。如在桥轴线控制桩上的测设遇有障碍,也可将仪器置于任何一个施工控制点上,利用墩、台中心的坐标进行测设。为确保测设点位的准确,测设后应将仪器迁移至另一个控制点上再测设一次进行校核。

值得注意的是,在测设前应将所使用的棱镜常数和当时的气象参数——温度和气压输入仪器,仪器会自动对所测距离进行修正。

(3) 交会法测设

如果桥墩所处位置的河水较深,无法直接丈量,也不便架设反射棱镜时,可采用角度交会法测设桥墩中心。

用角度交会法测设桥墩中心的方法如图 8-8-4(a)所示。控制点 A、C、D 的坐标已知,桥墩中心 P_i 的设计坐标也已知,故可计算出用于测设的角 α_i、β_i。

将经纬仪分别置于 C 点和 D 点上,测设出 α_i、β_i 后,两个方向交会点即为桥墩中心位置。

为了保证墩位精度,交会角应接近于 $90°$,但由于各个桥墩位置有远有近,因此交会时不能将仪器始终固定在两个控制点上,而有必要对控制点进行选择。图 8-8-4(a)的桥墩 P,宜在节点 1、节点 2 上进行交会。为了获得好的交会角,不一定要在同岸交会,应充分利用两岸的控制点,选择最为有利的观测条件,必要时也可以在控制网上增设插点,以满足测设要求。

为了防止发生错误和检查交会的精度,实际上常用三个方向交会,并且为了保证桥墩中心位于桥轴线方向上,其中一个方向应是桥轴线方向。

由于测量误差的存在,三个方向交会会形成示误三角形见图 8-8-4(b)。如果示误三角形在桥轴线方向上的边长 C_2C_3 不大于限差(墩底定位为 25 mm,墩顶定位为 15 mm),则取 C_1 在桥轴线上的投影位置 C 作为桥墩中心的位置。

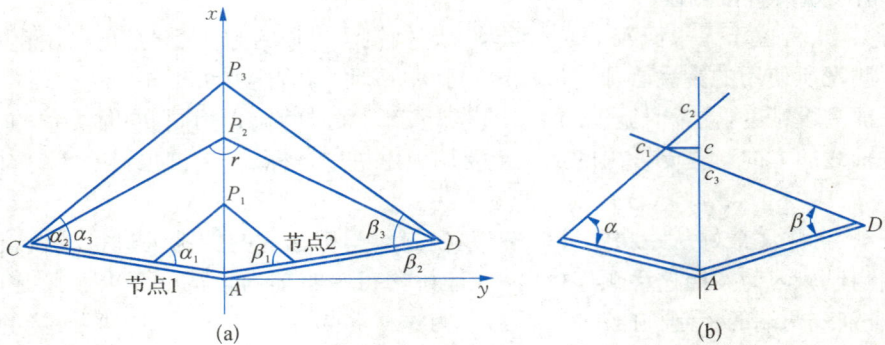

图 8-8-4　交会法测设墩台

在桥墩的施工过程中,随着工程的进展,需要反复多次的交会桥墩中心的位置。为了简化工作,可把交会的方向延长到对岸,并用觇牌进行固定见图 8-8-5。这样,在以后的交会中,就不必重新测设角度,用仪器直接瞄准对岸的觇牌即可。为了避免混淆,应在相应的觇牌上标明桥墩的编号。

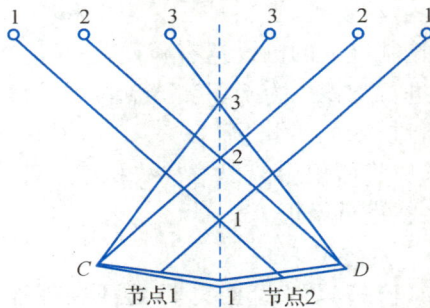

图 8-8-5　觇牌交会法测设墩台

位于直线上的桥梁墩、台的定位可用上述几种方法,而位于曲线上的桥梁墩、台的定位应根据设计图纸提供的资料参照公路曲线测设方法和上述几种方法灵活处理。

2. 桥梁墩、台纵、横轴线的测设

在直线桥上,墩、台的横轴线与桥轴线相重合,且各墩、台一致。因而就可以利用桥轴线两端的控制桩来标志横轴线的方向,一般不再另行测设。

墩、台的纵轴线与横轴线垂直,在测设纵轴线时,在墩、台中心点上安置经纬仪,以桥轴线方向为准测设 90°角,即为纵轴线方向。由于在施工过程中经常需要恢复桥墩、台的纵、横轴线的位置,因此需要用标志桩将其准确地标定在地面上,这些标志桩称为护桩,如图 8-8-6 所示。

为了消除仪器轴系误差的影响,应该用盘左、盘右方式测设两次而取其平均位置。在测设出的轴线方向上,应于桥轴线两侧各设置 2~3 个护桩,这样在个别护桩丢失、损坏后也能及时恢复纵轴线,并且在墩、台施工到一定高度影响到两侧护桩通视时,也能利用同一侧的护桩恢复轴线。护桩的位置应选在离施工场地一定距离,通视良好、地质稳定的地方。护桩视具体情况可采用木桩、水泥包桩或混凝土桩。

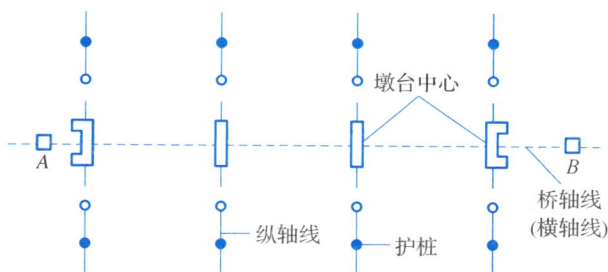

图8-8-6　标志桩设置

位于水中的桥墩,由于不能安置仪器,也不能设护桩,可在初步定出的墩位处筑岛或建围堰,然后用交会或其他方法精确测设墩位并设置轴线于围堰上。如果是在深水大河上修建桥墩,一般采用沉井、围图管柱基础,此时往往采用前方交会进行定位。在沉井、围图落入河床之前,要不断地进行观测,以确保沉井、围图位于设计位置上。当采用光电测距仪进行测设时,亦可采用极坐标法进行定位。

3. 桥梁基础的施工放样

(1) 明挖基础的施工放样

明挖基础多在地面无水的地基上施工,先挖基坑,在地坑内砌筑基础或浇筑混凝土基础。如系浅基础,可连同承台一次砌筑或浇筑,如图8-8-7所示。

如果在水上明挖基础,则要先建立围堰,将水排出后再进行。

在基础开挖之前,应根据墩、台的中心点及纵、横轴线按设计的平面形状测设出基础轮廓线的控制点。如图8-8-8所示,如果基础形状为方形或矩形,基础轮廓线的控制点应为四个角点及四条边与纵、横轴线的交点;如果是圆形基础,则为基础轮廓线与纵、横轴线的交点,必要时可加设轮廓线与纵、横轴线成45°线的交点。控制点距桥墩中心点或纵、横轴线的距离应略大于基础设计的底面尺寸,一般可大0.3～0.5 m以保证能正确安装基础模板为原则。如果地基土质稳定,不易坍塌,坑壁可垂直开挖,不设模板,可贴靠坑壁直接砌筑基础和浇筑基础混凝土,此时可不增大开挖尺寸,但应保证基础尺寸偏差在规定容许范围之内。

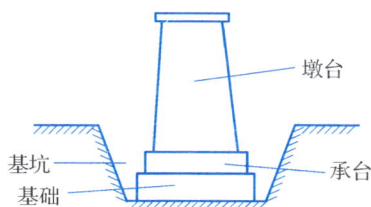

图8-8-7　明挖基础

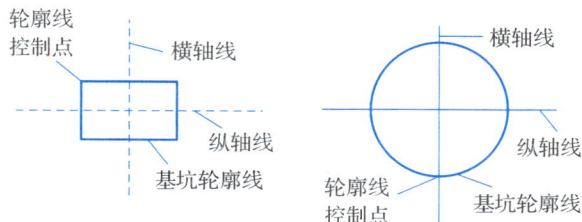

图8-8-8　基础平面形式

如果根据地基土质情况,开挖基坑时坑壁需要具有一定的坡度,则应测设基坑的开挖边界线。此时,可先在基坑开挖范围内测量地面高程,然后根据地面高程与坑底设计高程之差以及坑壁坡度计算出边坡桩至墩、台中心的距离。

如图 8-8-9 所示,边坡桩至桥梁墩、台中心的水平距离 d 为

$$d = \frac{b}{2} + hm$$

式中:b——坑底的长度或宽度;

h——地面高程与坑底设计高程之差,即基坑开挖深度;

m——坑壁坡度(以 1：m 表示)的分母。

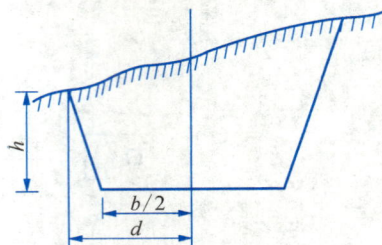
图8-8-9 边坡桩测设示意

在测设边界桩时,自桥梁墩、台中心点和纵、横轴线,用钢尺丈量水平距离 d,在地面上测设出边坡桩,再根据边坡桩划出灰线,即可依此灰线进行施工开挖。

当基坑开挖至坑底的设计高程时,应对坑底进行平整清理,然后安装模板,浇注基础及墩身。在进行基础及墩身的模板放样时,可将经纬仪安置在墩、台中心线上的一个护桩上。以另一较远的护桩定向,这时仪器的视线即为中心线方向。安装模板使模板中心与视线重合,即为模板的正确位置。当模板的高度低于地面时,可用仪器在临时基坑的位置,放出中心线上的两点。在这两点上挂线并用垂球指挥模板的安装工作,如图 8-8-10 所示。在模板建成后,应检验模板内壁长、宽及与纵、横轴线之间的关系尺寸,以及模板内壁的垂直度等。

(2) 桩基础的施工放样

桩基础是目前常用的一种基础类型。根据施工方法的不同,可分为打(压)入桩和钻(挖)孔桩。打(压)入桩基础是预先将桩制好,按设计的位置及深度打(压)入地下;钻(挖)孔桩是在基础的设计位置上钻(挖)好桩孔,然后在桩孔内放入钢筋笼,并浇注混凝土成桩。在桩基础完成后,在其上浇筑承台,使桩与承台连成一个整体。之后再在承台上修筑墩身,如图 8-8-11 所示。

在无水的情况下,桩基础的每一根桩的中心点可按其在以桥梁墩、台纵、横轴线为坐标轴的坐标系中的设计坐标,用支距法进行测设,如图 8-8-12 所示。如果各桩为圆周形布置,则各桩也可以其与墩、台纵横轴线的偏角和至墩、台中心点的距离,用极坐标法进行测设,如图 8-8-13 所示。一个墩、台的全部桩位宜在场地平整后一次测出,并以木桩标定,以便桩基础的施工。

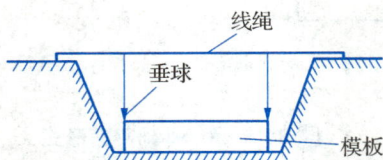
图8-8-10 基础模板施工放样

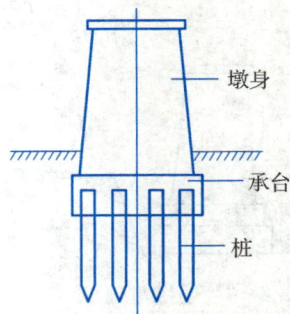
图8-8-11 桩基础施工放样

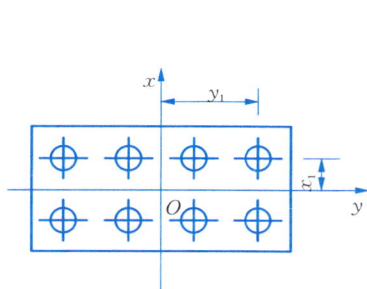

图 8 - 8 - 12　支距法测设桩基础

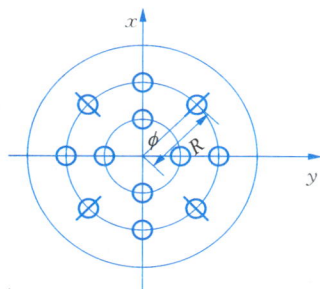

图 8 - 8 - 13　极坐标法测设桩基础

如果桩基础位于水中,则可用前方交会法直接将每一个桩位定出,也可用交会法测设出其中一行或一列桩位,然后用大型三角尺测设出其他所有的桩位,如图 8 - 8 - 14 所示。

桩位的测设也可以采用设置专用测量平台的方法,即在桥墩附近打支撑桩,在其上搭设测量平台的方法。如图 8 - 8 - 15 所示。先在平台上测定两条与桥梁中心线平行的直线 AB、$A'B'$ 然后按各桩之间的设计尺寸定出各桩位放样线 1—1',2—2',3—3',…,沿此方向测距即可测设出各桩的中心位置。

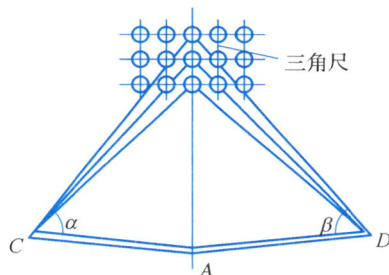

图 8 - 8 - 14　水中桩基础测设

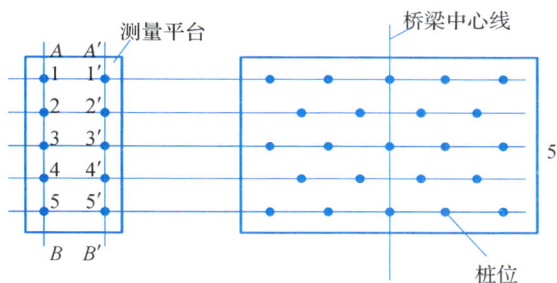

图 8 - 8 - 15　测量平台

在测设出各桩的中心位置后,应对其进行检核,与设计的中心位置偏差不能大于限差要求。在钻(挖)孔桩浇注完成后,修筑承台以前,应对各桩的中心位置再进行一次测定,作为竣工资料使用。

每个钻(挖)孔的深度可用线绳吊以重锤测定,打(压)入深度则可根据桩的长度来推算。桩的倾斜度也应测定,由于在钻孔时为了防止孔壁坍塌,孔内灌满了泥浆,因而倾斜度的测定无法在孔内直接进行,只能在钻孔过程中测定钻孔导杆的倾斜度,并利用钻孔机上的调整设备进行校正。钻孔机导杆以及打入桩的倾斜度,可用靠尺法测定。

靠尺法所使用的工具称为靠尺。靠尺用木板制成,如图 8 - 8 - 16 所示,它有一个直边,在尺的一端于直边一侧钉一小钉,其上挂一垂球。在尺的另一端,自与小钉至直边距离相等处开始,绘一垂直于直边的直线,量出该直线至小钉的距离 S,然后按 $S/1\,000$ 的比例在该直线上刻出分划线并标注注记。使用时将靠尺直边靠在钻孔机导杆或桩上,则垂球线在刻度上的读数即为以千分数表示的倾斜率。

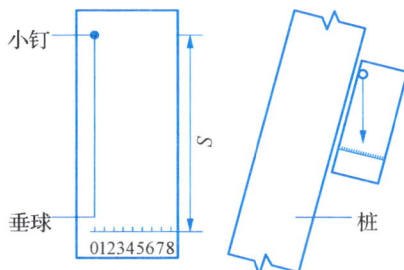

图 8 - 8 - 16　靠尺法

4. 桥梁墩台高程测设

在开挖基坑、砌筑桥墩的高程放样中，均要进行高程传递。

基础和墩身模板的高程一般用水准测量的方法放样，但当模板低于或高于地面很多，无法用水准尺直接放样时，则可用水准仪在某一适当位置先设一高程点，然后再用钢尺垂直丈量定出放样的高程位置。

当高程向下传递时，如图8-8-17所示，可在基坑上下各安置一台水准仪，上面的水准仪后视已知点A，下面的水准仪前视待求点D，然后视基坑深度悬挂一根钢尺，使钢尺的零端向下，下面吊一个10 kg的重锤。当钢尺稳定后，上下水准仪可同时读取钢尺上的刻度读数b和c，则AD两点间的高差为：

$$H_{AD} = (a-b) + (c-d) = a - (b-c) - d$$

当高程向上传递时，如图8-8-18所示，可在桥墩上倒挂一根钢尺，使零端向下，则AD的高差仍然按上式计算。

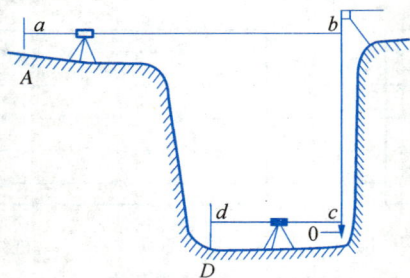

图8-8-17　向下传递高程　　　图8-8-18　向上传递高程

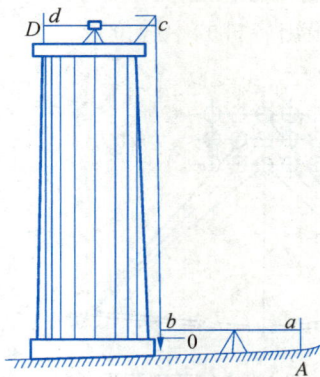

思　考　题

8-1　道路组成内容有哪些？

8-2　道路中线测量的内容是什么？

8-3　什么是路线的转角？如何确定转角是左转角还是右转角？

8-4　已知交点的里程桩号为K4+300.18，测得转角$\alpha_{左}=17°30'$，圆曲线半径$R=500$ m，若采用切线支距法并按整桩号法设桩，试计算各桩坐标，并说明测设步骤。

8-5　已知交点的里程桩号为K10+110.88，测得转角$\alpha_{左}=24°18'$，圆曲线半径$R=400$ m，若采用偏角法按整桩号法设桩，试计算各桩的偏角及弦长（要求前半曲线由起点测设，后半曲线由曲线终点测设），并说明测设步骤。

8-6　什么是缓和曲线？缓和曲线长度如何确定？

8-7　已知交点的里程桩号为K21+476.21，测得转角$\alpha_{右}=37°16'$，圆曲线半径$R=$

300 m,缓和曲线长 l_s 采用 60 m,试计算该曲线的测设元素、主点里程以及缓和曲线终点的坐标,并说明主点的测设方法。

8－8　路线纵断面测量的任务是什么?什么是横断面测量?

8－9　直线、圆曲线和缓和曲线的横断面方向如何确定?

8－10　完成表中平测量记录的计算。

表 8－1　中平测量记录计算表

测点及桩号	水准尺读数			视线高程	高程	备注
	后视	中视	前视			
BM_5	1.426			417.628		
K4＋980		0.87				
K5＋000		1.56				
＋020		4.25				
＋040		1.62				
＋060		2.30				
ZD_1	0.876		2.402			
K5＋080		2.42				
＋092.4		1.87				
＋100		0.32				
ZD_2	1.286		2.004			
＋120		3.15				
＋140		3.04				
＋160		0.94				
＋180		1.88				
＋200		2.00				
ZD_3			2.186			

8－11　路基边桩放样如何进行?

8－12　桥梁施工测量的主要内容分哪些?

8－13　简述桥梁墩、台施工定位的几种常用方法。

测量实习

建筑工程测量的理论教学、实验与实习教学是本课程重要的教学环节。坚持理论与实践的紧密结合，认真进行测量仪器的操作应用和测量实践训练，才能真正掌握建筑工程测量的基本原理和基本技术方法。

一、实验与实习一般要求

（1）实验或实习课前，应阅读教材中有关内容和预习实验相应项目。了解学习的内容、方法和注意事项。准备好有关用品。

（2）实验或实习时分小组进行。学习委员向任课教师提供分组的名单，确定小组负责人。

（3）实验和实习是集体学习行动，任何人不得无故缺席或迟到；应在指定场地进行，不得随便改变地点。

（4）在实验和实习中应认真观看指导老师进行的示范操作，在使用仪器时严格按操作规则进行。

二、使用测量仪器规则

测量仪器是精密光学仪器，或是光、机、电一体化贵重设备，对仪器的正确使用、精心爱护和科学保养，是测量人员必须具备的素质，也是保证测量成果的质量、提高工作效率的必要条件。在使用测量仪器时应养成良好的工作习惯，严格遵守下列规则。

1. 借领仪器

（1）借领仪器、工具必须遵守有关规章制度，借领仪器、工具时，要当场仔细清点和检查，确认完好后签字取走。仪器和工具如有数量不符或有问题，应及时向实验室教师说明，以便分清责任。

（2）实验或实习结束后，应及时清点仪器、工具，并迅速归还至仪器室检查验收，严禁私自保管。

（3）仪器、工具若有损坏、丢失，应如实报告指导教师，并写出报告上交学校。学校经查明原因，视情节轻重，根据有关规定赔偿和处理。

2. 仪器的携带

携带仪器前，检查仪器箱是否扣紧，拉手和背带是否牢固。

3.仪器的安装

（1）安放仪器的三脚架必须稳固可靠，特别注意伸缩腿稳固。

（2）从仪器箱提取仪器时，应先松开制动螺旋，用双手握住仪器支架或基座，放到三脚架上。一手握住仪器,一手拧连接螺旋,直至拧紧。

(3)仪器取出后,应关好箱盖,不准在箱上坐人。

4. 仪器的使用

(1)仪器上架后,不论观测与否,必须有人看护,防止无关人员玩弄或被行人车辆碰坏。仪器应避免撞击、强烈振动;禁止仪器和工具靠在墙上、树上或其他物体上,以防滑倒。

(2)晴天应撑伞,给仪器遮阳。雨天禁止使用仪器。避免暴晒或雨淋。

(3)仪器镜头若有灰尘、水汽,应用软毛刷或镜头纸擦去。禁止用嘴吹或用手帕擦。观测结束应立即盖好物镜盖。

(4)旋转仪器各部分螺旋要有手感。制动螺旋松紧要适度,微动螺旋和脚螺旋切忌旋到极点,应使各种螺旋螺距均匀,受力一致。若旋转时有障碍感,应请示教师处理;切忌强扳硬扭,以免损坏仪器。转动仪器时应先松开制动螺旋,使用微动螺旋时应先旋紧制动螺旋。

(5)严禁用水准尺、标杆作为抬担工具,不准乱扔和打逗玩耍测量工具。作业时,水准尺、标杆应由专人认真扶直,不准贴靠墙上、树上或其他物体上而无人扶持。

(6)实验后应及时清除仪器上的灰尘及三脚架上的泥土。收仪器时应左手握住仪器支架,右手松开连接螺旋。

5. 仪器的搬迁

(1)贵重仪器或搬站距离较远时,必须把仪器装箱后再搬。

(2)短距离搬站时,可将仪器与脚架一起搬迁,但要检查仪器与三脚架连接螺旋是否紧固,然后收拢三脚架,用左手托住仪器基座及架头,右手抱住脚架夹在腰间慢行,切忌将仪器斜扛肩上,以防碰伤仪器。距离较远时应将仪器装箱搬站。搬站时,花杆、尺子等工具物品要一起搬迁,以防遗失。

6. 仪器的装箱

(1)从三脚架取下仪器时,先松开各制动螺旋,一手握住仪器基座或支架,一手拧松连接螺旋,双手从架头上取下仪器装箱。

(2)装箱时,按正确位置入箱后再轻轻将其固紧,点清所有附件,然后轻缓试盖,待箱盖自然合拢后再扣紧箱扣并上锁,严禁用箱盖强压硬挤,以免损坏仪器。

三、外业记录规则

(1)观测数据按规定的表格现场记录。记录应采用2H或3H硬度的铅笔。记录者听到观测数据后应复诵一遍记录的数字,避免记错。数据中表示精度和占位的"0"不能省去不写。

(2)记录者记录完一个测站的数据后,当场应进行必要的计算和检校,确认无误后,观测者才能搬站。

(3)对错误的原始记录数据,不得涂改,也不得用橡皮擦掉,应用横线划去错误数字,把正确的数字写在原数字的上方,并在备注栏说明原因。

(4)按照"四舍六入五前单进双不进"的近似计算规则进行数据凑整,以减少误差的积累。

水准仪的安置与读数

一、实习目的

（1）了解水准仪的原理、构造。

（2）掌握水准仪的使用方法。

二、仪器设备

每组 DS₃ 型水准仪 1 台、水准尺 1 对、记录板 1 个。

三、实习任务

每组每位同学完成整平水准仪 4 次、读水准尺读数 4 次。

四、实习要点及流程

1. 要点

水准仪安置时，要掌握水准仪圆水准气泡的移动方向始终与操作者左手旋转脚螺旋的方向一致的这条规律。读数时，要记住水准尺的分划值是 1 cm，要估读至 mm。

2. 流程

架上水准仪——整平仪器——读取水准尺上读数——记录。

五、实习记录

1. 水准仪由＿＿＿＿＿、＿＿＿＿＿＿、＿＿＿＿＿＿组成。

2. 水准仪粗略整平的步骤是：

＿＿＿＿＿＿＿＿＿＿＿＿＿＿＿＿＿＿＿＿＿＿＿＿＿＿＿＿＿＿＿＿＿＿

＿＿＿＿＿＿＿＿＿＿＿＿＿＿＿＿＿＿＿＿＿＿＿＿＿＿＿＿＿＿＿＿＿＿

＿＿＿＿＿＿＿＿＿＿＿＿＿＿＿＿＿＿＿＿＿＿＿＿＿＿＿＿＿＿＿＿＿＿

3. 水准仪照准水准尺的步骤是：

＿＿＿＿＿＿＿＿＿＿＿＿＿＿＿＿＿＿＿＿＿＿＿＿＿＿＿＿＿＿＿＿＿＿

＿＿＿＿＿＿＿＿＿＿＿＿＿＿＿＿＿＿＿＿＿＿＿＿＿＿＿＿＿＿＿＿＿＿

＿＿＿＿＿＿＿＿＿＿＿＿＿＿＿＿＿＿＿＿＿＿＿＿＿＿＿＿＿＿＿＿＿＿

4. 水准尺读数的步骤是：

＿＿＿＿＿＿＿＿＿＿＿＿＿＿＿＿＿＿＿＿＿＿＿＿＿＿＿＿＿＿＿＿＿＿

＿＿＿＿＿＿＿＿＿＿＿＿＿＿＿＿＿＿＿＿＿＿＿＿＿＿＿＿＿＿＿＿＿＿

＿＿＿＿＿＿＿＿＿＿＿＿＿＿＿＿＿＿＿＿＿＿＿＿＿＿＿＿＿＿＿＿＿＿

5. 消除视差的方法是：

6. 观测数据

测站	观测次数	点号	水准尺读数/m		高差	平均高差	备注
			后视 a/m	前视 b/m			

┃实习二┃
等外闭合水准路线测量

一、实习目的

(1) 学会在实地如何选择测站和转点，完成一个闭合水准路线的布设。

(2) 掌握等外水准测量的外业观测方法。

二、仪器设备

每组自动安平水准仪 1 台、水准尺 1 对、记录板 1 个。

三、实习任务

每组完成一条闭合水准路线的观测任务。

四、实习要点及流程

1. 要点

水准仪要安置在离前、后视点距离大致相等处，用上、中、下丝读取水准尺上的读数至毫米。

2. 流程

如图，已知 $H_A = 0.000$ m，要求按等外水准精度要求施测。求点 1、点 2 和点 3 的高程。

第一测站：

(1) 在已知点 BMA 与转点 1 之间选取测站点，安置仪器并粗平；

(2) 瞄准后视尺（本站上为 BMA 点上的水准尺），精平后读取中丝读数（即后视读数），记录在观测手簿上；

(3) 瞄准前视尺（本站上为 1 点上的水准尺），精平后读取中丝读数（即前视读数），记录在观测手簿上。

后续观测：

将仪器搬至 1 和 2 之间进行第二站观测，方法同上，最后测回至 BMA 点。

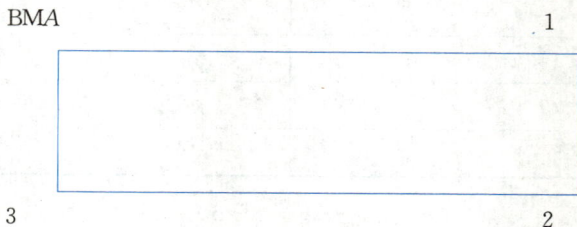

BMA   1

3   2

五、实习记录

水准仪考核记录手簿

测 至   仪器编号：   日期：   年 月 日

观测开始：   时 分   观测结束：   时 分 天气：   观测者：

计算结束：   时 分   成像：   记簿者：

测站编号	后尺 / 后距 / 视距差 d	下 / 上	前尺 / 前距 / $\sum d$	下 / 上	方向及尺号	标尺读数 黑面	标尺读数 红面	$K+$ 黑－红	高差中数	备 注
					后					
					前					
					后－前					
					后					
					前					
					后－前					
					后					
					前					
					后－前					
					后					
					前					
					后－前					
					后					
					前					
					后－前					

内业数据处理。

点号	距离 /km	高差中数 /m	改正数 /mm	改正后高差 /m	高程 /m	备　注
BMA						$f_h =$
1						$f_{h允} =$
2						
3						
BMA						
$\sum$						

| 实习三 |
水准仪的检验与校正

一、实习目的

(1)了解微倾式水准仪各轴线应满足的条件。

(2)掌握水准仪的检验和校正方法。

(3)要求校正后,i 角值不超过 $20''$,其他条件校正到无明显偏差为止。

二、仪器设备

每组水准仪 1 台、水准尺 1 对、记录板 1 个。

三、实习任务

每组完成水准仪的检验与校正观测任务。

四、实习要点及流程

1. 圆水准器轴平行于仪器竖轴的检验

转动脚螺旋,使圆水准器气泡居中,将仪器绕竖轴旋转 180°。如果气泡仍居中,则条件满足;如果气泡偏出分划圈外,则需校正。

2. 十字丝中丝垂直于仪器竖轴的检验与校正

严格置平水准仪,用十字丝交点瞄准一明显的点状目标 M,旋紧水平制动螺旋,转动水平微动螺旋。如果该点始终在中丝上移动,说明此条件满足;如果该点离开中丝,则需校正。

3. 水准管轴平行于视准轴的检验与校正

在地面上选择 A、B 两点,其长度约为 $60\sim80$ m。在 A、B 两点放置尺垫,先将水准仪置于 AB 的中点 C,读立于 A、B 尺垫上的水准尺,得读数 a_1 和 b_1,则高差 $h_1=a_1-b_1$;改变仪器高度,又读得 a'_1 和 b'_1,得高差 $h'_1=a'_1-b'_1$。若 $h_1-h'_1\leqslant\pm3$ mm,则取两次高差的平均值,作为正确高差 h_{AB}。然后将仪器搬至 B 点附近(距 B 点 $2\sim3$ m),瞄准 B 点水准尺,精平后读取 B 点水准尺读数 b'_2,再根据 A、B 两点间的高差 h_{AB},可计算出 A 点水准尺的视线水平时的读数 $a'_2=b'_2+h_{AB}$,瞄准 A 点上的水准尺,精平后读取 A 点上水准尺读数 a_2,根据 a'_2 与 a_2 的差值计算 i 角值:

$$i=\frac{a_2-a'_2}{D_{AB}}\rho$$

如果 i 角值 $<\pm20''$,说明此条件满足;如果 i 角值 $\geqslant\pm20''$,则需校正。($\rho=206\,265''$)

五、实习记录

仪器检验与校正记录

检验项目	检 验 与 校 正					
圆水准器轴平行于竖轴	是否符合要求 _____					
横丝垂直于竖轴	是否符合要求 _____					
水准管轴平行于视准轴	仪器位置	立尺点	水准尺读数	高差	平均高差	是否要校正
	仪器在A、B中间	A				
		B				
		变更仪器高后 A				
		变更仪器高后 B				
	仪器在B附近	A				
		B				
		变更仪器高后 A				
		变更仪器高后 B				

▌实习四▐
经纬仪的安置与使用

一、实习目的

（1）了解经纬仪的构造和原理。

（2）掌握经纬仪整平、对中、读数的方法。

二、仪器设备

每组 DJ_6 型光学经纬仪 1 台、测钎 2 个。

三、实习任务

每组每位同学完成经纬仪的整平、对中、瞄准、读数工作各 1 次。

四、实习要点及流程

1. 要点

（1）气泡的移动方向与操作者左手旋转脚螺旋的方向一致。

（2）经纬仪安置操作时，要注意首先要大致对中，脚架要大致水平，这样整平对中反复的次数会明显减少。

2. 流程

整平对中经纬仪——瞄准测钎——读水平度盘。

五、实习记录

1. 经纬仪由_____、_____、_____组成。

2. 经纬仪对中整平的操作步骤是：

_____

_____

_____

_____

_____

_____

_____

_____

_____

_____

_____

_____

_____

3. 经纬仪照准目标的步骤是：

_____

_____

_____

_____

_____

4. 现场记录表格

测点	盘位	目标	水平度盘读数 ° ′ ″	水平角		各测回平均角值
				半测回值 ° ′ ″	一测回值 ° ′ ″	

实习五
水平角的观测

一、实习目的

（1）掌握水平角观测原理、经纬仪的构造及度盘读数。

（2）掌握方向法测水平角。

二、仪器设备

每组 DJ_6 型光学经纬仪 1 台、测钎 3 个。

三、实习任务

每组用方向法完成 1 个水平角的观测任务。

四、实习要点及流程

1. 要点

（1）测回法测角时的限差若超限，应立即重测。

（2）注意测回法测量的记录格式。

2. 流程

如图所示。在 A 点整平、对中经纬仪——盘左顺时针测——盘右逆时针测。

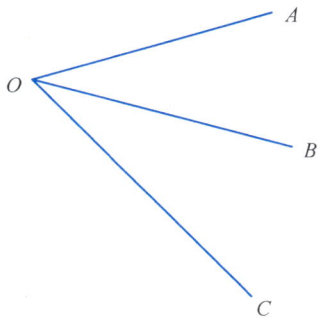

五、实习记录

水平角方向法记录表

日期：＿＿＿年＿＿＿月＿＿＿日　　天气：＿＿＿　　仪器型号：＿＿＿＿＿＿＿组号：＿＿＿＿＿＿

观测者：＿＿＿＿＿＿＿＿＿记录者：＿＿＿＿＿＿＿＿＿　立测杆者：＿＿＿＿＿＿＿＿

测站	觇点方向	读数		半测回方向	一测回方向	各测回方向
		° ′ ″	° ′ ″	° ′ ″	° ′ ″	° ′ ″

经纬仪的检验与校正

一、实习目的

掌握光学经纬仪的检验与校正方法。

二、仪器设备

DJ$_6$型光学经纬仪1台、花杆1根、校正针、螺丝刀、记录板及记录表、计算器、铅笔等。

三、实习内容

(1) 照准部水准管轴应垂直于竖轴;

(2) 十字丝纵丝应垂直于横轴;

(3) 视准轴应垂直于横轴;

(4) 横轴应垂直于竖轴;

(5) 竖盘指标差等于零。

四、操作步骤

1. 照准部水准管轴应垂直于竖轴的检验

转动照准部,使水准管轴平行于任意一对脚螺旋,调节脚螺旋,使水准管气泡居中,然后将照准部绕竖轴旋转180°,如气泡仍居中,说明条件满足;如气泡偏离水准管中点,则说明条件不满足,应进行校正。

2. 十字丝纵丝应垂直于横轴的检验

整平仪器,以十字丝的交点精确瞄准任一清晰的小点P,拧紧照准部和望远镜制动螺旋,转动望远镜微动螺旋,使望远镜上、下微动,如果瞄准的小点始终不偏离纵丝,说明条件满足;若十字丝交点移动的轨迹明显偏离了P点,则需进行校正。

3. 视准轴应垂直于横轴的检验

定出后视点A和前视点B,AB间距离大约为80～100 m,找出AB中点O,将经纬仪安置在O点上。

(1) 选一平坦场地在后视A点设置一根标杆,与仪器视线等高处设一标志点A。在前视B点与仪器视线等高处横放一刻有毫米分划的小钢尺。

(2) 盘左位置照准后视点A,倒转望远镜在前视B点钢尺上读数,得B_1。

(3) 盘右位置照准后视点A,倒转望远镜在前视B点钢尺上读数,得B_2。

(4) 若B_1和B_2两点重合,说明视准轴与横轴垂直;若B_1和B_2两点不重合,说明视准轴与横轴不垂直。

计算同一方向观测的照准差 c。盘左瞄准后视 A 点,记录角值读数 L;盘右瞄准后视 A 点,记录角值读数 R。计算同一方向观测的照准差 c。c 的限差如果小于 $\pm 60''$,则该项检验合格;否则须对仪器进行校正。

4. 横轴垂直于竖轴的检验

在距一洁净的高墙 20～30 m 处安置仪器,以盘左瞄准墙面高处的一固定点 P(视线尽量正对墙面,其仰角应大于 30°),固定照准部,然后大致放平望远镜,按十字丝交点在墙面上定出一点 A;同样再以盘右瞄准 P 点,放平望远镜,在墙面上定出一点 B。如果 A、B 两点重合,则满足要求;否则需要进行校正。

五、实习记录

1. 管水准器轴垂直于竖轴

检验次数	1	2	3	4	5	6
气泡偏离格数						
操作人						

2. 十字丝竖丝垂直于横轴

检验次数	误差是否显著	操作人	检验次数	误差是否显著	操作人
1			4		
2			5		
3			6		

3. 视准轴垂直于横轴 $\left(c = \dfrac{1}{2}\left[L - (R \pm 180°)\right]\right)$

序号	横尺读数		B_1 与 B_2 是否重合	照准差 c 的观测与计算			c 是否满足要求	操作人
	盘左 B_1/mm	盘右 B_2/mm		水平读数 L °′″	水平读数 R °′″	c 值 ″		
1								
2								
3								
4								
5								
6								

4. 横轴垂直于竖轴

序号	m_1 与 m_2 是否重合	$m_1 m_2$/mm	操作人	序号	m_1 与 m_2 是否重合	$m_1 m_2$/mm	操作人
1				4			
2				5			
3				6			

实习七
直角坐标法测设平面点位

一、实习目的

（1）熟悉经纬仪的操作。

（2）掌握直角坐标法放样点平面位置的方法。

二、仪器设备

每组 DJ$_6$ 型经纬仪 1 台、测钎 2 个、钢尺 1 把。

三、实习任务

每组用直角坐标法放样 4 点。

四、实习要点及流程

1. 要点

注意角度的正拨和反拨。

2. 流程

如图，直角坐标法放样出 1，2，3，4 点。

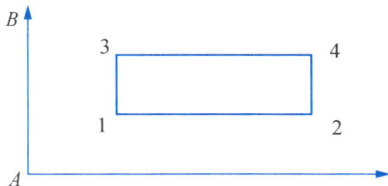

设 $A(0,0)$，$1(5,5)$，$2(5,15)$，$3(12,5)$，$4(12,15)$，$B(6,0)$。

五、实习记录

1. 直角坐标法放样平面点位放样数据计算

角桩点 1 的放样数据 $\Delta X =$ _____ m，$\Delta Y =$ _____ m；待测设建筑物数据 12 = _____ m，14 = _____ m。

2. 叙述定位方案

六、定位检核

1. 选其中两点进行角度检核
2. 选一长边对水平距离进行检核

日期		天气		记录	
小组		仪器型号		观测	

（1）水平角检测记录（同测回法记录手簿）

测点	盘位	目标	水平度盘读数 ∘′″	水平角		测设误差
				半测回值 ∘′″	一测回值 ∘′″	

（2）水平距离检测记录　检测边＿＿＿＿＿＿

往测	返测	距离平均值	测设相对误差

▎实习八 ▎
用水准仪进行高程测设

一、实习目的

掌握用水准仪测设高程的基本方法。

二、仪器设备

（1）水准仪 1 台、水准尺 1 根。

（2）自备：铅笔、计算器。

三、方法提示

（1）在离给定的已知高程点 A 与待测点 B（可在墙面上，也可在给定位置钉大木桩上）距离适中位置架设水准仪，在 A 点竖立水准尺。

（2）仪器整平后，瞄准 A 尺读取的后视读数 a；根据 A 点高程 H_A 和测设高程计算靠在所测设处的 B 点桩上的水准尺上的前视读数 b：

$$b = H_A + a - H_B$$

（3）将水准尺紧贴 B 点木桩侧面，水准仪瞄准 B 尺读数，靠桩侧面上下移动调整 B 尺，当观测得到的 B 尺的前视读数等于计算所得 b 时，沿着尺底在木桩上画线，即为测设（放样）的高程 H_B 的位置。

（4）将水准尺底面置于设计高程位置，再次前后视观测，进行检校。

（5）同法可在其余各点桩上测设同样高程的位置。

四、注意事项

（1）读数与计算时，要认真细致，互相核准，避免出错。

（2）当受到木桩长度的限制，无法标出测设的位置时，可定出与测设位置相差一数值的位置线，在线上标明差值。

五、实习记录

测量次数	已知点 A 的高程 $H_A =$ _____ 点 B 的测设高程 $H_B =$ _____			
测量次数	测点	水准尺读数	视线高	两次测设误差
第一次	A			
	B			
第二次	A			
	B			

┃实习九┃
视距测量

一、实习目的

（1）掌握不同竖盘注记类型的公式确定方法。

（2）掌握竖直角的观测计算方法。

（3）掌握视距法测定水平距离和高差的观测、计算方法。

二、仪器设备

DJ₆ 型经纬仪 1 台、水准尺 2 根，自备计算器、铅笔、小刀、记录表格等。

三、实习任务

在实习场所选 A、B 两点，在这两点上分别安置经纬仪，瞄准相邻点进行竖角和视距测量。测量结束后将往返测的高差与距离进行比较。

四、方法提示

1. 观测

（1）在 A 点安置经纬仪，对中、整平。量取仪器高 i，在 B 点竖立视距尺。

（2）盘左位置：瞄准目标，使十字丝中丝的单丝精确切准所作标记，转动竖盘指标水准管微动螺旋，使竖盘指标水准管气泡居中，读取竖盘读数 L，记录并计算 $\alpha_左$。（同时读取上、中、下三丝读数 a，v，b）

（3）盘右位置：瞄准目标，同法读取竖盘读数 R，记录并计算 $\alpha_右$。

（4）根据尺间隔 l、垂直角 α、仪器高 i 及中丝读数 v，计算水平距离 D 和高差 h。

（5）将仪器安置于 B 点，A 点立尺，重复上面第（2）～（4）步骤，观测、记录并计算。

2. 计算

竖直角平均值：$\alpha = (\alpha_左 + \alpha_右)/2$；

竖盘指标差：$x = (\alpha_右 - \alpha_左)/2$，J6 级限差 $\leqslant \pm 25''$；

尺间隔：$l = |a - b|$；

水平距离：$D = Kl\cos^2\alpha$；

高差：$h = D\tan\alpha = Kl\sin\alpha/2 + i - v$。

五、注意事项

（1）观测竖直角时，每次读取竖盘读数前，必须使竖盘指标水准管气泡居中；盘左读取竖盘读数后，微动望远镜微动螺旋，使上、下丝其中之一卡至整分划，读数更方便。视距测量

（读上、下丝）只用盘左位置观测即可。

（2）计算竖直角和高差时，要区分仰、俯视情况，注意"＋""－"号；计算竖盘指标差时，注意"＋""－"号；计算高差平均值时，应将反方向高差改变符号，再与正方向取平均值。如 $h = (h_{AB} - h_{AB})/2$。

（3）各边往返测距离的相对误差应≤1/300。再取平均值。

六、实习记录

记录与计算。

视距观测记录表

仪器号_____ 班组_____ 观测者_____ 记录者_____ 日期_____ 天气_____ 单位_____

测站	目标	标尺读数			仪器高	尺间隔	竖角	高差	水平距	高差平均值	水平距平均值
		上丝	下丝	中丝							
A	B										
B	A										

全站仪的认识与使用

一、实习目的

（1）了解全站仪的构造。

（2）熟悉全站仪的操作界面及作用。

（3）掌握全站仪的基本使用。

二、仪器设备

全站仪 1 台、棱镜 1 块、伞 1 把。

三、操作步骤

1. 全站仪的认识

全站仪由照准部、基座、水平度盘等部分组成，采用编码度盘或光栅度盘，读数方式为电子显示。有功能操作键及电源，还配有数据通信接口。

2. 全站仪的使用（以拓普康全站仪为例进行介绍）

（1）测量前的准备工作

① 电池的安装（注意：测量前电池需充足电）

a. 把电池盒底部的导块插入装电池的导孔。

b. 按电池盒的顶部直至听到"咔嚓"响声。

c. 向下按解锁钮，取出电池。

② 仪器的安置

a. 在实验场地上选择一点，作为测站，另外两点作为观测点。

b. 将全站仪安置于测站点，对中、整平。

c. 在观测点分别安置棱镜。

③ 竖直度盘和水平度盘指标的设置

a. 竖直度盘指标设置　松开竖直度盘制动钮，将望远镜纵转一周（望远镜处于盘左，当物镜穿过水平面时），竖直度盘指标即已设置。随即听见一声鸣响，并显示出竖直角。

b. 水平度盘指标设置　松开水平制动螺旋，旋转照准部 360°，水平度盘指标即自动设置。随即一声鸣响，同时显示水平角。至此，竖直度盘和水平度盘指标已设置完毕。注意：每当打开仪器电源时，必须重新设置指标。

④ 调焦与照准目标

操作步骤与一般经纬仪相同，注意消除视差。

（2）角度测量

① 首先从显示屏上确定是否处于角度测量模式，如果不是，则按操作转换为角度测量。

② 盘左瞄准左目标 A ，按置零键，使水平度盘读数显示为 $0°00'00''$，顺时针旋转照准部，瞄准右目标 B ，读取显示读数。

③ 同样方法可以进行盘右观测。

④ 如果测竖直角，可在读取水平度盘的同时读取竖盘的显示读数。

（3）距离测量

① 首先从显示屏上确定是否处于距离测量模式，如果不是，则按操作键转换为距离测量。

② 照准棱镜中心，这时显示屏上能显示箭头前进的动画，前进结束则完成坐标测量，得出距离，HD 为水平距离，VD 为倾斜距离。

③ 根据给出的已知方向和已知点坐标，及地面上定出的包括已知点在内的其他各点组成的闭合导线，完成闭合导线测量。

四、注意事项

（1）运输仪器时，应采用原装的包装箱运输、搬动。

（2）近距离将仪器和脚架一起搬动时，应保持仪器竖直向上。

（3）拔出插头之前应先关机。在测量过程中，若拔出插头，则可能丢失数据。

（4）换电池前必须关机。

（5）仪器只能存放在干燥的室内。充电时，周围温度应在 $10\sim30$ ℃之间。

（6）全站仪是精密贵重的测量仪器，要防日晒、雨淋、碰撞震动。严禁仪器直接照准太阳。

五、实习记录

上交闭合全站仪测量记录表。

导线测量现场记录表

日期：_____年_____月_____日　　天气：_____　　仪器型号：_____组号：_____
观测者：_____记录者：_____

测站	竖盘位置	目　标	水平度盘读数 ° ′ ″	半测回角值 ° ′ ″	一测回平均角值	备注
	左					
	右					
	左					
	右					

边名	平距读数/m			平距平均值/m
	第一次	第二次	第三次	

边名	平距读数/m			平距平均值/m
	第一次	第二次	第三次	

点号	观测角/ 。 ' "	角度改 正数/ "	改正后角 度值/ 。 ' "	坐标 方位角/ 。 ' "	距离 /m	坐标增量 Δx			坐标增量 Δy			纵坐标 x/m	横坐标 y/m
						计算值 /m	改正值 /mm	改正后 的值/m	计算值 /m	改正值 /mm	改正后的 值/m		
Σ													
辅助计算													

实习十一
圆曲线主点及偏角法详细测设

一、实习目的

(1) 熟悉经纬仪的使用。

(2) 掌握圆曲线主点测设方法。

(3) 掌握偏角法进行圆曲线详细测设方法。

二、仪器设备

每组 DJ_2 型经纬仪 1 台、钢尺 1 把、测钎 2 个、记录板 1 个。

三、实习任务

每组放样出 1 个圆曲线主点(ZY、QZ、YZ)及 2 个整桩号点。

四、实习要点及流程

1. 要点

复杂的平曲线测设最终都化解为基本的水平角、距离测设。

2. 流程

(1) 主点测设:JD 架仪——瞄准测设方向——量取 T、T、E,得主点 ZY、YZ、QZ。

(2) 偏角法详细测设:ZY 或 YZ 架仪——瞄准 JD——拨角 Δ、量边 C。

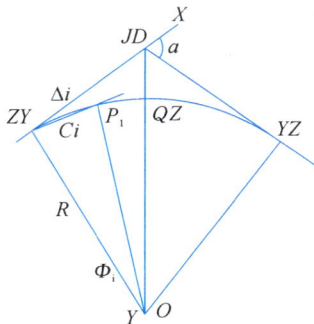

五、实习记录

1. 主点要素计算

由交点 JD 里程:_____,线路转角 α:_____,经计算得:

(1) 切线长 $T = $_____ m,曲线长 $L = $_____ m,外距 $E = $_____ m,切曲

差$D=$_____m。

（2）各主点里程：ZY 点 $=$_____，YZ 点 $=$_____，QZ 点 $=$_____，JD 点 $=$_____。

2. 偏角法（长弦整桩号法）测设数据

桩号	偏角值 Δ_i (° ′ ″)	弦长 C_i (m)	测设示意图

实习十二
水准仪法纵、横断面测量

一、实习目的

（1）熟悉水准仪的使用。
（2）掌握线路纵断面测量方法。
（3）掌握线路横断面测量方法。

二、仪器设备

每组自动安平水准仪 1 台、塔尺 2 把、皮尺 1 把、花杆 2 个、记录板 1 个。

三、实习任务

每组完成约 100 m 长的直线纵断面测量及 2 个横断面测量任务。

四、实习要点及流程

1. 要点

纵、横断面测量要注意前进的方向及前进方向的左右。

2. 流程

在 BM_1 至 BM_2 之间测各桩号高程，进行纵断面测量——再分别测量 K0＋020、K0＋060 两桩号的横断面点 1、2、3。

五、实习记录

线路中桩纵断面测量外业记录表

日期：_____ 年 _____ 月 _____ 日　　天气：_____　　仪器型号：_____　　组号：_____

观测者：_____　　记录者：_____　　司尺者：_____

测点及桩号	水准尺读数(m)			视高线（m）	高程（m）
	后视	中视	前视		

参考文献

[1] 解培泉. 测量员[M]. 3版. 北京:中国建筑工业出版社,2016.

[2] 史兆琼. 建筑工程测量[M]. 2版. 武汉:武汉理工大学出版社,2015.

[3] 王晓峰,许光. 建筑工程测量[M]. 3版. 北京:中国电力出版社,2015.

[4] 孙成城. 测量员专业管理实务[M]. 郑州:黄河水利出版社,2010.

[5] 陈久强,刘文生. 土木工程测量[M]. 2版. 北京:北京大学出版社,2012.

[6] 李楠,于淑清,张旭光. 工程测量 [M]. 西安:西北工业大学出版社,2012.

[7] 魏静. 建筑工程测量[M]. 2版. 北京:机械工业出版社,2014.

[8] 岑敏仪. 建筑工程测量[M]. 重庆:重庆大学出版社,2010.

[9] 王兵. 工程测量[M]. 重庆:重庆大学出版社. 2016.

[10] 国家测绘局. 三、四等导线测量规范:CH/T 2007－2001[S]. 北京:测绘出版社,2001.

[11] 中华人民共和国住房和城乡建设部. 工程测量标准:GB 50026－2020[S]. 北京:中国计划出版社,2021.